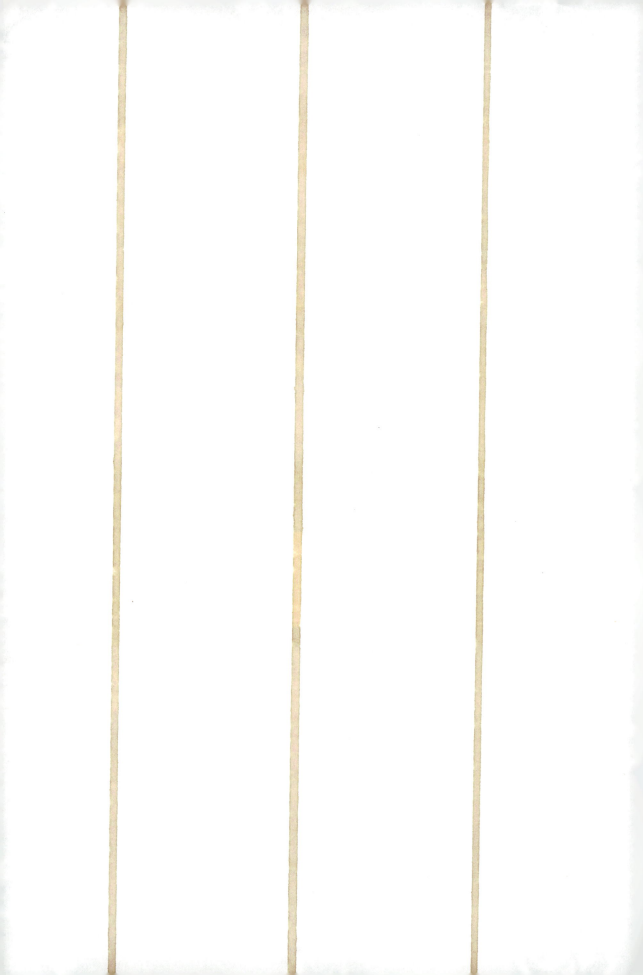

建筑与市政工程施工现场专业人员职业标准培训教材

# 施工员岗位知识与专业技能
（市政方向）

建筑与市政工程施工现场专业人员职业标准培训教材编审委员会
中国建设教育协会　　　　　　　　　　　　组织编写
焦永达　主编

中国建筑工业出版社

图书在版编目（CIP）数据

施工员岗位知识与专业技能. 市政方向/焦永达主编. —北京：中国建筑工业出版社，2014.10
建筑与市政工程施工现场专业人员职业标准培训教材
ISBN 978-7-112-17259-7

Ⅰ.①施… Ⅱ.①焦… Ⅲ.①市政工程-工程施工-职业培训-教材 Ⅳ.①TU7②TU99

中国版本图书馆CIP数据核字（2014）第211428号

本书是根据中华人民共和国住房和城乡建设部颁布的《建筑与市政工程施工现场专业人员职业标准》JGJ/T 250—2011和施工员（市政方向）考核评价大纲编写的，与《施工员通用与基础知识》（市政方向）一书配套使用。

本书主要内容包括：常用施工机械、项目施工管理、进度计划管理、施工质量管理、施工安全与文明施工管理、项目成本管理、市政工程预算基本知识、市政工程相关的管理规定和标准、市政公用工程相关标准强制性条文、工程技术资料与信息管理、计算机和相关资料信息管理软件的应用知识。

本书为市政施工员职业岗位资格考试培训教材，也可供建设行业施工现场工作人员学习参考。

责任编辑：朱首明 李 明 工美玲
责任设计：李志立
责任校对：姜小莲 赵 颖

建筑与市政工程施工现场专业人员职业标准培训教材
## 施工员岗位知识与专业技能
### （市政方向）
建筑与市政工程施工现场专业人员职业标准培训教材编审委员会
中国建设教育协会　　　　　　　　组织编写
焦永达　主编

\*

中国建筑工业出版社出版、发行（北京西郊百万庄）
各地新华书店、建筑书店经销
北京科地亚盟排版公司制版
北京市密东印刷有限公司印刷

\*

开本：787×1092毫米 1/16 印张：14¾ 字数：353千字
2014年10月第一版 2016年12月第七次印刷
定价：39.00元
ISBN 978-7-112-17259-7
（25891）

**版权所有　翻印必究**
如有印装质量问题，可寄本社退换
（邮政编码 100037）

# 建筑与市政工程施工现场专业人员职业标准培训教材编审委员会

主　任：赵　琦　李竹成
副主任：沈元勤　张鲁风　何志方　胡兴福　危道军
　　　　尤　完　赵　研　邵　华
委　员：（按姓氏笔画为序）
　　　　王兰英　王国梁　孔庆璐　邓明胜　艾永祥
　　　　艾伟杰　吕国辉　朱吉顶　刘尧增　刘哲生
　　　　孙沛平　李　平　李　光　李　奇　李　健
　　　　李大伟　杨　苗　时　炜　余　萍　沈　汛
　　　　宋岩丽　张　晶　张　颖　张亚庆　张燕娜
　　　　张晓艳　张悠荣　陈　曦　陈再捷　金　虹
　　　　郑华孚　胡晓光　侯洪涛　贾宏俊　钱大志
　　　　徐家华　郭庆阳　韩丙甲　鲁　麟　魏鸿汉

# 出 版 说 明

建筑与市政工程施工现场专业人员队伍素质是影响工程质量和安全生产的关键因素。我国从 20 世纪 80 年代开始，在建设行业开展关键岗位培训考核和持证上岗工作。对于提高建设行业从业人员的素质起到了积极的作用。进入 21 世纪，在改革行政审批制度和转变政府职能的背景下，建设行业教育主管部门转变行业人才工作思路，积极规划和组织职业标准的研发。在住房和城乡建设部人事司的主持下，由中国建设教育协会、苏州二建建筑集团有限公司等单位主编了建设行业的第一部职业标准——《建筑与市政工程施工现场专业人员职业标准》，已由住房和城乡建设部发布，作为行业标准于 2012 年 1 月 1 日起实施。为推动该标准的贯彻落实，进一步编写了配套的 14 个考核评价大纲。

该职业标准及考核评价大纲有以下特点：(1) 系统分析各类建筑施工企业现场专业人员岗位设置情况，总结归纳了 8 个岗位专业人员核心工作职责，这些职业分类和岗位职责具有普遍性、通用性。(2) 突出职业能力本位原则，工作岗位职责与专业技能相互对应，通过技能训练能够提高专业人员的岗位履职能力。(3) 注重专业知识的完整性、系统性，基本覆盖各岗位专业人员的知识要求，通用知识具有各岗位的一致性，基础知识、岗位知识能够体现本岗位的知识结构要求。(4) 适应行业发展和行业管理的现实需要，岗位设置、专业技能和专业知识要求具有一定的前瞻性、引导性，能够满足专业人员提高综合素质和适应岗位变化的需要。

为落实职业标准，规范建设行业现场专业人员岗位培训工作，我们依据与职业标准相配套的考核评价大纲，组织编写了《建筑与市政工程施工现场专业人员职业标准培训教材》。

本套教材覆盖《建筑与市政工程施工现场专业人员职业标准》涉及的施工员、质量员、安全员、标准员、材料员、机械员、劳务员、资料员 8 个岗位 14 个考核评价大纲。每个岗位、专业，根据其职业工作的需要，注意精选教学内容、优化知识结构、突出能力要求，对知识、技能经过合理归纳，编写为《通用与基础知识》和《岗位知识与专业技能》两本，供培训配套使用。本套教材共 29 本，作者基本都参与了《建筑与市政工程施工现场专业人员职业标准》的编写，使本套教材的内容能充分体现《建筑与市政工程施工现场专业人员职业标准》，促进现场专业人员专业学习和能力提高的要求。

作为行业现场专业人员第一个职业标准贯彻实施的配套教材，我们的编写工作难免存在不足，因此，我们恳请使用本套教材的培训机构、教师和广大学员多提宝贵意见，以便进一步的修订，使其不断完善。

建筑与市政工程施工现场专业人员职业标准培训教材编审委员会

# 前　言

本书是根据中华人民共和国住房和城乡建设部颁发的《建筑与市政工程施工现场专业人员职业标准》JGJ/T 250—2011 及《建筑与市政工程施工现场专业人员考核评价大纲》编写的，可以作为市政工程施工现场人员职业能力评价用书及考试培训教材，也可供大中专院校、建筑施工企业技术管理人员及监理人员参考。

本书综合运用市政工程专业的理论基础和市政工程技术发展的成果，突出职业和岗位特点，重点介绍市政施工员应具备的岗位知识与专业技能，内容力求理论联系实际，注重对学员的实践能力、解决问题能力的培养，并兼顾全书的系统性和完整性。

本书由中国市政工程协会组织编写，焦永达任主编，岗位知识由侯洪涛、余家兴主笔，专业技能由王国梁、余家兴、李庚蕊主笔。

本书在编写过程中得到了上海市公路桥梁（集团）有限公司、北京市市政建设集团有限责任公司、济南工程技术学院等单位的支持和帮助，并参考了现行的相关规范和技术规范，参阅了业内专家、学者的文献和资料，在此一并表示衷心的谢意！对为本书付出了辛勤劳动的中国建筑教育协会、中国建筑出版社编辑同志表示衷心的感谢！

由于编者水平有限，书中疏漏、错误在所难免，恳请使用本书的读者不吝指正。

# 目 录

一、常用施工机械 ········································································ 1
  （一）土方工程施工机械的主要技术性能 ································· 1
  （二）路面施工机械的主要技术性能 ······································· 6
  （三）桩基施工机械的主要技术性能 ····································· 15
  （四）混凝土施工机械的主要技术性能 ································· 20
  （五）起重施工机械的主要技术性能 ····································· 27
  （六）不开槽施工机械设备主要技术性能 ····························· 34
二、项目施工管理 ······································································ 42
  （一）项目施工管理制度 ····················································· 42
  （二）现场施工技术管理制度 ··············································· 43
  （三）图 纸 会 审 ································································· 45
  （四）编制施工组织设计 ····················································· 46
  （五）编制施工方案 ··························································· 55
  （六）技 术 交 底 ································································· 61
  （七）施工过程技术管理 ····················································· 63
三、进度计划管理 ······································································ 68
  （一）施工进度计划的作用与表示方法 ································· 68
  （二）施工进度计划编制要求与依据 ····································· 70
  （三）施工进度计划的编制 ················································· 70
  （四）施工进度计划的实施、检查与调整 ····························· 73
四、施工质量管理 ······································································ 76
  （一）质量管理的概念与特点 ··············································· 76
  （二）施工过程质量控制的内容和方法 ································· 77
  （三）市政工程施工质量验收项目的划分 ····························· 90
  （四）施工质量事故的处理方法 ··········································· 98
五、施工安全与文明施工管理 ·················································· 103
  （一）市政工程施工安全危险源的分类及防范重点 ············· 103
  （二）施工安全管理制度 ··················································· 117
  （三）施工现场安全检查 ··················································· 122
  （四）市政工程施工安全事故的分类与处理 ······················· 124
  （五）文明施工与现场环境保护 ········································· 127

## 六、项目成本管理 …… 134
（一）施工项目成本管理概述 …… 134
（二）施工成本控制的基本要求与内容 …… 142
（三）施工成本控制的步骤与措施 …… 145

## 七、市政工程预算基本知识 …… 148
（一）市政工程造价基本知识 …… 148
（二）市政工程定额计价 …… 154
（三）市政工程工程量清单计价 …… 161

## 八、市政工程相关的管理规定和标准 …… 167
（一）施工现场安全生产的管理规定 …… 167
（二）市政工程施工的相关管理规定 …… 173
（三）市政工程施工组织设计 …… 177
（四）建筑与市政工程施工质量验收标准和规范 …… 179

## 九、市政公用工程相关标准强制性条文 …… 187

## 十、工程技术资料与信息管理 …… 188
（一）施工日志 …… 188
（二）工程技术资料 …… 189
（三）信息管理 …… 191

## 十一、计算机和相关资料信息管理软件的应用知识 …… 197
（一）office 应用知识 …… 197
（二）AutoCAD 应用知识 …… 203
（三）常见工程资料管理软件的应用知识 …… 212

# 一、常用施工机械

## (一) 土方工程施工机械的主要技术性能

### 1. 推土机

推土机(图1-1)是以履带式或轮胎式拖拉机为主机,前端配置悬式铲刀,依靠主机的顶推力,对土石方或散状物料进行切削或搬运的铲土运输机械。施工现场主要用于50～100m短距离推运土方、石渣等作业。推土机作业时,依靠机械的牵引力,完成土壤的切割和推运,配置其他作业装置可以实施铲土、运土、填土、平地、压实以及松土、清除树根和石块等作业,是土方工程中广泛使用的施工机械之一。主要种类可为履带式、轮胎式、专用型。

图1-1 推土机示意图

(1) 推土机的分类、主要特点和应用范围(表1-1)

推土机的分类表　　　　　表1-1

| 分类 | 型式 | 主要特点 | 应用范围 |
|---|---|---|---|
| 按行走装置分 | 履带式 | 附着牵引力大,接地比压低,爬坡能力强,但行驶速度低 | 适用于条件较差的地带作业 |
| | 轮胎式 | 行驶速度快,灵活机动性好,但牵引力小,通过性差 | 适用于经常变换工地和良好的土壤作业 |
| 按传动方式分 | 机械传动 | 结构简单,维修方便,但牵引力不能适应外阻力变化,操作较难,作业效率低 | 适用于良好的土壤作业 |
| | 液力机械传动 | 车速和牵引力可随外阻力变化而自动变化,操作便利,作业效率高,制造成本高,工地维修较难 | 适用于推运密实、坚硬的土 |
| | 全液压传动 | 作业效率高,操作灵活,机动性强,但制造成本高,工地维修困难 | 适用于大功率推土机进行大型土方作业 |
| 按用途分 | 通用型 | 按标准进行生产的机型 | 一般土工程使用 |
| | 专用型 | 有采用三角形宽履带板湿地推土机(接地比压为0.02～0.04MPa)、沼泽地推土机(接地比压为0.02MPa以下)和水路两用推土机等 | 适用于湿地或沼泽地施工作业 |
| 按工作装置形式分 | 直铲式 | 铲刀与底盘的纵向轴线构成直角,铲刀切削角可调 | 一般性推土作业 |
| | 角铲式 | 铲刀可调节切削角度,并可在水平方向回转一定角度(一般为左右25°)及侧向卸土 | 适用于填筑半挖半填的傍山坡道作业 |
| 按功率等级分 | 超轻型 | 功率<30kW,生产率低 | 极小的作业场地 |
| | 轻型 | 功率在30～75kW | 零星土方作业 |
| | 中型 | 功率在75～225kW | 一般土方作业 |
| | 大型 | 功率在225～745kW | 坚硬土或深度冻土的大型土方工程 |
| | 特大型 | 功率在745kW以上 | 用于大型露天矿或大型水电工程 |

(2) 推土机的技术性能

推土机的主要技术性能有发动机的额定功率、机重、最大牵引力和铲刀的宽度及高度等,其中功率是最重要的技术性能。主要技术性能见表1-2。

**推土机的技术性能**

表1-2

| 技术性能 | | 型号 | | | | | | |
|---|---|---|---|---|---|---|---|---|
| | | T3-100 | T-120 | 上海-120A | T-180 | T-220 | SD423 | ZD230-3 | Cat C32ACERT（轮胎式） |
| 铲刀（宽×高）(mm) | | 3030×1100 | 3760×1100 | 3760×1000 | 4200×990 | 3725×1315 | 4315×1875 | 4365×1055、3725×1395 | |
| 最大提升高度(mm) | | 900 | 1000 | 1000 | 1260 | 1210 | | 1292/1210 | 573 |
| 最大切土深度(mm) | | 180 | 300 | 330 | 530 | 540 | 700 | 536/538 | |
| 移动速度(km/h) | 前进 | 2.36~10.13 | 2.27~10.44 | 2.23~10.22 | 2.43~10.12 | 2.5~9.9 | 3.7~12.2 | 3.8~11.8 | 7.1~22.8 |
| | 后退 | 2.79~7.63 | 2.73~8.99 | 2.68~8.82 | 3.16~9.78 | 3.0~9.4 | 4.4~14.8 | 4.9~14.3 | 7.7~25.1 |
| 额定牵引力(kN) | | 90 | 120 | 130 | 188 | 240 | | 207 | |
| 发动机额定功率(hp) | | 100 | 135 | 120 | 180 | 220 | 310 | 120 | 674 |
| 对地面压力(MPa) | | 0.065 | 0.059 | 0.064 | | 0.091 | 0.123 | 0.076 | |
| 外形尺寸(m) | 长 | 5.0 | 6.596 | 5.336 | 7.176 | 6.79 | | 6.06/5.75 | 13.405 |
| | 宽 | 3.03 | 3.76 | 3.76 | 4.2 | 3.725 | | 4.365/3.725 | |
| | 高 | 2.992 | 2.875 | 3.01 | 3.091 | 3.575 | | 3.395 | 5.590 |
| 总质量(t) | | 13.43 | 14.7 | 16.2 | | 27.89 | | 24.7 | 98.1 |

## 2. 铲运机

(1) 铲运机的分类、特点和应用范围

铲运机是一种能综合完成挖土、运土、卸土、填筑、整平的土方机械。按行走机构的不同可分为拖式铲运机和自行式铲运机。按铲运机的操作系统的不同，又可分为液压式和索式铲运机；按铲斗容积分为：小型（$3m^3$ 以下）、中型（$4\sim14m^3$）、大型（$15\sim30m^3$）和特大型（$30m^3$ 以上）。铲运机操作灵活，不受地形限制，不需设置道路，施工效率高。铲运机主要用于中距离、大规模土方工程中，如填筑路堤、开挖路堑和大面积的平整场地等。铲运机作业过程由铲土、运土和回驶三部分组成，如图 1-2 所示。在道路工程大规模路基施工时，可以依次连续完成铲土、装土、运土、铺卸和整平等五个工序。铲运机的经济作业距离一般在 $100\sim2500m$，最大运距可以达到几公里。自行式铲运机的工作速度可以达到 $40km/h$ 以上，铲运机在中长距离作业中具有很高的生产效率和良好的经济效益的优越性。铲运机可以用来直接完成Ⅱ级以下软土体的铲挖，对Ⅲ级以上较硬的土层应对其进行预先疏松后再铲挖。

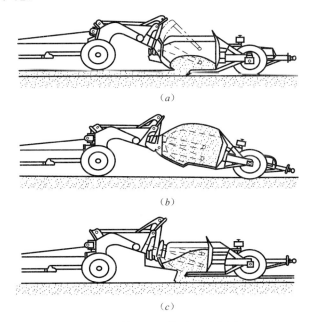

图 1-2 铲运机工作过程示意图
(*a*) 铲土；(*b*) 运土；(*c*) 卸土

(2) 铲运机的技术性能

常用铲运机的技术性能见表 1-3。

铲运机的技术性能表　　　表 1-3

| 项　目 | | 拖式铲运机 | | | 自行式铲运机 | | |
|---|---|---|---|---|---|---|---|
| | | CT6~2.5 | CT5~6 | CT3~6 | CT3~6 | CT4~7 | CL7 |
| 铲斗 | 几何容量（$m^3$） | 2.5 | 6 | 6~8 | 6 | 7 | 7 |
| | 堆尖容量（$m^3$） | 2.75 | 8 | 8 | 8 | 9 | 9 |
| | 铲刀宽度（mm） | 1900 | 2600 | 2600 | 2600 | 2700 | 2700 |

续表

| 项目 | | 拖式铲运机 | | | 自行式铲运机 | | |
|---|---|---|---|---|---|---|---|
| | | CT6~2.5 | CT5~6 | CT3~6 | CT3~6 | CT4~7 | CL7 |
| 铲斗 | 切土深度（mm） | 150 | 300 | 300 | 300 | 300 | 300 |
| | 铺土厚度（mm） | 230 | 380 | | 380 | 400 | |
| | 铲土角度（°） | 35~68 | 30 | 30 | 30 | | |
| 最小转弯半径（m） | | 2.7 | 3.75 | | | 6.7 | |
| 操纵形式 | | 液压 | 钢绳 | | 液压及钢绳 | 液压及钢绳 | 液压 |
| 功率（hp） | | 60 | 100 | | 120 | 160 | 180 |
| 卸土方式 | | 自由 | 强制式 | | 强制式 | 强制式 | |
| 外形尺寸 | 长（m） | 5.6 | 8.77 | 8.77 | 10.39 | 9.7 | 9.8 |
| | 宽（m） | 2.44 | 3.12 | 3.12 | 3.07 | 3.1 | 3.2 |
| | 高（m） | 2.4 | 2.54 | 2.54 | 3.06 | 2.8 | 2.98 |
| 质量（t） | | 2.0 | 7.3 | 7.3 | 14 | 14 | 15 |

## 3. 挖掘机械

（1）挖掘机的分类及应用

挖掘机械简称挖掘机，是用来进行土、石方开挖的一种工程机械，如开挖基坑和沟槽、挖土和取土等；更换工作装置后还可以进行起重、浇筑、安装、打桩、夯土和拔桩等工作。

挖掘机按技术性能分类主要有：正铲挖土机、单斗液压反铲挖掘机、拉铲挖掘机抓铲（斗）挖掘机，各类挖掘机工作简图如图1-3所示。

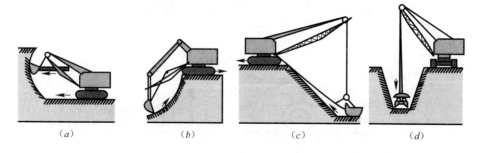

图1-3 挖掘机的工作简图
(a) 正铲挖掘机；(b) 反铲挖掘机；(c) 拉铲挖掘机；(d) 抓铲挖掘机

（2）挖掘机的技术性能（表1-4~表1-6）

正铲挖掘机的主要技术性能　　　　表1-4

| 项目 | 单位 | 型号 | | | | | |
|---|---|---|---|---|---|---|---|
| | | W$_1$-50 | | W$_1$-100 | | W$_1$-200 | |
| 动臂倾角 | ° | 45 | 60 | 45 | 60 | 45 | 60 |
| 最大挖土高度 | m | 6.5 | 7.9 | 8.0 | 9.0 | 9.0 | 10.0 |
| 最大挖土半径 | m | 7.8 | 7.2 | 9.8 | 9.0 | 12.5 | 10.8 |
| 最大卸土高度 | m | 4.5 | 5.6 | 5.6 | 6.8 | 6.0 | 7.0 |

续表

| 项 目 | 单位 | 型号 ||||||
|---|---|---|---|---|---|---|---|
| | | W₁-50 || W₁-100 || W₁-200 ||
| 最大卸土高度时卸土半径 | m | 6.5 | 5.4 | 8.0 | 7.0 | 10.2 | 8.5 |
| 最大卸土半径 | m | 7.1 | 6.5 | 8.7 | 8.0 | 10.0 | 9.6 |
| 最大卸土半径时卸土高度 | m | 2.7 | 3.0 | 3.3 | 3.7 | 3.75 | 4.7 |
| 停机面处最大挖土半径 | m | 4.7 | 4.35 | 6.4 | 5.7 | 7.4 | 6.25 |
| 停机面处最小挖土半径 | m | 2.5 | 2.8 | 3.3 | 3.6 | | |

注：W₁-50 型斗容量为 0.5m³；W₁-100 型斗容量为 1.0m³；W₁-200 型斗容量为 2.0m³。

**单斗液压反铲挖掘机的主要技术性能**　　　　表 1-5

| 项 目 | 单位 | 型号 ||||
|---|---|---|---|---|---|
| | | WY40 | WY60 | WY100 | WY160 |
| 铲斗容量 | m³ | 0.4 | 0.5 | 1~2.2 | 2.6 |
| 动臂长度 | m | | | 5.3 | |
| 斗柄长度 | m | | | 2 | 2 |
| 停机面上最大挖掘半径 | m | 6.9 | 8.2 | 8.7 | 9.8 |
| 最大挖掘深度时挖掘半径 | m | 3.0 | 4.7 | 4.0 | 4.5 |
| 最大挖掘深度 | m | 4.0 | 5.3 | 5.7 | 6.1 |
| 停机面上最小挖掘半径 | m | | 3.2 | | 3.3 |
| 最大挖掘半径 | m | 7.18 | 8.63 | 9.0 | 10.6 |
| 最大挖掘半径时挖掘高度 | m | 2.97 | 2.3 | 2.8 | 2 |
| 最大卸载高度时卸载半径 | m | 5.27 | 5.1 | 5.7 | 5.4 |
| 最大卸载高度 | m | 3.8 | 4.48 | 5.4 | 5.83 |
| 最大挖掘高度时挖掘半径 | m | 6.37 | 7.35 | 6.7 | 7.8 |
| 最大挖掘高度 | m | 5.1 | 6.0 | 7.6 | 8.1 |

**抓铲（斗）挖掘机的主要技术性能**　　　　表 1-6

| 项 目 | 型 号 |||||||
|---|---|---|---|---|---|---|---|
| | W-501 |||| W-1001 ||||
| 抓斗容量（m²） | 0.5 |||| 2.0 ||||
| 伸臂长度（m） | 10 ||| 13 || 16 |||
| 回转半径（m） | 4.0 | 6.0 | 8.0 | 9.0 | 12.5 | 4.5 | 14.5 | 5.0 |
| 最大卸载高度（m） | 7.6 | 7.5 | 5.8 | 4.6 | 2.6 | 10.8 | 4.8 | 13.2 |
| 抓斗开度（m） | | | | | 2.4 | | | |
| 对地面的压力（MPa） | 0.062 |||| 0.093 ||||
| 质量（t） | 20.5 |||| 42.2 ||||

## 4. 装载机

装载机是土石方工程作用常用设备之一，具有作业速度快、效率高、机动性好、操作轻便等优点，是施工现场作业效率较高的铲装机械；可用于铲装土、砂石、石灰、路基材料等散状物料,还可用于清理、平整场地、短距离装运物料、牵引和配合运输车辆装卸等作业。换装不同的辅助工作装置还可进行推土、挖土、松土和起重等装卸作业。在道路工程施工中,装载机用于路基工程的填挖、沥青混合料和水泥混凝土料场的集料与装料等作业;此外还可进行推运土壤、刮平地面和牵引其他机械等作业。

装载机按发动机功率分为小、中、大和特大型四种。功率小于74kW为小型;功率位于74~147kW为中型;功率位于147~515kW为大型;功率大于515kW为特大型。

轮式装载机由工作装置、行走装置、发动机、传动系统、转向制动系统、液压系统、操纵系统和辅助系统组成。具有重量轻、运行速度快、机动灵活、作业效率高、行走时不破坏路面等特点;但是,轮胎接地比压大、重心高、通过性和稳定性较差。其主要技术性能参见表1-7。

装载机的主要技术性能　　　　　　　　表1-7

| 项 目 | 型　号 | | |
|---|---|---|---|
| | ZL30G | ZL50G | SL60W |
| 铲斗容量（m²） | 1.7 | 3.0 | 3.5 |
| 卸载高度（m） | | 3.09 | 1.205 |
| 举升高度（m） | | 5.262 | 12.5 |
| 铲斗宽度（m） | | 3.0 | 2.6 |
| 最大崛起力（kN） | 103 | 170 | 179 |
| 最大牵引力（kN） | 90 | 160 | 172 |
| 额定功率（kW） | 88 | 162 | |
| 爬坡能力（°） | 25 | 30 | 29 |
| 前进速度（km/h） | | 16.5~37 | |
| 后退速度（km/h） | | 11.5 | |
| 整机外形尺寸 长×宽×高（m） | | 8.200×3.0×3.485 | |
| 质量（t） | 10.2 | 17.5 | 21.0 |

## （二）路面施工机械的主要技术性能

### 1. 沥青摊铺机械

（1）摊铺机结构组成

摊铺机是将拌制好的混合料（包括沥青混凝土和基层稳定土）均匀地摊铺在已整好的路基或基层上的专用设备。在摊铺过程中,首先接受由自卸汽车运来的混合料,再将其横向铺散在路基或基层上,最后加以初步压实、整形,形成一条有一定宽度、一定厚度和一定形状的铺层。

用摊铺机进行混合料摊铺,速度快、质量高,且对铺层进行了预压实,既保证了碾压质量,又降低了成本,是道路施工和路面维修作业必不可少的设备。

摊铺时前推辊轻推运沥青混合料运输车,沥青混合料被斜斗中的刮板输送器送至螺旋摊铺器,螺旋摊铺器把混合料沿着全宽方向摊开,可调虚铺厚度的熨平板将混合料刮到预铺高度,经振捣器振实熨平,形成摊铺面。摊铺机结构组成如图1-4所示。

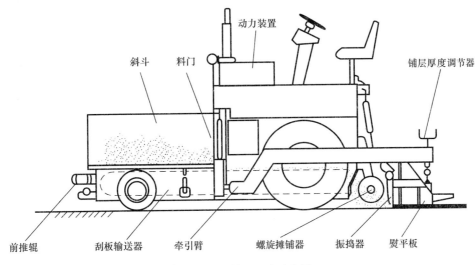

图1-4 摊铺机组成示意图

(2) 摊铺机的分类

目前,摊铺机已经发展成为种类众多、功能各异的专用设备。有专用于基层混合料摊铺作业的摊铺机,也有专用于沥青面层摊铺作业的摊铺机。另外有些摊铺机既可用于基层作业,也可用于沥青面层作业,称之为多功能摊铺机,例如双层摊铺机;带沥青撒布功能的摊铺机;超薄层沥青混合料摊铺机等。

1) 按摊铺机施工能力分类

① 大型摊铺机:最大摊铺宽度在9m以上,最大达16m;

② 中型摊铺机:摊铺宽度5~8m;

③ 小型摊铺机:摊铺宽度为2~4m,有些超小型摊铺机宽度只有1.5m,可以在狭窄的社区街道进行铺筑。

2) 按摊铺机用途分类

① 沥青混合料摊铺机:用于沥青混合料的摊铺,具有密度、平整度精确控制装置,布料均匀、密实,并配置加热系统。

② 多功能摊铺机:既可以摊铺沥青混合料,又可以摊铺基层混合料,对摊铺机技术要求介于两者之间。

③ 基层混合料摊铺机:用于基层混合料的摊铺,摊铺厚度大,磨损严重;对平整度、密实度的均匀性等要求不高,不用加热熨平板。

3) 按行走方式分类

① 履带式摊铺机。优点是:牵引力与接地面积都较大,行驶平稳,驱动力大,在摊

铺宽度较大时优点尤其突出；可在较软的路基上进行摊铺作业；对路基的平整度不太敏感，即使有些凹坑也不影响其摊铺质量，能有效地保证摊铺平整度。履带大多加装有橡胶垫块，以免对地面造成履刺的压痕，同时也可借此降低对地面的单位压力。缺点是：行驶速度低，不能很快地自行转移工地；对地面较高的凸起点适应能力差；其制造成本较高；行驶阻力大，不适宜长距离行走，转场一般需要拖车运输。

② 轮胎式摊铺机。优点是：行驶速度快（可高达 20km/h）；可自行驶转移工地，方便灵活；机动性和操纵性能好；结构简单，造价较低。缺点是：工作时驱动力矩较小，易于打滑，造成作业驱动力矩不够；对路面平整度的敏感性较强；料斗内材料多少的改变将影响后驱动轮胎的变形量，从而影响铺层的质量，不能用于高等级路面和宽度较宽的路面施工，主要用于城镇低等级路面施工。

4) 按技术性能和配置情况分类

① 高档：全液压驱动，自动控制，进口摊铺机基本属于高档次摊铺机；目前国产摊铺机日趋完善，各项性能指标均已接近或达到进口摊铺机水平。

② 中档：半机械液压驱动、半自动控制。

③ 低档：全机械化驱动。

（3）常用摊铺机的技术参数

用于城镇道路工程的摊铺机主要有沃尔沃 ABG、戴纳派克、福格勒 SUPER 型、三-SAP 系列、徐工 RP1356 型等，其主要技术参数分别见表 1-8~表 1-13。

**沃尔沃 ABG 摊铺机主要技术参数**　　表 1-8

| 技术参数 | | 型号 | ABG6820 | ABG7820 | ABG8820 | ABG9820 |
|---|---|---|---|---|---|---|
| 发动机（柴油机） | | 型号 | DeutzTCD2013L04 2V | 沃尔沃 D7E GEE3 | 沃尔沃 D7E GDE3 | Deutz TCD015V06V |
| | | 输出功率（kW） | 129@2200r/min | 170@1800r/min | 182@1800r/min | 273 |
| | | 冷却方式 | 液体 | 液体 | 液体 | 液体 |
| | | 燃油箱容量（L） | 300 | 300 | 300 | 400 |
| | | 排放标准 | COMⅢ/TIER3 | COMⅢ/TIER3 | COMⅢ/TIER3 | COMⅢ/TIER3 |
| 摊铺 | | 理论摊铺能力（t/h） | 700 | 700 | 1100 | 1500 |
| | | 最大摊铺厚度（mm） | 300 | 300 | 300 | 500 |
| | | 最大摊铺宽度（m） | 10 | 10 | 13 | 16 |
| 速度 | | 摊铺速度（m/min） | 20 | 20 | 20 | 60 |
| | | 运输速度（km/h） | 3.6 | 3.6 | 3.6 | 3.6 |
| 履带 | | 长度（mm） | 2900 | 2900 | 3085 | 3200 |
| | | 履带板宽度（mm） | 305 | 305 | 325 | 400 |

续表

| 技术参数 | | 型号 | ABG6820 | ABG7820 | ABG8820 | ABG9820 |
|---|---|---|---|---|---|---|
| 输料系统 | | 料斗容量（t） | 13.5 | 13.5 | 14 | 15.8 |
| | | 刮板输料器 | 2 | 2 | 2 | 2 |
| | | 输料速度（m/min） | 17.8 | 17.8 | 18.6 | 27.1 |
| | | 螺旋布料器 | 2 | 2 | 2 | 2 |
| | | 螺旋布料器转速（r/min） | 90 | 95 | 100 | 117 |
| | | 螺旋布料器直径（mm） | 360 | 360 | 360 | 420 |
| 主机 | | 重量（t） | 14.24 | 14.6 | 17.5 | 21.8 |

**戴纳派克摊铺机主要技术参数**　　　　　　　表1-9

| 技术参数 | | 型号 | SD2550CS 多功能履带摊铺机 | SD2500CS 多功能履带摊铺机 | F182CS 履带式摊铺机 | DF145CS 履带式摊铺机 | F141C 履带式摊铺机 |
|---|---|---|---|---|---|---|---|
| 工作能力 | | 最大摊铺宽度（m） | 14 | 10 | 13.55 | 13.55 | 9 |
| | | 基本摊铺宽度 | | 2.55 | 2.55 | 2.55 | 2.55 |
| | | 最小摊铺宽度（m） | 2 | 2 | | 2 | 2 |
| | | 重量（t） | 19.2（含V5100TV熨平板） | 18.5（含V5100TV熨平板） | 20.3 | 20.3 | 18.5 |
| | | 理论生产能力（t/h） | 1100 | 800 | 900 | 900 | 750 |
| | | 最大摊铺厚度（mm） | 350 | 320 | 350 | 350 | 300 |
| 发动机 | | 型号 | 康明斯QSB6.7-C260 六缸水冷，恒温控制风扇 | 康明斯QSB6.7-C190 六缸水冷，恒温控制风扇 | 康明斯QSB6.7-C220 | 康明斯QSB6.7-C220 | DeutzTCD 2013L06 |
| | | 排放标准 | EU3A/TIER3 | EU3A/TIER3 | EU3A/TIER3 | EU3A/TIER3 | EU3A/TIER3 |
| | | 额定功率（kW） | 194kW @ 2200r/min | 142kW @ 2200r/min | 172kW@ 1800r/min | 172kW@ 1800r/min | 140kW@ 1800r/min |
| | | 电器系统 | 24V | 24V | 24V | | 24V |
| | | 燃油箱容积（L） | 350 | 350 | | | |

续表

| 技术参数 | | 型号 SD2550CS 多功能履带摊铺机 | SD2500CS 多功能履带摊铺机 | F182CS 履带式摊铺机 | DF145CS 履带式摊铺机 | F141C 履带式摊铺机 |
|---|---|---|---|---|---|---|
| 底盘 | 履带长度（mm） | 3360 | 2900 | 3360 | 3360 | 2900 |
| | 履带宽度（mm） | 320 | 320 | 305 | 305 | 305 |
| | 工作速度（m/min） | 28 | 28 | 23 | 23 | 23 |
| | 行走速度（km/h） | 4 | 4 | 5 | 5 | 4.5 |
| | 爬坡能力 | 13.5° | 16° | | | |
| | 最终驱动 | 液压直接驱动 | 液压直接驱动 | 液压直接驱动 | | 液压直接驱动 |
| 料斗 | 容积（m³） | 8 | 6.5 | 7.8 | | 6 |
| | 卸料高度，中心 | 525mm | 555mm | 500mm | | 520mm |
| | 卸料高度，翼板 | 530mm | 560mm | 600mm | | 600mm |
| | 料斗宽度，内壁 | 3610 | 3610mm | 3420mm | | 3388mm |
| | 料斗长度（mm） | 2755 | 2215mm | | | |
| 刮板送料器 | 形式 | 双刮板条送料 | 双刮板条送料 | 双刮板条送料 | | |
| | 刮板宽度 | 2×655mm | 2×655mm | 600mm | | |
| | 刮板送料器控制 | 两个独立刮板，速度无极可调 | | | | |
| 螺旋布料器 | 螺旋直径（mm） | 500 | 380 | 430 | 430 | 380 |
| | 离地高度（mm） | 0~250 | 0~250 | | | |
| | 螺旋布料器控制 | 速度比例控制左右独立驱动可反转 | | | | 速度比例控制左右独立驱动可反转 |
| 操作 | 操作控制台 | 左/右可滑移 | 左/右可滑移 | | | |
| | 人体工程学仪表板 | 大型彩色显示屏 | 大型彩色显示屏 | | | |
| | 可滑移液压操作台 | 操作平台可左右滑移到侧边外500mm | | | | |

**福格勒 SUPER 型摊铺机主要技术参数**　　　　　　　　　　表 1-10

| 技术参数 | | 型号 | S3000-2 | S2100-2 | S1800-2 |
|---|---|---|---|---|---|
| 发动机（柴油机） | | 型号 | DEUTZ TCD2015V06 4V | DEUTZ TCD2013L06 2V | PERKINS1106D-E66TA |
| | | 输出功率（kW） | 300kW@1800r/min, 292kW@1500r/min | 182kW@2000r/min, 169kW@1700r/min | 129.6kW@2000r/min, 125kW@1800r/min |
| | | 冷却方式 | 液体 | 液体 | 液体 |
| | | 燃油箱容量(L) | 600 | 450 | 300 |
| | | 排放标准 | | | |
| 摊铺 | | 理论摊铺能力（t/h） | 1600 | 1100 | 700 |
| | | 最大摊铺厚度（mm） | 500 | 300 | 300 |
| | | 最大摊铺宽度（m） | 16 | 13 | 10 |
| 速度 | | 摊铺速度（m/min） | 24 | 25 | 24 |
| | | 运输速度（km/h） | 4.5 | 4.5 | 4.5 |
| 履带 | | 长度（mm） | 3300 | 3060 | 2830 |
| | | 履带板宽度（mm） | 400 | 305 | 305 |
| 输料系统 | | 料斗容量（t） | 17.5 | 14 | 13 |
| | | 刮板输料器 | 2 | 2 | 2 |
| | | 输料速度（m/min） | 43 | 33 | 25 |
| | | 螺旋布料器 | 2 | 2 | 2 |
| | | 螺旋布料器转速（r/min） | 93 | 60 | 83 |
| | | 螺旋布料器直径（mm） | 480 | 480 | 400 |
| 主机 | | 重量（t） | | | |

**三一 SAP 系列摊铺机主要技术参数**　　　　　　　　　　表 1-11

| 技术参数 | | 型号 | 三一 SAP120C | 三一 SAP90EC | 三一 SAP90C |
|---|---|---|---|---|---|
| 发动机 | | 型号 | BF6M1013FC | TCD2012L06 2V | TCD2012L06 2V |
| | | 输出功率（kW） | 183kW@2000r/min | 135kW@2000r/min | 135kW@2000r/min |
| 摊铺 | | 理论摊铺能力（t/h） | 1100 | 900 | 900 |
| | | 最大摊铺厚度（mm） | 350 | 350 | 350 |
| | | 最大摊铺宽度（m） | 12 | 9 | 9 |
| | | 基本摊铺宽度（m） | 2.5 | 3 | 2.5 |

续表

| 技术参数 | | 型号 | 三一SAP120C | 三一SAP90EC | 三一SAP90C |
|---|---|---|---|---|---|
| 速度 | | 摊铺速度（m/min） | 24 | 24 | 24 |
| | | 运输速度（km/h） | 4.5 | 4.5 | 4.5 |
| 输料系统 | | 料斗容量（$m^3$） | 8.5 | 8.5 | 8.5 |
| | | 螺旋布料器直径（mm） | 480/400 | 480/400 | 480/400 |
| | | 螺旋布料器节距（mm） | 350 | 350 | 350 |
| | | 螺旋布料器转速（r/min） | 0～70 | 0～65 | 0～65 |
| 整机 | | 重量（t） | 27 | 24 | 24 |
| 熨平板 | | 振捣形式 | 单振捣 | 单振捣 | 单振捣 |
| | | 夯锤冲击频率 | 0～30 | 0～30 | 0～30 |
| | | 拱度调节范围 | −1‰～3‰ | −1‰～3‰ | −1‰～3‰ |
| | | 加热方式 | 电加热 | 电加热 | 电加热 |

**徐工RP1356型沥青混凝土摊铺机主要技术参数**　　　　表1-12

| 型　号 | RP1356智能型 | RP1356智能型 | RP1200 | RP1200 |
|---|---|---|---|---|
| 摊铺宽度（m） | 2.5～12（选配14m） | 3～9 | 2.5～12 | 3～12 |
| 最大摊铺厚度（mm） | 350 | 350 | 350 | 350 |
| 摊铺速度（m/min） | 0～18 | 0～18 | 0～18 | 0～18 |
| 行驶速度（km/h） | 0～2.4 | 0～2.4 | 0～2.4 | 0～2.4 |
| 料斗容量（t） | 14 | 14 | 14 | 14 |
| 拱度调节（%） | −1～4 | −1～3 | −1～3 | −1～3 |
| 双振捣转速（r/min） | 0～1470 | 0～1470 | 0～1500 | 0～1500 |
| 振动频率（Hz） | 0～42 | 0～50 | 0～50 | 0～50 |
| 发动机 | BF6M1013ECP | BF6M1013ECP | 国Ⅱ排放标准 | 国Ⅱ排放标准 |
| 额定功率/转速（kW） | 176 | 176 | 176 | 176 |
| 密实度（%） | ≥90 | ≥90 | | |
| 平整度（mm/3m） | ≤2 | ≤2 | ≤2 | ≤2 |
| 理论摊铺能力（t/h） | 900 | 700 | 800 | 800 |
| 整机重量（t） | 22.2～31.2 | 24～26.5 | | |
| 熨平板类型 | M250DVG 双振捣、偏心振动、气加热 | E600DV 双振捣、偏心振动、电加热 | M250DVG | M300DVG |
| 延伸方式 | 机械拼装 | 液压伸缩 | | |
| 宽度范围（m） | 2.5～12（选配14m） | 3～9 | | |
| 振捣转速（r/min） | 0～1470 | 0～1470 | | |
| 振捣主振幅（mm） | 5 | 5 | | |
| 振捣副振幅（mm） | 0、3、6、9、12 | 0、5、10 | | |
| 振动频率（Hz） | 0～42 | 0～50 | | |

表 1-13

## 常用沥青路面摊铺机型号、主要技术性能一览表

| 序号 | 品牌 | 型号 | 原产国 | 摊铺宽度 | 工作速度 | 行走速度 | 理论摊铺能力 t/h | 最大摊铺厚度 | 发动机功率 kW/h | 重量 | 最大外型尺寸（长×宽×高）(mm) | 备注 |
|---|---|---|---|---|---|---|---|---|---|---|---|---|
| 1 | 德马格 | DF145C/CS | 德国 | 3～13.5m | 0～23m/min | 0～5km/h | 900 | 350mm | 172 | 20.3t | 6350×3300×3800 | |
| 2 | 戴纳派克 | F141C | 瑞典 | 3～12.5m | 0～20m/min | 0～3.8km/h | 750 | 300mm | 125 | 17t | 6600×3400×3630 | DYNA PAC |
| 3 | 戴纳派克 | F182CS | 瑞典 | 3～13.5m | 0～23m/min | 0～5km/h | 900 | 350mm | 172 | 20.3t | 7020×3420×3830 | DYNA PAC |
| 4 | 德国 ABG | TITAN 423 | 德国 | 2.5～12m | 0～16m/min | 0～3.6km/h | | 300mm | 126 | 22t | 6400×3200×3680 | |
| 5 | 沃尔沃 | 6820 | 德国 | 2.5～10m | 0～20m/min | 0～3.6km/h | 600 | 300mm | 125/170 | 14.24t | 6210×2500×2940 | volvo |
| 6 | 沃尔沃 | 7820 | 德国 | 2.5～11m | 0～20m/min | 0～3.6km/h | 700 | 300mm | 170/231 | 14.6t | 6210×2500×2940 | |
| 7 | 沃尔沃 | 8820 | 德国 | 2.5～13m | 0～20m/min | 0～3.6km/h | 900 | 300mm | 182/247 | 17.5t | 6674×2500×3077 | |
| 8 | 沃尔沃 | 9820 | 德国 | 2.5～16m | 0～20m/min | 0～3.6km/h | 1500 | 300mm | 273/327 | 17.5t | 6890×3000×3200 | |
| 9 | 维特根 | 福格勒 1800-2 | 德国 | 2.5～10m | 0～24m/min | 0～4.5km/h | | 300mm | 127kW/h | | 6130×3265×3800 | |
| 10 | 维特根 | 福格勒 1900-2 | 德国 | 2.5～11m | 0～25m/min | 0～4.5km/h | | 300mm | 142kW/h | | 6660×3265×3750 | |
| 11 | 陕西建设 | ABG 7620 | 中国 | 2.5～11m | 0～20m/min | 0～3.6km/h | 700 | 300mm | 170/231 | 14.6t | 6210×2500×2940 | 散件进口，国内组装 |
| 12 | 陕西建设 | ABG 8620 | 中国 | 2.5～13m | 0～20m/min | 0～3.6km/h | 900 | 300mm | 182/247 | 17.5t | 6674×2500×3077 | |
| 13 | 徐工 | RP1255 | 中国 | 3～12.5m | 0～18m/min | 0～3.5km/h | | 350mm | 165kW/h | | 6630×3000×3880 | |
| 14 | 徐工 | RP955 | 中国 | 3～9.5m | 0～18m/min | 0～2.4km/h | | 350mm | 137kW/h | | 6630×3000×3880 | |
| 15 | 三一 | SMP90C | 中国 | 2.5～9m | 0～16m/min | 0～3.0km/h | | 350mm | 149kW/h | 24t | | |
| 16 | 三一 | SMP100C | 中国 | 3～10m | 0～16m/min | 0～3.0km/h | | 350mm | 149kW/h | 24t | | |
| 17 | 中联 | LTU120 | 中国 | 2.5～12m | 0～19m/min | 0～3.6km/h | | 300mm | 161kW/h | 19.6t | | |
| 18 | 中联 | DTU90 | 中国 | 3～9m | 0～16m/min | 0～3.0km/h | | 300mm | 133kW/h | 22t | 6778×3000×3764 | |

## 2. 压路机械

（1）压路机组成与压实机理

压路机是一种特制钢轮或光面轮胎为作业装置的压实施工机械，广泛应用于道路工程、机场港口、矿山水坝、沟槽回填等土石填方及路面铺装材料的压实作业，其作用是增加工作面的密实度，从而提高工作面的结构强度和刚度，增强抗渗透能力和气候稳定性，降低或消除沉陷，最终达到提高工程承载能力、延长使用寿命、降低维修费用的目的。

1）振动（冲击）碾压机械：是利用专门的振动（冲击）机构，以一定的频率和振幅振动，并通过滚轮往复滚动传递给碾压层，使碾压层材料的颗粒在振动（冲击）和静压力联合作用下发生振动（冲击）位移而重新组合，使之提高密实度和稳定性，达到压实目的，这类机械包括各种拖式和自行式振动（冲击）压路机。

2）静压压路机械：是依靠机械自重的静压力作用，利用滚轮在碾压层表面往复滚动，使被压实层产生一定程度的永久变形而达到压实目的。这类压实机械包括各种型号的光轮压路机、轮胎压路机、羊脚压路机及各种拖式压滚等设备。

（2）压实机分类

1）静作用（碾）压路机：三轮静碾压路机、两轮静碾压路机、拖式静碾压路机、自行式轮胎压路机、拖式轮胎压路机。

2）振动压路机：轮胎驱动单轮振动压路机、组合式振动压路机、手扶式振动压路机、拖式振动压路机、斜坡振动压实机、沟槽振动压实机。

3）冲击式压路机：冲击式方滚压路机、振冲式多棱压路机。

（3）压路机的主要技术参数

1）工作质量：是静碾压路机的主参数，压路机加上规定的油、水、压载物并包括一名司机在内的质量，其大小直接影响了压实质量和工作效率。但振动压路机还可依靠振动能进行压实工作，振动压实时，振动频率引发被压实材料本身的共振，从而使单位面积中材料的质量有所增加，提高了被碾压材料的密实度。由于压实能量来自振动轮，所以机身的质量并不代表一台振动压路机的压实效益。相对而言，利用静线载荷与动线载荷的参数作为压实效率更为妥当。

2）压路机质量的分配：是指压路机前后轮之间的质量分配比例，对于单轮驱动的压路机，驱动轮分配的质量较大时能保证压路机有足够的附着力和制动力矩，转向轮分配的质量较小可以减少从动轮的拥土现象，但转向轮过轻将导致压路机转向不稳定。通常情况下必须满足爬坡能力强化试验的要求。

3）线载荷：是沿压轮轴向单位长度上对碾压层所施加的静压力。

4）振动频率：是振动器的振动轴每分钟转动的次数。土壤和砂石混合料的压实原理完全不同，频率的选择也不在同一范围。压路机上用的每一个机械零部件都有其自身固有的频率，当振动频率太低时，会引起机身上的紧固螺栓和避震块达到共振，不仅会造成压实效果很差，并且会使机器上的零部件也因共振而松动或损坏。

5）振幅：是指振动轮上下移动半个总距离的量，移动量大，作用能量也大；一般土壤和砂石混合料对压实的要求各异，高振幅用于较厚的压实层，而低振幅用于较薄的压实层。振幅必须配合压路机的频率以及振动轮及支架重量达到最佳配比才能取得良好的压实效果。振幅过大会引起司机疲劳和机器零件的过早损坏，甚至会造成路面出现"过压实"现象。

6）激振力：是由偏心激振器高速旋转时的离心力形成的。激振力 $F=M\times\omega^2$，显然激振力的大小取决于机器本身的参数，但因为偏心力矩受到设计振幅的限制以及振动频率受到土壤共振范围的限定，所以一台优良的振动压路机是不能随意提高其激振力的。而且激振力大并不表示该机的压实效果一定好，只有适当的激振力配合正确的振幅与频率才能达到较好的压实效果。

7）振动轮的宽度与直径：振动轮愈宽、直径愈大，其压实影响深度愈小。但振动轮的宽度和直径也不宜过小，否则压轮前方会出现"波纹"。轮宽过窄，在压实路面时会使路面产生裂纹。振动压路机振动轮的宽度和直径，应根据压实对象和压实要求合理地选取，如路面压实作业，应采取振动轮的宽度和直径都较大的振动压路机；基础压实作业，振动轮的宽度和直径应选取最小的数值。

常用压路机的主要技术性能参见表 1-14。

## （三）桩基施工机械的主要技术性能

### 1. 循环钻机

循环钻机采用机械传动方式，使平行于地面的转盘转动，通过钻杆带动钻头旋转切削土层或岩层，以泥浆作为介质，将钻头切削下来的钻渣取出地面。

循环钻机分为正循环回转钻机和反循环回转钻机两种。

（1）工作原理

正循环钻机：泥浆由泥浆泵向钻杆输进，钻渣随泥浆沿孔壁上升，从孔口溢入泥浆池。钻渣沉积后，较干净的泥浆流回泥浆池，形成一个工作循环。

反循环钻机：与正循环方向相反，夹带钻渣的泥浆经钻头、空心钻杆、提升笼头、胶管进入泥浆泵，再从泵的闸阀排出流入泥浆池中，而后泥浆经沉淀后再流向孔井内。正、反循环钻机示意图如图 1-5 所示。

（2）适用范围和性能

循环钻机适用于各类中等及以上直径的灌注桩，较适用于一般的黏性土、砂类土、卵石粒径小于钻杆内径 2/3、含卵石量少于 20% 的卵石土、较软的岩石等。成孔直径：正循环为 80~300cm；反循环为 80~250cm；孔深：正循环为 30~100m；反循环为 40（泵吸）~150（气举）m。

（3）循环钻机的技术性能

循环钻机的主要技术性能参见表 1-15。

常用压路机的主要技术性能　　表1-14

| 序号 | 型号 | 产地 | 行走速度 | 重量(t) | 钢轮宽度(mm) | 振动频率 Hz | 振幅(mm) | 激振力(kN) | 静线压力(前后轮)(kg/cm) | 输出功率(kW/h) | 机械类型 | 品牌 |
|---|---|---|---|---|---|---|---|---|---|---|---|---|
| 1 | BW202 | 德国 | 0~11km/h | 13 | 2135 | 45/50 | | | 30 | 78 | 双钢轮压路机 | 宝马格 BOMAG |
| 2 | CC522 | 瑞典 | 0~12km/h | 12.5 | 1950 | 51 | | | 30 | 93 | 双钢轮压路机 | 戴纳派克 DYNAPAC |
| 3 | CC622 | 瑞典 | 0~11km/h | 12.5 | 2270 | 49 | | | 28.5 | 93 | 双钢轮压路机 | 戴纳派克 DYNAPAC |
| 4 | CC424HF | 瑞典 | 0~12km/h | 11.6 | 1730 | 43/62~51/66 | 0.8/0.3 | 139/92 | 29.5/29.5 | 93 | 双钢轮压路机 | 戴纳派克 DYNAPAC |
| 5 | CC524HF | 瑞典 | 0~12km/h | 12.7 | 1950 | 43/62~51/67 | 0.8/0.3 | 154/101 | 30.3/29.2 | 93 | 双钢轮压路机 | 戴纳派克 DYNAPAC |
| 6 | CC624HF | 瑞典 | 0~12km/h | 13.6 | 2130 | 43/62~51/67 | 0.8/0.3 | 166/106 | 30 | 113 | 双钢轮压路机 | 戴纳派克 DYNAPAC |
| 7 | DD118HF | 德国 | 0~10.8km/h | 11.8 | 2000 | 56.67 | 0.34~0.63 | 102~190 | | 129 | 双钢轮压路机 | VOLVO |
| 8 | DD138HF | 德国 | 0~11.3km/h | 13 | 2135 | 53.3 | 0.33~0.63 | 97.1~188 | | 100 | 双钢轮压路机 | VOLVO |
| 9 | HD130 | 德国 | 0~12km/h | 13.5 | 2140 | 42/50 | 0.75/0.40 | 528/416 | 33.2 | 100 | 双钢轮压路机 | 维特根悍马 |
| 10 | HD120 | 德国 | 0~12km/h | 14.2 | 1980 | 42/50 | 0.87/0.46 | 186/139 | 32.6 | 136 | 双钢轮压路机 | 维特根悍马 |
| 11 | HD O90V | 德国 | 0~14.5km/h | 9.18 | 1780 | 42/5033/39 | 0.61/0.40 1.30/1.30 | 103/144 | 29.8 | 136 | 双钢轮水平振荡压路机 | 维特根悍马 |
| 12 | HD 120V | 德国 | 0~14.5km/h | 12.25 | 1980 | | | | | 82 | 双钢轮水平振荡压路机 | 维特根悍马 |
| 13 | SW800 | 日本 | 0~12.5km/h | 10.2 | 1700 | 42/67 | | 47/121 | | 90 | 双钢轮压路机 | 酒井 |
| 14 | SW850 | 日本 | 0~12.5km/h | 12.5 | 2000 | 42/67 | | 58/148 | | 118 | 双钢轮压路机 | 酒井 |
| 15 | SW900 | 日本 | 0~12.5km/h | 13 | 2000 | 68/173 | | 58/148 | | 77 | 双钢轮压路机 | 酒井 |
| 16 | SW750 | 日本 | 0~14km/h | 9.1 | 1680 | 50 | | 142 | | 88 | 双钢轮水平振荡压路机 | 酒井 |
| 17 | SMR222 | 中国 | | 22.5 | | | | | | 88 | 单钢轮压路机 | 三一 |
| 18 | YZC12 | 中国 | 0~12km/h | 12.5 | 2135 | 42/50 | | | 28.5/28.9 | 93 | 双钢轮压路机 | 三一 |
| 19 | SPR260 | 中国 | | 26 | | | | | | 115 | 轮胎式压路机 | 三一 |
| 20 | SPR300 | 中国 | | 30 | | | | | | 115 | 轮胎式压路机 | 三一 |
| 21 | XD121 | 中国 | 0~10km/h | 12 | | 30/50 | | | 28/28.6 | 132 | 双钢轮压路机 | 徐工 |
| 22 | XP261 | 中国 | 0~20km/h | 26 | 2365 | | | | ~ | 136 | 轮胎式压路机 | 徐工 |
| 23 | XP262 | 中国 | 0~20km/h | 26 | 2365 | | | | | 88 | 轮胎式压路机 | 徐工 |
| 24 | XP301 | 中国 | 0~16km/h | 30 | 2750 | | | | | 141 | 轮胎式压路机 | 徐工 |
| 25 | XS222J | 中国 | 0~10.5km/h | 22 | 2130 | | | | 30 | | 单钢轮压路机 | 徐工 |
| 26 | YZC13E | 中国 | 0~12km/h | 13 | 2100 | 39/46 | | | | | 双钢轮压路机 | 中联 |
| 27 | YZ20 | 中国 | 0~10km/h | 20 | 2150 | | | | | | 单钢轮压路机 | 中联 |

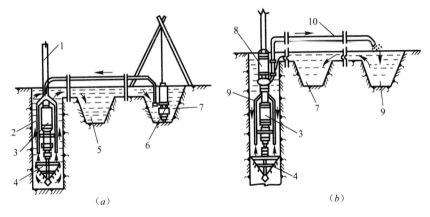

图 1-5 正、反循环钻机示意图
(a) 正循环排渣；(b) 反循环排渣
1—钻杆；2—送水管；3—主机；4—钻头；5—沉淀池；6—潜水泥浆泵；7—泥浆泵；
8—砂石泵；9—抽渣管；10—排渣胶管

常用循环钻机的主要技术性能　　　　　　表 1-15

| 项　目 | 正反循环钻机 | | | 冲击反循环钻机 | |
|---|---|---|---|---|---|
| | GZ50 | GZ50Ⅱ | YZ60 | CFZ1200 | CFZ2000 |
| 钻孔深度（m） | 50～150 | 50～150 | 60 | 100 | 120 |
| 钻孔直径（m） | 0.45～1.5 | 0.45～2.0 | | 1.2 | 2.0 |
| 砂石泵排量（m³/h） | 280 | 280 | | 280 | 280 |
| 功率（kW） | 50 | 58.8 | | 30 | 45 |
| 自行走速度（km/h） | 14/20 | 30/40 | | | |
| 转盘转速（r/min） | | | 63 | | |
| 卷扬机提升能力（kg） | | | 1000 | | |
| 扬程（m） | | | >18 | | |
| 整机重量（t） | | | | 6 | 10 |

## 2. 旋挖钻机

（1）工作原理

旋挖钻机是一种高度集成的桩基施工机械，采用一体化设计，履带式360°回转底盘及桅杆式钻杆，一般为全液压系统。旋挖钻机采用短螺旋钻头或旋挖斗，通过电动机转动增大扭矩直接将土或砂砾等旋转挖掘，然后土筒提升出孔外，可实现干法成孔。示意图如图1-6所示。

（2）适用范围和性能

旋挖钻机一般适用于黏土、粉土、砂土、淤泥质土、人工回填土及含有部分卵石、碎石地层中等硬度风化岩层。对于具有大扭矩动力头和自动内振式伸缩钻杆的钻机，可适用微风化岩层的钻孔施工。在灌注桩、连续墙、基础加固等地基基础工程施工中得到广泛应用，旋挖钻机的额定功率一般为125～450kW，动力输出扭矩为120～400kN·m，最大成孔直径可达4m，最大成孔深度为90m，可以满足各类大型基桩和基坑围护桩施工的要求。

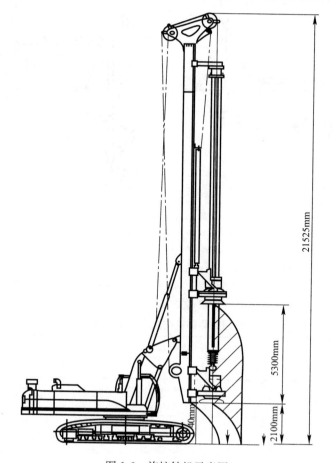

图 1-6 旋挖钻机示意图

(3) 技术性能

旋挖钻机特殊的桶型钻头直接取土出渣，不需接长钻杆，因而能大大地缩短成孔时间，提高施工效率。由于带有自动垂直度控制和自动回位控制，成孔垂直度和孔位等能得到保证。

常用旋挖钻机的主要技术性能参见表1-16。

常用旋挖钻机的主要技术性能　　　　表1-16

| 项　目 | 型　号 | |
| --- | --- | --- |
| | ZR220C | SE30 |
| 钻孔深度 (m) | 56～70 | 30 |
| 钻孔直径 (m) | 2.0 | 1.0 |
| 扭矩 (kN·m) | 220 | 30 |
| 功率 (kW) | 252 | 198 |
| 自行走速度 (km/h) | 2.26 | 30/40 |
| 整机重量 (t) | 73.5 | 64 |

## 3. 长螺旋钻机

长螺旋钻机主要由行走机构、回转机构、动力机构、液压机构和操纵机构组成。包括液压步履桩架和钻进系统两部分。钻进系统包括动力头与钻具。

(1) 工作原理

长螺旋钻机钻进时，电动机转动并通过减速箱，带动长螺旋钻杆转动，钻头的下部有切削刃，钻杆带动钻头旋转切削土层，切削下来的土便沿着螺旋叶片上升至地表，排出孔外。

(2) 适用范围和性能

成桩方式为干作业成孔桩，适用于地下水位以上的黏性土、砂土及人工填土非密实的碎石类土、强风化岩。钻孔直径范围为 300～2000mm，一次钻孔深度可达 15～32m。螺旋钻孔机在我国北方使用较多。长螺旋钻机钻杆的全长上都有螺旋叶片，最大钻深可达 20m。长螺旋钻机整体构造不复杂，成孔效率高，在灌注桩的成孔作业中应用最多。常用螺旋钻机主要技术性能见表 1-17。

常用螺旋钻孔机主要技术性能　　表 1-17

| 项目 | | LZ 型长螺旋钻孔机 | KL600 螺旋钻孔机 | BZ1 短螺旋钻孔机 | ZKL400（600）型钻孔机 | BQZ 型步履式钻孔机 | DZ 型步履式钻孔机 |
|---|---|---|---|---|---|---|---|
| 钻孔直径（m） | | 0.3～0.6 | 0.4～0.5 | 0.3～0.8 | 0.4～0.6 | 0.6 | 1.0～1.5 |
| 钻孔最大深度（m） | | 15 | 15、15 | 8、11、8 | 12～16 | 8 | 30 |
| 钻杆长度（m） | | | 18.3、8.3 | | 22 | 9 | |
| 钻头转速（r/min） | | 63～116 | 50 | 45 | 80 | 85 | 38.5 |
| 钻进速度（m/min） | | 1 | | 3.1 | | 1 | 0.2 |
| 电动机功率（kW） | | 40 | 50、55 | 40 | 30～55 | 22 | 22 |
| 外形尺寸 m | 长 | | | | | 8 | 6 |
| | 宽 | | | | | 4 | 4.1 |
| | 高 | | | | | 12.5 | 16 |

## 4. 冲击钻机

(1) 工作原理

冲击钻孔是利用钻机的曲柄连杆机构，将动力的回转运动改变为往复运动，通过钢丝绳带动冲锤上下运动，通过冲锤自由下落的冲击作用，将卵石或岩石破碎，钻渣随泥浆（或用掏渣筒）排出。简易冲击钻机如图 1-7 所示。

(2) 适用范围和性能

适用于碎石土、砂土、黏性土及风化岩层等；桩径可达 600～1500mm；大直径桩孔可分级成孔，第一级成孔直径为设计桩径的 0.6～0.8 倍。冲击钻的主要技术性能见表 1-18。冲击钻机作业需隔孔浇注混凝土，城镇施工需考虑噪声控制。

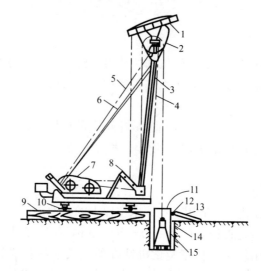

图 1-7 简易冲击钻孔机示意图
1—副滑轮；2—主滑轮；3—主杆；4—前拉索；5—后拉索；6—斜撑；7—双滚筒卷扬机；8—导向轮；
9—垫木；10—钢管；11—供浆管；12—溢流口；13—泥浆渡槽；14—护筒回填土；15—钻头

常用冲击钻机的主要技术性能　　　　　　　　表 1-18

| 型 号 | 性能指标 | | | | | | | |
|---|---|---|---|---|---|---|---|---|
| | 最大直径 (mm) | 最大深度 (m) | 冲击行程 (mm) | 冲击频率 (次/min) | 冲击钻质量 (kg) | 卷筒提升力 (kN) | 驱动功率 (kW) | 质量 (kg) |
| SPC300H | 700 | 80 | 500, 650 | 25, 50, 72 | | 30 | 118 | 15000 |
| GJC-40H | 700 | 80 | 500, 650 | 20-72 | | 30 | 118 | 15000 |
| GJD-1500 | 2000（土层）1500（岩层） | 50 | 100~1000 | 0~30 | 2940 | 39.2 | 63 | 20500 |
| YKC-31 | 1500 | 120 | 600~1000 | 29, 30, 31 | | 55 | 60 | |
| CZ-22 | 800 | 150 | 350~1000 | 40, 45, 50 | 1500 | 20 | 22 | 6850 |
| CZ-30 | 1200 | 180 | 500~1000 | 40, 45, 50 | 2500 | 30 | 40 | 13670 |
| KCL-100 | 1000 | 150 | 350~1000 | 40, 45, 50 | 1500 | 20 | 30 | 6100 |

## （四）混凝土施工机械的主要技术性能

### 1. 混凝土搅拌机械

（1）分类

混凝土拌合设备类型分为水泥混凝土搅拌机、与混凝土搅拌机配套的水泥混凝土搅拌站（楼）两大类。

混凝土搅拌机按作业方式分：连续作业式、周期作业式；按搅拌方式分：自落式、强制式；按卸料方式分：倾翻式、非倾翻式；按移动方式分：固定式、移动式；按使用动力分：电动式、内燃式；按其结构形式分为：鼓筒式、双锥反转出料式和强制式等。混凝土搅拌站示意图如图1-8所示。

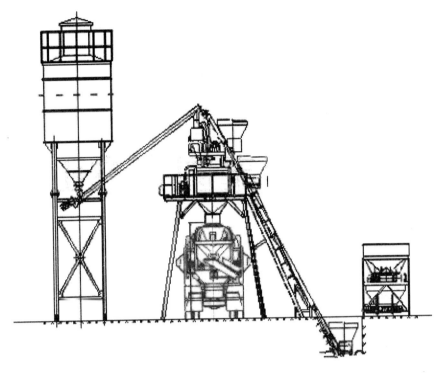

图1-8 水泥混凝土搅拌站示意图

市政工程使用的水泥混凝土搅拌设备多为强制式，强制式搅拌设备对骨料粒径有一定的要求，可拌制干硬性和塑性混凝土及砂浆，适用于水泥混凝土路面工程。

(2) 各类搅拌机的主要技术性能特点及适用范围（表1-19）

各类搅拌机的特点及适用范围　　　　表1-19

| 类型 | 特点及适用范围 |
|---|---|
| 周期性 | 周期性进行装料、搅拌、出料，结构简单可靠，容易控制配合比及拌合质量，使用广泛 |
| 连续式 | 连续进行装料、搅拌、出料，生产效率高，用于混凝土使用量很大的工程 |
| 自落式 | 由搅拌筒内壁固定叶片将物料带到一定高度，然后自由落下，周而复始，使其获得均匀搅拌，主要用于塑性和半塑性混凝土 |
| 强制式 | 筒内物料由旋转轴上的叶片或刮板的强制作用而获得充分的拌合，拌合时间短，生产率高，最适宜于拌制干硬性混凝土 |
| 固定式 | 通过机架地脚螺栓与基础固定，多装在搅拌楼或搅拌站上使用 |
| 移动式 | 装有行走机构，可随时搬运转移，应用于中小型临时工程 |
| 倾翻式 | 靠拌筒倾倒出料 |
| 非倾翻式 | 靠拌筒翻转出料 |
| 梨式 | 拌筒可绕纵轴旋转搅拌，又可绕横轴回转装料、卸料，一般用于试验室小型搅拌机 |
| 锥式 | 多用于大中型搅拌机 |

续表

| 类 型 | 特点及适用范围 |
|---|---|
| 鼓筒式 | 多用于中小型搅拌机 |
| 槽式 | 多为强制式,有单槽单搅拌轴和双槽双搅拌轴等,国内较少使用 |
| 盘式 | 是一种垂直强制搅拌机,国内较少采用 |

国产 HZS 系列混凝土搅拌站的主要技术性能见表1-20。

HZS 搅拌站的主要技术性能　　　表 1-20

| 型　号 | HZS180K | HZS120K | HZS90K |
|---|---|---|---|
| 理论生产率（$m^3/h$） | 180 | 120 | 90 |
| 卸料高度（m） | 4 | 4 | 4 |
| 搅拌主机型号 | JS3000 | JS2000 | JS1500 |
| 搅拌功率（kW） | 2×55 | 2×37 | 2×30 |
| 生产周期（s） | 60 | 60 | 60 |
| 进料容量（L） | 4500 | 3000 | 2250 |
| 出料容量（L） | 3000 | 2000 | 1500 |
| 骨料仓容量（可选）（$m^3$） | 4×30 | 4×25 | 3×16 |
| 粉料仓容量（可选）（t） | 4×200 | 4×200 | 2×150+2×100 |
| 配料站配料能力（L/罐） | 4800 | 3200 | 2400 |
| 皮带机输送能力（t/h） | 900 | 900 | 600 |
| 螺旋输送机最大输送能力（t/h） | 110 | 90 | 90 |
| 装机容量（kW） | 270/540 | 210/420 | 145/290 |

## 2. 混凝土搅拌运输车

混凝土搅拌运输车是运输混凝土的专用车辆,是在载重汽车的底盘上安装一套能慢速旋转的混凝土搅拌装置。在混凝土运输过程中,由于装载混凝土的搅拌筒可以作慢速旋转,使混凝土不断地受到搅动,防止产生分泌离析现象,因而能够保证混凝土的和易性。

混凝土搅拌运输车除了采用载重汽车底盘外,其余主要由传动系统、搅拌装置、供水系统和操作系统等组成。

中联重科 ZLJ 系列混凝土搅拌运输车的主要技术性能见表1-21。

ZLJ 混凝土搅拌运输车的技术性能　　　表 1-21

| 型　号 | ZLJ5256GJB2 | ZLJ5256GJBGH | ZLJ5256GJB1 | ZLJ5250GJB2 | ZLJ5251GJB2 | SY5250GJB4 |
|---|---|---|---|---|---|---|
| 整备质量（t） | 13.1 | 13.8 | 14.1 | 14.1 | 13.9 | 14 |
| 最大总质量（t） | 25 | 25 | 25 | 25 | 25 | 25 |
| 驱动形式 | 6×4 | 6×4 | 6×4 | 6×4 | 6×4 | |
| 轴距（mm） | 3655+1310 | 3640+1410 | 3800+1350 | 3825+1350 | 3775+1400 | |
| 最高车速（km/h） | 95 | 90 | 75 | 90 或 78 | 90 | 90 |
| 最大爬坡度（%） | 42.3 | 25 | 30 | 45 | 35 | 30 |

续表

| 型号 | | ZLJ5256GJB2 | ZLJ5256GJBGH | ZLJ5256GJB1 | ZLJ5250GJB2 | ZLJ5251GJB2 | SY5250GJB4 |
|---|---|---|---|---|---|---|---|
| 外形尺寸（m） | 长 | 9.0 | 9.16 | 9.3 | 9.23 | 9.33 | 9.2 |
| | 宽 | 2.5 | 2.5 | 2.5 | 2.5 | 2.5 | 2.49 |
| | 高 | 3.89 | 3.93 | 3.95 | 3.93 | 3.93 | 3.88 |
| 几何容积（m³） | | 17.3 | | | | | 15.7 |
| 搅动容积（m³） | | 10 | | | | | 9 |
| 搅拌筒倾角（°） | | 12 | | | | | 13.5 |
| 进料速度（m³/min） | | ≥4 | | | | | ≥3 |
| 出料速度（m³/min） | | ≥3 | | | | | ≥2 |
| 坍落度（mm） | | 50～210 | | | | | 50～210 |
| 水箱容积（L） | | 450 | | | | | 750 |

## 3. 混凝土振捣器具

混凝土振捣器是一种借助动力通过一定装置作为振源产生频繁的振动，并使这种振动传递给混凝土，以振动捣实混凝土的设备。

（1）工作原理

振捣器具产生具有一定频率、振幅和激振力的振动能量，通过一定方式传递混凝土拌合物；混凝土拌合物在振动的作用下，混凝土拌合物的颗粒间原有的黏着力、摩擦力显著下降，呈现出"重质液体状态"，骨料颗粒在重力的作用下逐渐下沉，重新排列并相互挤紧，保证混凝土密实。而颗粒之间的空隙则被水泥浆完全填充，空气以气泡形式逸出，最终达到密实混凝土的目的。

（2）分类

① 按传递振动方式分为：内部振动器（插入式振动器）、外部振动器（附着振动器）、平板（表面）振动器、平台式振动器等四种。

② 按工作部分的结构特征分为：锥形（杆形或锥形）、棒形（杆形或柱形）、片形、条形（R形）、平台形等。

③ 按振源的振动形式分为：偏心式、行星式、往复式、电磁式等。

④ 按使用振源的动力分为：电动式、风动式、内燃式和液压式等。

⑤ 按振动频率分为：高频式（133～350Hz）、中频式（83～133Hz）、低频式（33～83Hz）。

⑥ 按驱动动力分为：电动振动器、燃油驱动振动器等。振动器多采用电动或风动，内燃式用于缺乏电源的情况，以小型汽油机驱动。

（3）适用范围和技术性能

内部振动器的主要技术性能见表1-22～表1-24，外部振动器和混凝土振动台的主要技术性能见表1-25～表1-27。

电动软轴行星式振动器的主要技术性能    表1-22

| 性能指标 | | 型号 | | | | | |
|---|---|---|---|---|---|---|---|
| | | ZN25 | ZN35 | ZN45 | ZN50 | ZN60 | ZN70 |
| 电动机 | 功率（kW） | 0.8 | 0.8 | 1.1 | 1.1 | 1.5 | 1.5 |
| | 转速（r/min） | 2850 | 2850 | 2850 | 2850 | 2850 | 2850 |
| 软轴直径（mm） | | 8 | 10 | 10 | 13 | 13 | 13 |
| 软管直径（mm） | | 24 | 30 | 30 | 36 | 36 | 36 |

电动软轴偏心式振动器和电动直联式振动器的主要技术性能    表1-23

| 性能指标 | | 形式、型号 | | | | | | | |
|---|---|---|---|---|---|---|---|---|---|
| | | 电动软轴偏心式 | | | | | 电动直联式 | | |
| | | ZPN18 | ZPN25 | ZPN35 | ZPN50 | ZPN70 | ZDN80 | ZDN100 | ZDN130 |
| 振动棒（器） | 直径（mm） | 18 | 26 | 36 | 48 | 71 | 80 | 100 | 130 |
| | 长度（mm） | 250 | 260 | 240 | 220 | 400 | 436 | 520 | 520 |
| | 频率（次/min） | 17000 | 15000 | 14000 | 13000 | 6200 | 11500 | 8500 | 8400 |
| | 振动力（kN） | | | | | | 6.6 | 13 | 20 |
| | 振幅（mm） | 0.4 | 0.5 | 0.8 | 1.1 | 2.25 | 0.8 | 1.6 | 2 |
| 电动机 | 功率（kW） | 0.2 | 0.8 | 0.8 | 0.8 | 2.2 | | | |
| | 转速（r/min） | 11000 | 15000 | 15000 | 15000 | 2850 | 11500 | 8500 | 8400 |
| 软轴直径（mm） | | | 8 | 10 | 10 | 13 | | | |
| 软管直径（mm） | | | 30 | 30 | 30 | 36 | 0.8 | 1.5 | 2.5 |

风动偏心式和内燃行星式振动器的主要技术技能    表1-24

| 性能指标 | | 形式、型号 | | | | | |
|---|---|---|---|---|---|---|---|
| | | 风动偏心式 | | | 内燃行星式 | | |
| | | ZQ50 | ZQ100 | ZQ150 | ZR35 | ZR50 | ZR70 |
| 振动棒（器） | 直径（mm） | 53 | 102 | 150 | 36 | 51 | 68 |
| | 长度（mm） | 350 | 600 | 800 | 425 | 452 | 480 |
| | 频率（次/min） | 1500～18000 | 5500～6200 | 5000～6000 | 14000 | 12000 | 12000～14000 |
| | 振动力（kN） | 6 | 2 | | 2.28 | 5.6 | 9～10 |
| | 振幅（mm） | 0.44 | 2.58 | 2.85 | 0.78 | 1.2 | 1.8 |
| 电动机 | 功率（kW） | | | | 2.9 | 2.9 | 2.9 |
| | 转速（r/min） | | | | 3000 | 3000 | 3000 |
| 软轴直径（mm） | | | | | 10 | 13 | 13 |
| 软管直径（mm） | | | | | 30 | 36 | 36 |

附着式振动器的主要技术性能    表1-25

| 型号 | 附着台面尺寸（长×宽）（mm×mm） | 空载最大激振力（kN） | 空振振动频率（Hz） | 偏心力矩（N·cm） | 电动机功率（kW） |
|---|---|---|---|---|---|
| ZF18-50 | 215×175 | 1.0 | 47.5 | 10 | 0.18 |
| ZF55-50 | 600×400 | 5 | 50 | | 0.55 |

续表

| 型 号 | 附着台面尺寸<br>(长×宽)(mm×mm) | 空载最大激振力（kN） | 空振振动频率（Hz） | 偏心力矩（N·cm） | 电动机功率（kW） |
|---|---|---|---|---|---|
| ZF80-50 | 336×195 | 6.3 | 47.5 | 70 | 0.8 |
| ZF100-50 | 700×500 |  | 50 |  | 1.1 |
| ZF150-50 | 600×400 | 5～10 | 50 | 6～100 | 1.5 |
| ZF180-50 | 560×360 | 8～10 | 48.2 | 170 | 1.8 |
| ZF220-50 | 400×700 | 10～18 | 47.3 | 100～200 | 2.2 |
| ZF300-50 | 650×410 | 10～20 | 46.5 | 220 | 3 |

平板式振动器的主要技术性能　　　　表1-26

| 型 号 | 振动平板尺寸<br>(长×宽)(mm×mm) | 空载最大激振力（kN） | 空振振动频率（Hz） | 偏心力矩（N·cm） | 电动机功率（kW） |
|---|---|---|---|---|---|
| ZB55-50 | 780×468 | 5.5 | 47.5 | 55 | 0.55 |
| ZB75-50 | 500×400 | 3.1 | 47.5 | 50 | 0.75 |
| ZB110-50 | 700×400 | 4.3 | 48 | 65 | 1.1 |
| ZB150-50 | 400×600 | 9.5 | 50 | 85 | 1.5 |
| ZB220-50 | 800×500 | 9.8 | 47 | 100 | 2.2 |
| ZB300-50 | 800×600 | 13.2 | 47.5 | 146 | 3.0 |

混凝土振动台的主要技术性能　　　　表1-27

| 型 号 | 技术指标 | | | |
|---|---|---|---|---|
|  | 振动频率（次/min） | 振动力（kN） | 振幅（mm） | 电动机功率（kW） |
| SZT-0.6×1 | 2850 | 4.25～13.16 | 0.3～0.7 | 1.1 |
| SZT-1×1 | 2850 | 4.25～13.16 | 0.3～0.7 | 1.1 |
| HZ9-1×2 | 2850 | 14.6～30.7 | 0.3～0.9 | 7.5 |
| HZ9-1×4 | 2850 | 22.0～49.4 | 0.3～0.7 | 7.5 |
| HZ9-1.5×4 | 2940 | 63.7～98.0 | 0.3～0.7 | 22 |
| HZ9-1.5×6 | 2940 | 85～130 | 0.3～0.8 | 22 |
| HZ9-1.5×6 | 1470 | 145 | 1～2 | 22 |
| HZ9-2.4×6.2 | 1470～2850 | 150～230 | 0.3～0.7 | 25 |

## 4. 混凝土泵与泵车

（1）工作原理

混凝土（地）泵是通过管道依靠压力输送混凝土的施工设备，主要分为闸板阀混凝土地泵和S阀混凝土地泵；适用于水厂构筑物和桥梁大体积混凝土工程。

混凝土泵车是将泵体装在汽车底盘上，配装备可伸缩和折叠的布料杆，利用汽车动力输送混凝土的常用设备，如图1-9所示。

图 1-9 混凝土泵车示意图

(2) 分类

按构造和工作原理,可以分为活塞式、挤压式、风动式;其中活塞式混凝土泵又因传动方式的不同而分为机械式和挤压两类;按驱动方式可以分为电机驱动和柴油机驱动;按其理论输送量,可分为小型(小于 $30m^3/h$)、中型($30\sim80m^3/h$)、大型(大于 $80m^3/h$);按其分配阀形式,可以分为管型阀、闸板阀和转阀;按移动方式,可分为固定式、拖挂式和车载式;固定式混凝土泵安装在固定机座上,多由电动机驱动,适用于工程量大、移动少的场合。

(3) 主要技术性能

徐工 HB 系列混凝土泵主要技术性能　　　　表 1-28

| 性能指标 | | 型　号 | | | | |
|---|---|---|---|---|---|---|
| | | HB8 | HB15 | HB30 | HB30b | HB60 |
| 排量($m^3/h$) | | 8 | 10~15 | 30 | 15~30 | 30~60 |
| 最大输送距离(m) | 水平 | 200 | 250 | 350 | 420 | 390 |
| | 垂直 | 30 | 35 | 60 | 70 | 65 |
| 输送管直径(mm) | | 150 | 150 | 150 | 150 | 150 |
| 混凝土坍落度(mm) | | 5~23 | 5~23 | 5~23 | 5~23 | 5~23 |
| 骨料最大粒径(mm) | | 卵石 50 碎石 40 | 卵石 50 碎石 40 | 卵石 50 碎石 40 | 卵石 50 碎石 40 | 卵石 50 碎石 40 |
| 输送管清洗方式 | | 气洗 | 气洗 | 气洗 | 气洗 | 气洗 |
| 混凝土缸数 | | 1 | 2 | 2 | 2 | 2 |
| 混凝土缸(mm) | 直径 | 150 | 150 | 220 | 220 | 220 |
| | 行程 | 600 | 1000 | 825 | 825 | 1000 |
| 料斗容量(L) | | 400 | 400 | 300 | 300 | 300 |
| 离地高度(mm) | | A 型 1460<br>B 型 1960 | 1500 | Ⅰ 型 1300<br>Ⅱ 型 1160 | Ⅰ 型 1300<br>Ⅱ 型 1160 | Ⅰ 型 1290<br>Ⅱ 型 1185 |
| 主电动机功率(kW) | | | | 45 | 45 | 55 |
| 主油泵型号 | | | | YB-B114C | CBY2040 | CBY3100/3063 |
| 额定压力(MPa) | | | | 10.5 | 16 | 20 |

续表

| 性能指标 | | 型　号 | | | | |
|---|---|---|---|---|---|---|
| | | HB8 | HB15 | HB30 | HB30b | HB60 |
| 排量（L/min） | | | | 169.6 | 119 | 243 |
| 总重（kg） | | A型 2960<br>B型 3260 | 4800 | 4500 | 4500 | Ⅰ型 5900、Ⅱ型 5810、Ⅲ型 5500 |
| 外形尺寸（mm） | 长 | 3134 | 4458 | Ⅰ型 4580、Ⅱ型 3620 | | Ⅰ型 4980、Ⅱ型 4075、Ⅲ型 4075 |
| | 宽 | 1590 | 2000 | Ⅰ型 1830、Ⅱ型 1360 | | Ⅰ型 1840、Ⅱ型 1360、Ⅲ型 1360 |
| | 高 | A型 1620<br>B型 1850 | 1718 | Ⅰ型 1300、Ⅱ型 1160 | | Ⅰ型 1420、Ⅱ型 1315、Ⅲ型 1240 |
| 备注 | | A型不带行走轮，B型带行走轮 | | Ⅰ型轮胎式、Ⅱ型轨道式 | | Ⅰ型轮胎式、Ⅱ型轨道式、Ⅲ型固定式 |

## （五）起重施工机械的主要技术性能

### 1. 汽车式起重机（Truck Crane）（图 1-10）

（1）特点

汽车起重机是将起重机吊台安装在通用或专用载重汽车底盘上的一种起重机，属于小吨位的吊车，在我国采用 QY 表示，如 QY20 表示 20t 汽车起重机（汽车吊）。

图 1-10　汽车吊示意图

汽车式起重机由于使用广泛，因而近些年来发展很快。常用的汽车式起重机为 8～50t，使用较多的还有 100t 和 150t 汽车式起重机。

汽车式起重机是在专用汽车底盘上再配置起重机构以及支腿、电气系统、液压系统等机构组成。行驶与起重作业的操作室分开设置。起重臂有桁臂式（自重轻）和箱臂式，传动形式有机械、电力—机械、液压—机械式。汽车式起重机最大的特点是机动性好，转移方便，支腿及起重臂都采用液压式，可以大大地减轻操作工人的劳动强度。适用于流动性较大的施工单位或临时分散的工地以及露天场所构件的装卸工作。

（2）分类

汽车式起重机按起重量大小分为轻型（20kN 以内）、中型和重型（500kN）三种；按起重臂形式分为桁架臂或箱形臂两种；按传动装置形式分为机械传动（Q）、电动传动（QD）、液压传动（QY）三种。其中液压传动的汽车式起重机应用比较普遍。

常用的轻型液压汽车起重机有 QY 系列，QY8、QY12、QY16 型；中型汽车起重机主要规格有 QY20、QY25、QY32 和 QY40 型；重型汽车起重机主要是 QY50、QY75 和 QY125 型。

（3）主要技术性能指标（表 1-29）

常用 QY20B/29R/20H 汽车式起重机的主要性能指标  表 1-29

| 工作幅度（m） | 主臂长（m） | | | | | | 主臂+副臂（m） |
|---|---|---|---|---|---|---|---|
| | 10.2 | 12.58 | 14.97 | 17.35 | 19.73 | 22.12 | 24.5 | 24.5+7.5 |
| | 起重量（t） | | | | | | |
| 3.0 | 20.0 | | | | | | |
| 3.5 | 17.2 | 15.9 | | | | | |
| 4.0 | 14.6 | 14.6 | 12.6 | | | | |
| 4.5 | 12.75 | 12.7 | 11.7 | 10.5 | | | |
| 5.0 | 11.6 | 11.3 | 11.3 | 9.7 | | | |
| 5.5 | 10.45 | 10.0 | | 9.1 | 8.1 | | |
| 6.0 | 9.3 | 9.0 | 9.0 | 8.5 | 7.6 | 6.9 | |
| 7.0 | 7.24 | 7.3 | 7.41 | 7.2 | 6.7 | 6.1 | 5.5 |
| 8.0 | 5.99 | 6.1 | 6.17 | 6.2 | 5.9 | 5.4 | 5.0 |
| 9.0 | | 5.13 | 5.21 | 5.25 | 5.3 | 4.8 | 4.5 |
| 10.0 | | 4.35 | 4.43 | 4.48 | 4.52 | 4.4 | 4.0 |
| 12.0 | | | 3.26 | 3.32 | 3.36 | 3.39 | 3.41 | 1.7 |
| 14.0 | | | | 2.49 | 2.53 | 2.56 | 2.58 | 1.4 |
| 16 | | | | | 1.90 | 1.94 | 1.96 | 1.2 |
| 18.0 | | | | | | 1.45 | 1.47 | 1.0 |
| 20.0 | | | | | | | 1.08 | 0.88 |
| 22.0 | | | | | | | 0.76 | 0.75 |
| 24.0 | | | | | | | | 0.63 |
| 27.0 | | | | | | | | 0.5 |

注：表中数值不包括吊钩及吊具自重。

## 2. 履带式起重机（Crawler Crane）（图 1-11）

（1）特点

履带式起重机一般没有支腿，大型起重机以桁臂式为主，中小型起重机以液压伸缩箱形背式为主。履带式起重机主要由发动机、传动装置、回转机构、行走机构、起升机构、操作系统、工作装置以及电器设备组成。主要特点是：其行驶驾驶室与起重操纵室合二为一，接地面积大、对地面的平均压力较小，稳定性好，可在松软、泥泞地面作业；牵引系数高、爬坡度大，可在崎岖不平的场地上行驶；缺点是行驶速度慢，且行驶过程会损坏路面，转场作业时需要通过平板拖车装运，机动性差。履带式起重机起重量为15～300t，使用比较广泛的一般为15～150t，适用于比较固定的、地面条件较差的工作地点，常用于市政桥梁工程的施工，尤其在桥梁梁板架设安装时，尤显履带式起重机的优势。

图 1-11 履带吊示意图

(2) 分类

履带式起重机按传动方式不同可分为机械式（QU）、液压式（QUY）和电动式（QUD）三种。市政工程常用液压式履带起重机，电动式不适用于需要经常转移作业场地的施工条件。

(3) 主要技术性能（表 1-30）

常用国产履带式起重机的技术性能　　　表 1-30

| 性能指标 | | 型号 | | | | | | | |
|---|---|---|---|---|---|---|---|---|---|
| | | W1-50 | | | W1-100 | | | W1-200 | |
| 操作形式 | | 液压 | | | 液压 | | | 气压 | |
| 行走速度（km/h） | | 1.5-3 | | | 1.5 | | | 1.43 | |
| 最大爬坡能力（°） | | 25 | | | 20 | | | 20 | |
| 回转角度（°） | | 360 | | | 360 | | | 360 | |
| 起重机总质量（kg） | | 21.32 | | | 39.4 | | | 79.14 | |
| 吊杆长度 | | 10 | 18 | 18+2① | 13 | 23 | 30 | 15 | 30 | 40 |
| 回转半径（m） | 最大 | 10 | 17 | 10 | 12.5 | 17 | 14 | 15.5 | 22.5 | 30 |
| | 最小 | 3.7 | 4.3 | 6 | 4.5 | 6.5 | 8.5 | 4.5 | 8 | 10 |
| 起重量（t） | 最大回转半径时 | 2.6 | 1 | 1 | 3.5 | 1.7 | 1.5 | 8.2 | 4.3 | 1.5 |
| | 最小回转半径时 | 10 | 7.5 | 2 | 15 | 8 | 4 | 50 | 20 | 8 |
| 起重高度（m） | 最大回转半径时 | 3.7 | 7.6 | 14 | 5.8 | 16 | 24 | 3 | 19 | 25 |
| | 最小回转半径时 | 9.2 | 17 | 17.2 | 11 | 19 | 26 | 12 | 26.5 | 36 |

① 18+2 表示在 18m 吊杆上加 2m 鸟嘴，相应的回转半径、起重量、起重高度各数值均为副吊钩的性能。

### 3. 塔式起重机

(1) 主要特点

塔式起重机（简称塔吊），在工程施工中已经得到广泛的应用。由于塔吊的起重臂与塔身可成相互垂直的外形，可把起重机靠近施工的构筑物安装，塔吊的有效工作幅度优越于履带、轮胎式起重机，其工作高度可达 100～160m；此外塔吊还具有操作方便、变幅简单等特点，因此在市政工程场站结构施工中常作为垂直运输的首选机械。

(2) 分类

按工作方法可分为固定式和运行式两类。固定式塔吊：塔身不移动，工作范围靠塔臂的转动和小车变幅完成,多用于高层建筑、构筑物、高炉安装工程。运行式塔吊:可由一个工作地点移到另一工作地点,如轨道式塔吊可以带负荷运行,在建筑群中使用可以不用拆卸、通过轨道直接开进新的工程幢号施工。

按旋转方式可分为上旋式和下旋式。上旋式:塔身上旋转,在塔顶上安装可旋转的起重臂。下旋式:塔身与起重臂共同旋转。这种塔吊的起重臂与塔顶固定,平衡重和旋转支承装置在塔身下部。

按变幅方法可分为动臂变幅和小车运行变幅。动臂变幅:这种起重机变换工作半径是依靠变化起重臂的角度来实现的。小车运行变幅:这种起重机的起重臂仰角固定,不能上升、下降,工作半径是依靠起重臂上的载重小车运行来完成的。

按起重性能可分为轻型、中型和重型。轻型塔吊起重量在 0.5~3t;中型塔吊起重量在 3~15t;重型塔吊起重量在 15~30t。

(3) 基本技术性能参数

起重机的基本参数有 6 项:即起重力矩、起重量、最大起重量、工作幅度、起升高度和轨距,其中起重力矩确定为主要参数。

1) 起重力矩

起重力矩是衡量塔吊起重能力的主要参数。选用塔吊,不仅考虑起重量,而且还应考虑工作幅度,即:起重力矩=起重量×工作幅度。

2) 起重量

起重量是以起重吊钩上所悬挂的索具与重物的重量之和计算的。关于起重量应考虑有两层含义:其一是最大工作幅度时的起重量、最大额定起重量。在选择机型时,应按其说明书使用。因动臂式塔吊的工作幅度有限制范围,所以若以力矩值除以工作幅度,反算所得值并不准确。

3) 工作幅度

工作幅度也称回转半径,是起重吊钩中心到塔吊回转中心线之间的水平距离 (m),它是以建筑物尺寸和施工工艺的要求而确定的。

4) 起升高度

起升高度是在最大工作幅度时,吊钩中心线至轨顶面(轮胎式、履带式至地面)的垂直距离 (m),该值的确定是以建筑物尺寸和施工工艺的要求而确定的。

5) 轨距

轨距值 (m) 是根据塔吊的整体稳定性和经济效果而定的。

(4) 安全注意事项

1) 塔吊的轨道基础或混凝土基础必须经过设计验算,验收合格后方可使用,基础周围应修筑边坡和排水设施,并与基坑保持一定安全距离。塔吊基础土壤承载能力必须严格按原厂使用规定或符合:中型塔为 8~12t/m²,重型塔为 12~16t/m²。

2) 塔吊的拆装必须由取得建设行政主管部门颁发的拆装资质证书的专业队进行,拆装时应有技术和安全人员在场监护。拆装人员应穿戴安全保护用品,高处作业时应系好安全带,熟悉并认真执行拆装工艺和操作规程。风力达到四级以上时不得进行顶升、安装、拆卸作业。顶升前必须检查液压顶升系统各部件连接情况。顶升时严禁回转臂杆和其他作业。

3）塔吊安装后，应进行整机技术检验和调整，经分阶段及整机检验合格后，方可交付使用。在无载荷情况下，塔身与地面的垂直度偏差不得超过 4/1000。塔吊的电动机和液压装置部分，应按关于电动机和液压装置的有关规定执行。

4）塔吊不得靠近架空输电线路作业，如限于现场条件，需在线路旁作业时，必须采取安全保护措施。塔吊与架空输电导线的安全距离应符合规定。

5）塔吊作业时，起重臂和重物下方严禁有人停留、工作或通过。重物吊运时，严禁从人上方通过，严禁用塔吊载运人员。

## 4. 龙门（吊）起重机

（1）特点

龙门（吊）起重机（图 1-12）即门式起重机是设置在两条支腿上构成门架形状的桥架式起重机，与桥式起重机的最大区别是依靠支腿在地面轨道上运行，主要用于露天场所进行各种物料的吊运作业。

主要优点：场地利用率高、作业范围大、通用性强。

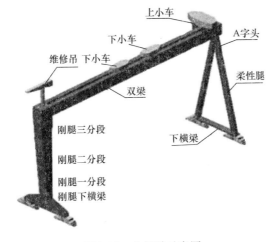

图 1-12 龙门吊示意图

（2）分类

① 门式起重机按主梁分：单主梁式门式起重机、双主梁门式起重机。我国采用 M 表示门式类型；M 后一个符号为双梁门式起重机，其符号有：MG、ME、MZ、MC、MP、MS；M 后加两个符号为单主梁门式起重机，其符号有：MDG、MDE、MDZ、MDN、MDP、MDS。如 MG 代表双梁单小车吊钩门式起重机，ME 代表双梁双小车吊钩门式起重机，MDN 表示主梁单小车抓斗吊钩门式起重机，MDS 表示单主梁小车三用门式起重机。

② 门式起重机按悬臂分为：双悬臂门式起重机、单悬臂门式起重机、无悬臂门式起重机。

③ 门式起重机按取物装置分为：吊钩门式起重机、抓斗门式起重机、电磁门式起重机、二用门式起重机、三用门式起重机。

④ 门式起重机按操纵方式分为：司机室操纵、地面有线操纵、无线遥控操纵、多点操纵。

⑤ 门式吊钩门式起重机按小车数量分为：单小车吊钩门式起重机、双小车吊钩门式起重机、多小车吊钩门式起重机。

(3) 主要技术参数

龙门吊起重机的主要技术参数包括：起重量、跨度、起升高度、工作速度及工作级别等。

① 按 GB/T 3811—2008 的规定，起重机的工作级别分为 A1～A8，见表 1-31。

起重机的工作级别　　　　　　　　　　表 1-31

| 载荷状态级别 | 载荷普系数 $K_p$ | 使用等级 | | | | | | | | | |
|---|---|---|---|---|---|---|---|---|---|---|---|
| | | U0 | U1 | U2 | U3 | U4 | U5 | U6 | U7 | U8 | U9 |
| Q1 | $K_p \leqslant 0.125$ | A1 | A1 | A1 | A2 | A3 | A4 | A5 | A6 | A7 | A8 |
| Q2 | $0.125 < K_p \leqslant 0.250$ | A1 | A1 | A2 | A3 | A4 | A5 | A6 | A7 | A8 | A8 |
| Q3 | $0.250 < K_p \leqslant 0.500$ | A1 | A2 | A3 | A4 | A5 | A6 | A7 | A8 | A8 | A8 |
| Q4 | $0.500 < K_p \leqslant 1.000$ | A2 | A3 | A4 | A5 | A6 | A7 | A8 | A8 | A8 | A8 |

② 起重机的额定起重量（代号 Gn）应优先采用表 1-32 所给定的数值。

起重机的额定起重量　　　　　　　　　　表 1-32

| 取物装置 | | | 起重机的起重系列 （t） |
|---|---|---|---|
| 吊钩 | 单小车 | 单主梁 | 3.2；5；6.3；8；10；12.5；16；20；25；32；40；50 |
| | | 双主梁 | 3.2；5；6.3；8；10；12.5；16；20；25；32；40；50；63；80；100；125；140；160；200；250；280；320 |
| | 双小车 | 等量 | 2.5+2.5；3.2+3.2；4+4；5+5；6.3+6.3；8+8；10+10；12.5+12.5；16+16；20+20；25+25；32+32；40+40；50+50；63+63；80+80；100+100；125+125；140+140；160+160 |
| | | 不等量 | 各小车的起重量应符合单小车起重机起重系列，总起重量不超过 320 |
| | 多小车 | | 各小车的起重量应符合单小车起重机起重系列，总起重量不超过 320 |
| 抓斗 | | | 3.2；5；6.3；8；10；12.5；16；20；25；32；40；50 |
| 电磁 | | | 3.2；5；6.3；8；10；12.5；16；20；25；32；40；50 |

注：1. 当设有主、副钩时，起重量的匹配一般为 3：1～5：1，并用分子分母形式表示，如：80/20t 50/10t 等。
2. 吊钩门式起重机双小车，多小车的起重限定方式应在合同中约定，总起重量应符合单小车起重量系列。

③ 起重机的跨度（代号 S）应优先采用表 1-33 中给定的数值。

起重机的跨度　　　　　　　　　　表 1-33

| 起重量 $G_n$（t） | 跨度 S（m） | | | | | | | | |
|---|---|---|---|---|---|---|---|---|---|
| ≤50 | 10 | 14 | 18 | 22 | 26 | 30 | 35 | 40 | 50 | 60 |
| >50～125 | — | — | 18 | 22 | 26 | 30 | 35 | 40 | 50 | 60 |
| >125～320 | | | 18 | 22 | 26 | 30 | 35 | 40 | 50 | 60 |

注：跨度超过表中给定值时，按每 10m 一挡延伸。

④ 起重机有效悬臂长度列于表 1-34。

起重机有效悬臂长度　　　　　　　　　　表 1-34

| 跨度 S （m） | 有效悬臂长度 $L_1$ 或 $L_2$（m） |
|---|---|
| 10～14 | 3.5 |
| 18～26 | 3～6 |
| 30～35 | 5～10 |
| 40～60 | 6～15 |

⑤ 起升高度 $H$ 是指起重机运行轨道顶面（或地面）到取物装置上极限位置的垂直距离，单位为米。通常用吊钩时，算到吊钩钩坏中心；用抓斗及其他容器时，算到容器底部。下降深度 $h$ 表示当取物装置可以放到地面或轨道顶面以下时，其下放距离称为下降深度，即吊具最低工作位置与起重机水平支承面之间的垂直距离。起升范围 $D$ 代表起升高度和下降深度之和，即吊具最高和最低工作位置之间的垂直距离。起重机的起升范围应符合表 1-35 的规定。

起重机的起升范围　　　　　　　　　　　　　表 1-35

| 起重量 $G_n$ (t) | 跨度 $S$ (m) | 吊钩起重机起升高度 $H$ (m) | 起升范围 $D$ (m) | | | |
|---|---|---|---|---|---|---|
| | | | 抓斗起重机 | | 电磁起重机 | |
| | | | 起升高度 $H$ | 下降深度 $h$ | 起升高度 $H$ | 下降深度 $h$ |
| ≤50 | 10～26 | 12 | 8 | 4 | 10 | 2 |
| | 30～60 | | 10 | 2 | | |
| 50～125 | 18～60 | 14 | — | — | — | — |
| 125～320 | 18～60 | 16 | — | — | — | — |

注：1. 有范围的起升高度，其具体值视起重机系列的设计的通用方法而定，与起重量有关。
　　2. 表中所列为起重范围常用值（必要时，经供需双方协商，也可超出此限）用户在订货时应提出实际需要的起升高度和下降深度，其实际值通常从 6m 始每增加 2m 为一挡，取偶数。

⑥ 起重机各机构工作速度（m/min）一般宜在下列数系中选取：
0.63；0.8；1.0；1.25；1.6；2.0；2.5；3.2；4.0；5.0；6.3；8.0；10；12.5；16；20；25；32；40；50；56；63。

⑦ 起重机各机构工作速度应优先采用表 1-36 和表 1-37 中所推荐的数值。

A. 吊钩起重机的推荐速度见表 1-36。

起重机的吊钩速度　　　　　　　　　　　　　表 1-36

| 起重量 (t) | 类别 | 工作级别 | 主钩起升速度 (m/min) | 副钩起升速度 (m/min) | 小车运行速度 (m/min) | 起重机运行速度 (m/min) |
|---|---|---|---|---|---|---|
| ≤50 | 高速 | M7 | 6.3～16 | 10～20 | 40～63 | 50～63 |
| | 中速 | M4-M6 | 5～12.5 | 8～16 | 32～50 | 32～50 |
| | 低速 | M1-M3 | 2.5～8 | 6.3～12.5 | 10～25 | 10～20 |
| 50～125 | 高速 | M6 | 5～10 | 8～16 | 32～40 | 32～50 |
| | 中速 | M4-M5 | 2.5～8 | 6.3～12.5 | 25～32 | 16～25 |
| | 低速 | M1-M3 | 1.25～4 | 4～12.5 | 10～16 | 10～16 |
| 125～320 | 中速 | M4-M5 | 1.25～4 | 2.5～10 | 20～25 | 10～20 |
| | 低速 | M1-M3 | 0.63～2 | 2～8 | 10～16 | 6～12 |

注：1. 在同一范围内的各种速度，具体值大小应与起重量成反比，与工作级别和工作行程成正比。
　　2. 地面有线操纵起重机运行的速度按低俗类别取值。

B. 抓斗、二用、三用及电磁起重机的推荐速度见表 1-37。

起重机的速度　　　　　　　　　　　　　表 1-37

| 起重机类别 | 起升速度 (m/min) | 小车运行速度 (m/min) | 起重机运行速度 (m/min) |
|---|---|---|---|
| 抓斗门式起重机 | 25～50 | 40～50 | 32～50 |
| 二用门式起重机 | 25～50 | | |
| 电磁门式起重机 | 16～32 | | |
| 三用门式起重机 | 6.3～16 | | |

## (六)不开槽施工机械设备主要技术性能

### 1. 施工方法与设备选型

(1) 选型依据

不开槽管道施工方法是相对于开槽管道施工方法而言,市政工程常用不开槽管道施工设备有顶管机、盾构机、地表式水平定向钻机、夯管机等。目前城市管道改扩建工程多数采用顶管等不开槽施工方法,不开槽施工技术和设备获得了飞跃性发展。不开槽施工方法与设备分类见图1-13,实践中应根据工程设计要求和项目合同约定、工程水文地质条件、周围环境和现场条件,经技术经济比较后,并参考表1-38进行选择。

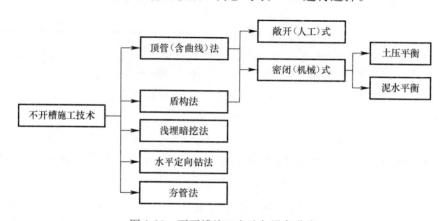

图1-13 不开槽施工方法与设备分类

不开槽管道施工方法与设备适用条件  表1-38

| 施工工法 | 密闭式顶管 | 盾构 | 定向钻 | 夯管 |
|---|---|---|---|---|
| 工法优点 | 施工精度高 | 施工速度快 | 施工速度快 | 施工速度快成本较低 |
| 工法缺点 | 施工成本高 | 施工成本高 | 控制精度低 | 控制精度低,适用于钢管 |
| 适用范围 | 给水排水管道综合管道 | 给水排水管道综合管道 | 给水管道 | 给水排水管道 |
| 适用管径(mm) | $\phi 300 \sim \phi 4000$ | $\phi 3000$ 以上 | $\phi 300 \sim \phi 1000$ | $\phi 200 \sim \phi 1800$ |
| 施工精度 | 小于±50mm | 不可控 | 小于±1000mm | 不可控 |
| 施工距离 | 较长 | 长 | 较短 | 短 |
| 适用地质条件 | 各种土层 | 各种土层 | 砂卵石及含水地层不适用 | 含水地层不适用,砂卵石地层困难 |

(2) 选型的准备工作

1) 施工单位应仔细核对建设单位提供的工程勘察报告,进行现场沿线的调查,必要时对已有地下管线和构筑物应进行人工挖探孔(通称坑探)确定其准确位置,以免施工造成损坏。

2) 在掌握工程地质、水文地质及周围环境情况和资料的基础上,编制施工方案,进行技术经济比较。

3）缺少可供借鉴的施工经验和可靠的技术数据时，应安排现场试验，以便确定设备形式和施工参数。

（3）设备类型与适用条件

1）在土质条件较好、地表沉降要求不高、无须降水或有条件将地下水位降至管道外底面以下不小于 0.5m 处时，可选用敞口式（手掘式）顶管机。施工过程应采取措施，防止其他水源进入顶管的管道和工作井。

2）当周围环境要求控制地层变形或一次顶进长度较大时，应选用机械式顶管施工；现场无降水条件时，宜采用土压平衡或泥水平衡顶管施工。

3）中小直径柔性管道穿越建（构）筑物、铁路、道路、重要管线和防汛墙等时，宜采用水平定向钻施工，且应制订相应的保护措施；根据工程设计、施工方法、工程和水文地质条件，对邻近建（构）筑物、管线，应采用土体加固或其他有效的保护措施。

4）小口径的金属管道，当无地层变形控制要求且顶力满足施工要求时，可采用一次顶进的挤密土层顶管法。

5）中小口径的金属管道，当施工距离较短、地层变形控制要求较高，且周围环境允许时，可采用夯管法施工。

6）在城区、松软含水地层，管（隧）道直径 3000mm 以上，连续的施工长度不小于 300m 时，应选用土压平衡或泥水平衡盾构施工。

## 2. 盾构设备

（1）盾构分类

按照工作原理，盾构机一般分为手掘式盾构、挤压式盾构、半机械式盾构、机械式盾构。机械式盾构包括开胸式切削盾构和密闭式盾构，密闭式盾构包括气压式盾构、泥水加压盾构、土压平衡盾构等。

根据盾构断面形式，盾构机又可分为圆形盾构、矩形盾构、混合型盾构、异形盾构等。

（2）手掘（敞开）式盾构

手掘式及半机械式盾构均为半敞开式开挖，这种方法适于地质条件较好，开挖面在掘进中能维持稳定或在有辅助措施是能维持稳定的情况，其开挖一般是从顶部开始逐层向下挖掘。若土层较差，还可借用千斤顶加撑板对开挖面进行临时支撑。采用敞开式开挖，处理孤立障碍物、纠偏、超挖均为其他方式容易。为尽量减少对地层的扰动，要适当控制超挖量与暴露时间。

（3）机械切削式盾构

通常指采取与盾构直径相仿的全断面旋转切削刀盘开挖方式。根据地质条件的好坏，大刀盘可分为刀架间无封板及有封板两种。刀架间无封板适用于土质较好的条件。大刀盘开挖方式，在弯道施工或纠偏是不如敞开式开挖便于超挖。此外，清除障碍物也不如敞开式开挖。使用大刀盘的盾构，机械构造复杂，消耗动力较大。目前国内外较先进的泥水加压盾构、土压平衡盾构，均采用这种开挖方式。

1）泥水式盾构机是通过加压泥水或泥浆（通常为膨润土悬浮液）来稳定开挖面，其刀盘后面有一个密封隔板,与开挖面之间形成泥水室,里面充满了泥浆,开挖土料与泥浆混合由泥浆泵输送到洞外分离厂,经分离后泥浆重复使用。

2) 土压平衡式盾构机是把土料(必要时添加泡沫等对土壤进行改良)作为稳定开挖面的介质,刀盘后隔板与开挖面之间形成泥土室,刀盘旋转开挖使泥土料增加,再由螺旋输料器旋转将土料运出,泥土室内土压可由刀盘旋转开挖速度和螺旋输出料器出土量(旋转速度)进行调节。土压平衡式盾构机可分为土压式盾构机和泥土加压式盾构机。土压式盾构机是在挤压式盾构机上安装刀盘进行开挖,同时使开挖的土料流动,以便排土,它只适于可用切削刀开挖且含砂量小的塑性流动性软黏土。

3) 泥土加压式盾构机装备有注入土壤改良用添加剂料的机构和搅拌机构,它的适用范围较广,可用于冲积黏土、洪积黏土、砂质土、砂、砂砾、卵石等土层。这种盾构机又分成搅拌全部开挖土料的泥土加压式盾构机和搅拌部分开挖土料的泥浆加压盾构机。泥土加压式盾构机的刀盘形状多为轮辐形的,容易进行土压调节,适用于大范围的土质。泥浆式盾构机是在刀盘开挖的土料内注入改良剂料,在土室内搅拌,使开挖土料变成泥浆。

4) 网格式盾构是用网格梁与格板把开挖面分成许多格子。开挖面的支撑作用是由土的黏聚力和网格厚度范围内的阻力而产生的。当盾构推进时,土体就从格子里挤出来。根据土的性质,调节网格的开孔面积。采用网格式开挖时,在所有千斤顶缩回后,会产生较大的盾构后退现象,导致地表沉降,因此,在施工过程中务必采取有效措施,防止盾构后退。

5) 挤压式盾构分全挤压式和局部挤压式开挖,由于不出土或只部分出土,对地层有较大的扰动,在施工轴线选择时,应尽量避开地面建筑物。局部挤压式施工时,要精心控制出土量,以减少和控制地表变形。全挤压式施工时,盾构把四周一定范围内的土体挤密实。

### 3. 顶管机

顶管机类型较多,按照工作条件,顶管机分为两大类,即开敞式人工顶管机和密闭式机械顶管机。按照顶管机断面形式,顶管机可分为圆形盾构、矩形盾构、异形盾构。

(1) 开敞式人工顶管机,实际上工具管,在掌子面与后续管道之间没有压力密封区,其优点在于作业人员可方便地进入工具管,对掌子面进行挖掘和处理;操作简便。但是这种顶管设备适用于土层条件较好且无地下水的工程条件。

(2) 密闭式机械顶管机,又称为封闭式或机械式管道顶管机。这类顶管机的开挖面与操作室之间设有压力隔板,根据顶管机所使用的平衡介质的不同,又分为气压平衡管道顶管机、泥水平衡管道顶管机和土压平衡管道顶管机;机头切削、掘进部分类似于盾构机。

### 4. 地表水平定向钻机

(1) 施工特点

水平定向钻机是在不开挖地表面的条件下,铺设市政管道一种不开槽施工机械,目前在给水、燃气、供热、排水等管线工程施工都有应用。

定向钻施工管道通称为"拉管"施工，适用于沙土、黏土、卵石软土到硬岩多种土壤条件，我国大部分非硬岩地区都可施工。工作环境温度为－15～＋45℃。适用于管径 $\phi300$～$\phi1200$ 的钢管、塑料管，最大铺管长度可达 1500m，定向钻机在以较大埋深穿越道路桥涵的长距离地下管道的施工中会表现出优越之处。具有施工速度快、施工精度高、成本低等优点。

定向钻机的回转扭矩和回拖力确定，应根据终孔孔径、轴向曲率半径、管道长度，结合工程水文地质和现场周围环境条件，经过技术经济比较综合考虑后确定，并应有一定的安全储备；导向探测仪的配置应根据定向钻机类型、穿越障碍物类型、探测深度和现场探测条件选用。

（2）水平定向钻机分类

按照水平定向钻机所提供的推拉力和扭矩的大小，可将定向钻机分为大、中、小型三大类。水平定向钻机的类型与主要技术指标见表 1-39；常用的国内外厂家设备型号与性能对比见表 1-40。

**水平定向钻机类型与主要技术指标** 表 1-39

| 分类 | 小型 | 中型 | 大型 |
|---|---|---|---|
| 推拉力（kN） | <100 | 100～450 | >450 |
| 扭矩（kN·m） | <3 | 3～30 | >30 |
| 功率（kW） | <100 | 100－180 | >180 |
| 钻杆长度（m） | 1.5～3.0 | 3.0～9.0 | 9.0～12.0 |
| 铺管直径（mm） | 50～350 | 350～600 | 600～1200 |
| 铺管长度（m） | <300 | 300～600 | 600～1500 |
| 铺管深度（m） | <6 | 6～15 | >15 |

**常用国内外水平钻机型号性能对比表** 表 1-40

| 生产企业 | 主要产品型号 | 目前规模 | 设备特点 |
|---|---|---|---|
| 北京土行孙公司 | DDW80、DDW100、DDW150、DDW200、DDW250、DDW320 | 形成系列，批量生产，年产 160 余台 | 拖式、自行式，液控，钻杆手工装卸，无自动化 |
| 深圳钻通 | ZT-8、ZT-10、ZT-15、ZT-20、ZT-25 | 形成系列，批量生产，年产 130 余台 | 拖式、自行式，液控，钻杆手工装卸，无自动化 |
| 中联重科 | KSD15、KSD25 回拖力 15～25 吨 | 批量生产，年产量 20 余台 | 自行式，动力与主机两单元体，干湿两用，全负荷敏感控制，英国技术 |
| 连云港黄海机械厂 | 回拖力 8～36 吨 | 形成系列，批量生产，年产 50 余台 | 拖式、自行式，液控，钻杆手工装卸，无自动化 |
| 廊坊华元机电 | HY-3000、HY-2000、HY-1300、HY-800 回拖力在 80～300 吨 | 大型定向钻机，已形成小规模 | 拖式、自行式，进口液压系统，动力系统与主机两单元体， |
| 凯斯（美国） | CASE6010、CASE6030、CASE6060、CASE6080、CASE60100、CASE60120 | 批量进口，年销量 20～30 台 | 电子控制，自动化程度高，动力强劲，可靠性高 |

续表

| 生产企业 | 主要产品型号 | 目前规模 | 设备特点 |
|---|---|---|---|
| Ditch Witch（美国） | JT920、JT1720、JT2720、JT4020、JT7020 | 批量进口，年销量20～30台 | 电子控制，自动化程度高，动力强劲，可靠性高；钻岩技术先进 |
| VERMEER公司 | PL8000、D7*11A、D10*15A、D16*20A、D18*22、D24*26、D24*40 D33*44、D40*40、D50*100、D80*120、D100*120、D150*300、D200*300、D300*500 | 批量进口，年销量20～30台 | 电子控制，自动化程度高，动力强劲，可靠性高 |
| 德国海瑞克 | 回拖力100～600吨 | 进口数台 | 成熟技术，底盘分模块式、拖式、履带式多种 |

(3) 水平定向钻的关键技术

1) 中空动力头

中空动力头的设计的实现：中空动力头是水平定向钻的关键作业部件，其可靠性及质量的好坏将直接影响整机的正常使用，该部件应实现钻进和输送泥浆的功能，同时要考虑齿轮的润滑，泥浆输送系统的密封等。动力头一般由低速大扭矩马达驱动减速机，由减速机驱动减速箱机构，由减速箱输出轴驱动钻杆转动，输出轴中空，输出轴一端接有旋转接头，通过旋转接头注入泥浆。

目前国内市场中12～15吨级的水平定向钻机，进口的主要有美国凯斯公司的6030、威猛公司的D24X40A、沟神公司的JT2720；国内厂家有北京土行孙的DDW-150、连云港黄海的FDP-15、深圳钻通的ZT-15、徐工集团的ZD1245等。从动力头的性能参数对比来看，国内动力头在推拉力、旋转扭矩、转速及泥浆通流量等参数基本相同，国外各厂家为了适应不同的用户，主要参数各有所差别，有的侧重于大的旋转扭矩，有的侧重于大的推拉力。一般而言，最大输出扭矩的多少决定了钻机扩孔能力的大小，最大拉力的大小决定了拖拉管道的长度。事实上如果扩孔质量好，钻机不需要很大的拉力就能将管线拉动。

2) 采用的中、低速液压马达驱动

驱动方式目前主要有三种：选用通孔式低速大扭矩马达直接驱动，泥浆直接从中间通孔输入，输出轴直接连接钻具。此种方式受液压马达的限制，仅限于小型钻机中应用；选用低速大扭矩液压马达经齿轮箱驱动，根据回转扭矩的需要可以由一个液压马达驱动，也可以由两个、甚至是三个液压马达驱动。液压马达可以在齿轮箱的前后对称，也可以环绕输出轴成环形或扇形布置。马达有选用法国波克兰公司的径向柱塞马达，如CASE、威猛的钻机；由于摆线马达价格较低，国内厂家多选用摆线马达。齿轮箱一般需一级齿轮减速。此种方式应用较普遍；液压马达通过减速机再经齿轮减速箱驱动。液压马达为高速马达，可以是一个或两个，减速机选用行星齿轮减速机。齿轮箱一般需两级齿轮减速。由于高速马达、行星减速机比较成熟，二者结合使动力头的转速范围更宽，且其价格和低速大扭矩方案差不多，径向尺寸相对较小。

3) 导向定位

导向定位检测与控制系统：导向定位检测与控制系统是该钻机的主要辅助作业部件，该部件采用无线或有线探头发射装置及地面接收显示装置，探测深度一般为10～15M，且可连续显示测量顶角及钻头面向角。

4) 自动装卸装置

钻杆柔性自动装卸装置及控制：该装置可较方便地装卸钻杆，减轻操作者的劳动强度，提高工作效率。该装置采用柔性进给装置，协调性要求较高。需对钻杆的升降、梭臂的伸缩、动力头的位置、装卸完成的检测等功能进行逻辑控制，实现多动作间的自动切换，提高整机的机械自动化程度。

5) 电气系统与液压系统

液压系统的先进性与可靠性：关键件选用国外先进、可靠的液压元件，以确保液压系统的可靠性。水平定向钻的电气系统主要分为：发动机部分、油门控制、泥浆泵控制、自动润滑控制、地面行走控制、虎钳控制、钻杆的自动装卸控制、自动钻进控制、动力头双速控制、钻机的故障诊断功能、防高压电保护、钻进监控等几个部分。电器件一般由左控制台、右控制台、继电器箱、辅助控制台、设置控制台、行走控制盒、备用控制盒组成。

6) 钻进导向仪

定向钻进导向仪：该装置是一套完整的信息系统。它包括智能型的无线抗干扰双频探头或有线探头发射装置，手提液晶显示仪及远距离同步显示器，探测深度一般为10～16M，可连续显示钻头的深度、面向角、温度、电池状况等信号。以保证施工的顺利完成。

7) 管线探测仪

地下管线探测仪（探地雷达）：地下管线探测仪是一种重要的辅助探测设备，它由一台发射机和一台接收机构成。用于探测工作区内的地下管线分布情况，为用户设计钻进轨迹提供重要的参考依据。目前，国内外普遍采用的探测方式有：激光、GPS、超声波、CT（X光断层扫描）、CCTV同轴电缆可视化检测、陀螺仪等。进口探测仪采用了双水平线圈和垂直线圈电磁技术，以超声波的形式对地下管线进行断层扫描，根据多点探测结果可立体地绘制出地下管线分布图。

## 5. 夯管设备

(1) 夯管施工设备组成

1) 夯管锤：以BH系列气动夯管锤为例，瞬间最大冲击力1500～20000KN。

2) 空气压缩机：要求排量10～20m³/min，工作压力不小于0.8MPa。

3) 辅助设备：起重机、电焊机、卷扬机、泥浆泵等。

(2) 夯管施工适用范围

钢质管道：适于管径200～1200mm；岩石、砾石、砂以外的各种土质；穿越段不受地下水位影响。夯管法在特定场所是有其优越性，适用于城镇区域下穿较窄道路的地下管道施工。

(3) 夯管施工技术要点

1) 最小覆土厚度（地面至管顶）为 3 倍管径且应符合相应穿越地段对管道埋设深度的要求；

2) 穿越管道直径宜为 $\phi 219 \sim \phi 1600$；

3) 穿越管线长度宜为 $20 \sim 80m$。

(4) 夯管锤选择

夯管锤的锤击力应根据管径、钢管力学性能、管道长度，结合工程地质、水文地质和周围环境条件，经过技术经济比较后确定，并应有一定的安全储备。

### 6. 不开槽施工安全有关规定

(1) 施工设备、装置应满足施工要求，并符合下列规定：

1) 施工设备、主要配套设备和辅助系统安装完成后，应经试运行及安全性检验，合格后方可掘进作业。

2) 操作人员应经过培训，掌握设备操作要领，熟悉施工方法、各项技术参数，考试合格方可上岗。

3) 管（隧）道内涉及的水平运输设备、注浆系统、喷浆系统以及其他辅助系统应满足施工技术要求和安全、文明施工要求。

4) 施工供电应设置双路电源，并能自动切换；动力、照明应分路供电，作业面移动照明应采用低压供电。

5) 采用顶管、盾构、浅埋暗挖法施工的管道工程，应根据管（隧）道长度、施工方法和设备条件等确定管（隧）道内通风系统模式；设备供排风能力、管（隧）道内人员作业环境等还应满足国家有关标准规定。

6) 采用起重设备或垂直运输系统

① 起重设备必须经过起重荷载计算；

② 使用前应按有关规定进行检查验收，合格后方可使用；

③ 起重作业前应试吊，吊离地面 100mm 左右时，应检查重物捆扎情况和制动性能，确认安全后方可起吊；起吊时工作井内严禁站人，当吊运重物下井距作业面底部小于 500mm 时，操作人员方可近前工作；

④ 严禁超负荷使用；

⑤ 工作井上、下作业时必须有联络信号。

7) 所有设备、装置在使用中应按规定定期检查、维修和保养。

(2) 监控测量

1) 掘进控制测量

随着设备掘进，对设备位置进行测量，以把握偏离设计中心线的程度。测量项目包括：设备的位置、倾角、偏转角、转角及千斤顶行程等。基于测量结果判断掘进断面与设计中心线的位置关系，确定掘进偏差和纠偏措施。

2) 方向控制

掘进方向（偏转角和倾角）依靠调整设备或千斤顶进行修正，应采用微调和连续纠偏。

3）施工中应根据设计要求、工程特点及有关规定，对管（隧）道沿线影响范围地表或地下管线等建（构）筑物设置观测点，进行监控测量。监控测量的信息应及时反馈，以指导施工，发现问题及时处理。

# 二、项目施工管理

## （一）项目施工管理制度

**1. 施工准备制度**

（1）技术准备

技术准备包括：会审与学习图纸、编制施工预算、编制施工组织设计、构筑物的定位、放线、引水准控制点、使用材料、构件、机具陆续进场；搭设必要的暂设工程；技术、安全交底；做好分部分项工程前后交接工作；季节施工作业准备。

（2）现场准备

现场准备包括施工测量、"五通一平"、项目部组建、完成大型临时设施的搭建工作、施工机械、机具准备、"四新"试验、试配的技术准备、组织有关技术人员和工人接受技术培训，经过考核，持证上岗。

**2. 图纸会审制度**

（1）图纸初审

图纸初审由项目部技术负责人组织，施工员等项目部人员应按分工学习设计资料，领会设计意图。

（2）图纸会审

图纸会审由建设单位组织，设计、勘察、监理、施工等方面出席，项目施工人员参加，分专业核对图纸和设计文件，确认设计意图。

（3）图纸会审变更

对图纸中存在问题，项目部应记录、整理，形成修改书面意见，交由建设单位及时解决；设计变更应由有关人员签名盖章认可，必要时应有变更设计图；设计变更资料包括设计变更联系单、修改图纸应及时下发和归档。

**3. 技术管理制度**

详见二、（二）内容。

**4. 技术交底制度**

技术交底包括设计（变更）图纸交底、施工组织设计交底、工程质量计划交底、专项方案安全技术交底、"四新"技术交底等。

## 5. 施工计划调度制度

施工计划调度包括：项目部成立施工调度组织、监督检查计划执行情况；定期召开施工现场调度会（例会）解决存在问题，检查落实会议决议；专人负责编写施工日志。

## 6. 现场安全管理制度

(1) 成立以项目负责人为第一责任人的安全生产领导小组和施工现场轮流安全值班制，落实安全责任制。

(2) 按照施工组织设计，合理安排现场布局；现场设置"五牌一图"。

(3) 执行《施工现场临时用电安全技术规范》JGJ 46—2005 规定，对"四口"、"五临边"防护设施检查验收，合格方可使用。

(4) 现场施工人员文明施工、安全施工教育，执行各项安全生产规定。

(5) 正确使用各种安全防护器材，进入现场必须戴安全帽并系好扣带。

(6) 施工管理人员挂牌上岗，统一服装。

## 7. 质量控制、检验与验收制度

(1) 施工质量交验

按照质量计划控制施工质量，实行"首件验收"、"样板示范"和"自检、互检、交接检"三级检验制度。

(2) 质量验收程序

质量验收包括隐蔽工程验收、分部分项工程验收、单位工程验收、建设项目竣工验收。验收记录表、检查试验资料及时整理归档。

# （二）现场施工技术管理制度

## 1. 项目技术管理内容

项目技术管理是在工程施工过程中，项目部对技术活动过程和技术工作的各种要素进行科学、规范管理的总称。

项目技术管理必须执行技术规程、标准和企业的技术管理制度。同时，项目部应根据项目实际需要制订具体的技术管理制度，上报企业技术负责人批准后执行。施工现场主要技术管理内容有：

(1) 项目部技术管理的岗位职责、权利义务与利益分配。

(2) 贯彻执行有关法律法规和合同技术规定、技术标准。

(3) 编制、执行施工组织设计、施工方案、专项方案和作业指导书。

(4) 编制、执行质量控制计划、质量验收标准，进行全过程的质量管理。

(5) 编制、执行安全专项方案和安全技术保证措施。

(6) 项目施工技术咨询和方案论证。

(7) "四新"推广应用、过程指导监督和技术总结。

## 2. 项目部技术管理责任制

(1) 项目负责人岗位责任

1) 建立项目部技术责任制，明确项目人员组织和职责分工。

2) 组织审查图纸，掌握工程特点与关键部位，以便全面考虑施工部署与施工方案。还应着重找出在施工操作、特殊材料、设备能力及物质条件供应等方面的实际困难，及早与建设、设计单位研究解决。

3) 决定工程项目的新技术、新工艺、新结构、新材料和新设备应用。

4) 组织项目部施工人员，对施工组织设计、主要施工方法和技术措施编制、报批和执行。

5) 负责项目部人员安全技术培训，不断提高施工人员技术素质和技术管理水平。

6) 经常深入现场，检查重点项目和关键部位的施工。检查施工操作、原料使用、检验报告、工序搭接、施工质量和安全生产等方面的情况。

(2) 项目技术负责人岗位责任

1) 负责项目技术管理和质量控制工作。

2) 贯彻执行相关技术标准、验收规范和技术管理制度等。

3) 组织编制、批准施工方案、安全技术保证措施及技术工作总结。

4) 负责审定项目重大的技术决策、四新应用。

5) 组织编制和实施质量计划和质量保证措施。

6) 组织安全技术交底和过程施工质量验收。

7) 主持技术会议，处理重大施工技术质量问题。

(3) 技术质量管理部门负责人岗位责任

1) 组织编制项目施工组织设计和施工方案，审批分部、分项工程的施工方案。

2) 主持图纸会审和安全技术交底。

3) 组织技术质量管理人员学习和贯彻执行技术标准和各项技术管理制度。

4) 组织编制施工质量和安全的技术措施，负责技术质量检查，处理施工质量和施工技术问题。

5) 负责技术总结，指导汇总竣工资料和原始技术凭证工作并及时查验。

6) 负责技术方案和质量计划论证、报批和监督执行

(4) 施工员岗位责任见《建筑与市政工程施工现场专业人员职业标准》JGJ/T-250-2011。

## 3. 项目技术管理主要制度

(1) 图纸会审制度；

(2) 施工组织设计、施工方案作业指导书管理制度；

(3) 技术交底制度；

(4) 施工测量复核制度；

(5) 材料设备检验制度；

(6) 工程质量检查验收制度；

(7) 安全检查和验收制度；
(8) 工程技术资料管理制度；
(9) 其他管理制度，如计量管理办法、合理化建议管理办法、工程质量奖罚办法等。

## (三) 图 纸 会 审

### 1. 图纸会审目的与内容

(1) 图纸会审的目的是为了使项目部施工等人员熟悉拟建工程特点、设计意图和设计要点，通过各方会审澄清疑点，消除设计缺陷，沟通各方要求，统一认识，使工程设计在技术经济方面更为合理。

(2) 图纸会审主要内容有：

1) 设计是否符合国家有关技术规范的规定，施工标准是否明确、合理。

2) 设计图纸及设计说明是否齐全、完整、清楚，图中尺寸、坐标、标高、轴线、各种管线位置等是否准确。

3) 图纸前后内容是否一致；互相关联的图纸设计是否有矛盾；同一设计的地上与地下部分是否吻合；设计数据有否遗漏、错误。

4) 主要结构的强度、刚度和稳定性等是否满足施工工艺要求，构造是否合理。

5) 土建结构图纸与设备安装图纸是否一致，有无矛盾或遗漏。

6) 地质勘探资料是否齐全。

7) 设计所需的标准图册是否齐备。

8) 材料来源是否有保障，是否能满足设计要求。

9) 施工单位技术装备条件能否满足设计的技术要求，工程质量和施工安全是否有保障。设计采用的新结构、新工艺、新技术等在施工上的可行性、可靠性以及实际困难。

10) 各种构筑物的施工图之间是否存在矛盾；交叉施工时有无干扰。

11) 其他有关的问题及合理化建议。

### 2. 组织形式与程序

(1) 图纸会审一般分为初审和会审，初审应由施工项目部组织有关施工人员参加，图纸会审由建设单位组织有关单位参加。

(2) 图纸初审

1) 由项目技术负责人组织有关人员参加。

2) 在现场进行调查研究基础上，结合工程条件、施工能力和设备、装备情况找出图纸存在问题。

3) 图纸初审可分为三个阶段：

① 学习阶段。学习图纸主要是了解建设规模和工艺流程、结构形式和构造特点、主要材料和特殊材料、技术标准和质量要求以及工程控制坐标和标高等。

② 审查阶段。熟悉工程设计思路和基本情况后，检查设计图有无错误、矛盾、遗漏等问题，并对有关影响建筑物安全、使用、经济等问题，提出意见和建议。

③ 会审准备阶段。在初审的基础上，掌握工程设计要求和实施对策；在技术经济分析和评价基础上，对图纸中有关影响施工质量安全、工程运营使用、成本控制等问题，提出修改建议。项目部将初审中发现的问题记录下来，形成记录。

(3) 图纸会审

图纸会审工作应由建设单位组织，勘察、设计、监理、施工等方面参加，由设计方向有关各方进行设计交底。

项目部组织相关人员参加，并将初审问题和疑问一一得到解答。图纸会审应做好记录，由组织会审单位将提出的问题及时解决，并详细记录，写成正式文件（必要时由设计单位另出修改图纸），监理（建设）单位、设计单位、施工单位的代表均应签名盖章认可，存入工程档案。

(4) 设计变更

在施工过程中，无论建设单位还是施工单位提出的设计变更都要填写设计变更联系单，经设计单位和监理（建设）单位签字同意后，方可进行。

如果设计变更的内容对建设规模、投资等方面影响较大的，必须由建设单位主管负责人审批后报送当地政府相关主管部门。

所有设计变更资料，包括设计变更联系单、修改图纸均需文字记录，纳入工程档案存档。

## （四）编制施工组织设计

### 1. 施工组织设计编制基本规定

(1) 基本规定

市政工程施工组织设计是以施工项目为对象编制的，用以指导施工的技术、经济和管理的综合性文件。是施工技术与施工项目管理有机结合的产物，是工程开工后施工活动能有序、高效、科学合理地进行的保证。施工组织设计应从施工全局出发，结合工程本身的特点、所处地区的自然条件、技术经济条件和施工单位的技术管理水平、机械设备情况等具体状况，科学合理和统筹有序地组织部署各项施工活动。

(2) 编制原则：

1) 符合施工合同有关工程进度、质量、安全、环境保护及文明施工等方面的要求。

2) 优化施工方案，达到合理的经济技术指标，并具有先进性和可实施性。

3) 结合工程特点推广应用新技术、新工艺、新材料、新设备。

4) 推广绿色施工技术，实现节能、节地、节水、节材和环境保护。

### 2. 施工组织设计分类与作用

(1) 施工组织设计分类

施工组织设计按编制对象，可分为施工组织总设计、单位工程施工组织设计和施工方案。

1) 施工组织总设计：是以若干单位工程组成的群体工程或特大型项目为主要对象编制的施工组织设计，内容以纲条为主，对整个项目的施工过程起统筹规划、重点控制的作用,涉及范围广,影响大,是指导施工活动的全局性文件。

2)单位工程施工组织设计:以单位工程或不复杂的单项工程为主要对象编制的施工组织设计,根据施工组织总设计的规定要求和具体实际条件对拟建的工程施工所作的较为具体部署,对单位工程的施工过程起指导和制约作用。编制对象如:一条路、一座立交桥、一座构筑物或一个场站等,其内容相对的具体、详细。

3)施工方案:是以分部分项工程或专项工程为主要对象编制的施工技术与组织方案,用以具体指导其施工过程。某些新结构、技术复杂的或缺乏施工经验的分部分项工程应单独编制施工方案,用以指导施工分部分项工程或专项工程的施工活动。

(2)施工组织设计主要作用:

1)确定施工可能性和经济合理性,对工程施工全过程作全局性部署和安排。

2)合理布置施工现场平面,建立合理的施工顺序,保证施工有序地实施。

3)制订合理的施工方案,确定施工方法、劳动组织和技术经济措施等。

4)科学合理地安排施工进度,统筹劳动力的调配,合理安排主要材料、机械设备等资源的供应。

5)分析工程项目的特点、难点,制订有效的技术措施。

6)对施工中可能出现的情况,制订预防措施,做好预案。

## 3. 施工组织设计内容与要求

本节所指的施工组织设计是中标后组织实施阶段的施工组织设计,主要内容包括编制原则及编制依据;工程概况;施工部署与组织管理体系;施工平面布置图、施工进度计划;施工方案与主要技术措施及主要施工管理措施等。

(1)工程概况

1)编制依据

是指在编制单位工程施工组织设计时所引用、参照和遵守的文件资料与技术规范等。一般包括:与建设单位签订的工程合同文件,工程招、投标文件,工程设计文件和设计图纸,国家、行业及地方有关的技术规范、规程和标准,施工现场条件,施工组织总设计。

2)工程概述况

工程概况述用简要文字并附上工程的平、立、剖面图及主要横断面图,对工程作简明扼要的介绍。内容包括:

① 项目的主要情况

A. 介绍工程建设的目的意义;工程名称、性质、地点;建设单位、设计单位、施工单位、监理单位和质量监督机构等。

B. 说明工程的规模和施工范围,合同造价,开竣工日期和合同工期。

C. 说明工程的结构方式、技术标准和主要实物工程量。

② 主要施工条件

A. 工程所处地区的地形地貌、工程和水文地质条件、气象气候、风向风力、冬雨季时间、台风、潮汐、冻结期时间等情况。

B. 施工现场场地状况,动拆迁或障碍物迁移情况,施工区域内地上、地下的管线与建筑物处理情况，与工程项目施工有关的道路、河流情况及施工现场周围环境等情况。

C. 供水供电、道路交通、运输条件、资源供应等情况。

3）工程特点分析

针对结构形式、施工方法、工艺和环境条件等情况分析工程的特点、难点，指明施工中的关键问题。采用新结构、新技术、新工艺、新材料与新设备或施工技术复杂、要求高、难度大的项目，应认真进行分析，在确定施工方法、组织施工技术力量和资源供应时应采取有效措施，保证工程顺利实施。对工程周边的地面环境、现况道路及交通状况、工程影响范围内的建筑物和地下构筑物及地下管线等情况进行风险分析，提出防范措施。

（2）施工组织与部署

1）确定项目安全、质量、进度、成本和绿色施工等管理目标。

2）明确项目的组织管理机构。包括建立组织机构，确定项目负责人、技术负责人、施工负责人及质量、安全、成本、计量、资料、测量、材料、机械等负责人等岗位职责、工作程序等，应根据具体项目的特点进行合理设置。确定工程分包项目，选择分包单位。

3）划分施工区段，确定施工顺序，对主要施工内容、资源配备和进度要求作出部署。对工程施工中的新技术、新工艺、新材料和新设备作出部署。

一般来说施工区段的划分可分为纵向划分和横向划分。纵向划分时道路可按里程桩号或道路面层结构形式划分；桥梁可按墩台号或上部结构形式划分；给水排水工程可按构筑物（检查井号）或管道的品种、规格及施工工艺来划分。横向划分时道路可按路基与路面划分；桥梁可按基础、下部结构与上部结构划分；给水排水构筑物可按底板、壁板、顶板划分。施工区段的划分一般应考虑如下因素：

① 应使各施工区段上的工程量大致相等；

② 施工区段的数目要满足合理流水施工组织的要求，以避免窝工；

③ 每个施工区段应有足够的工作面，使其所容纳的劳动力数量和机械台数能满足施工组织的要求，充分发挥人员和机械效率；

④ 要结合结构的整体性考虑，在对结构整体性影响较小的位置上分段（设施工缝），如：将分段界限选在变形缝或施工缝位置；

⑤ 应考虑施工对象的自然分段，如：桥梁、道路、涵洞等。

施工顺序是指工程施工的先后次序。合理地确定施工顺序是保证安全质量和施工进度的需要。施工程序应符合施工工艺的要求，使施工方法和施工机械相协调，满足施工组织的要求，使工期最短；尽量采用流水作业，充分发挥劳动力、周转材料和机械设备的效率。施工流程一般以分项工程划分并标明工程数量、施工流程（顺序），以流程图表示各分项工程的施工顺序和相关关系，必要时附以文字简要说明。同时对工程施工与相邻工程、周边社会环境的协调作出部署。

工程项目的施工程序和施工进度应编制成施工指标图表，对控制整体进度的关键项目，需进行合理的施工组织安排，包括施工区划段安排、施工顺序、计划衔接，工力（种）、材料、机械设备、运输计划。

4）依据相关规范规定确定基本的分部、分项、验收批划分，计算工程量；根据相应的定额换算劳动量（用工数量），结合施工条件及工期要求计算生产周期；编制施工总体进度计划图和节点计划图（单位工程、分部分项工程进度计划图）。

施工进度计划应依据需要以网络图或横道图来表示，关键线路用粗线条（或双线）表示，必要时标明每日、每周或每月的施工强度。施工周期需满足合同约定。

5）资源配置计划

工程资源配置计划主要包括：劳动力配置计划，主要材料配置计划、主要构配件配置计划、机械设备配置计划和临时设施计划。资源配置应结合施工进度计划制订，人、工、料、机、运计划应以分项工程或月进行编制。

① 劳动力配置计划

劳动力配置计划是施工现场平衡、调配劳动力的依据。其编制方法是根据施工方案和施工进度计划，依次确定各施工项目每天（或旬、月）所需作业人数，按工种进行汇总，可按表 2-1 表示。

劳动力需求计划　　　　　　　　　　　　　　　表 2-1

| 序号 | 工种名称 | 总人数 | 需求时间 | | | | | | 备注 |
|---|---|---|---|---|---|---|---|---|---|
| | | | 月 | | | 月 | | | |
| | | | 上旬 | 中旬 | 下旬 | 上旬 | 中旬 | 下旬 | |
| | | | | | | | | | |
| | | | | | | | | | |

② 主要材料需求计划

主要材料需求计划是施工现场备料、供料和组织运输的依据。其编制方法是根据工程项目工料分析和施工进度计划，依次确定各施工项目所需的材料名称、品种规格、数量及供应时间，计算汇总，可按表 2-2 表示。

主要材料需求计划　　　　　　　　　　　　　　表 2-2

| 序号 | 材料名称 | 规格 | 需求量 | | 供应时间 | 备注 |
|---|---|---|---|---|---|---|
| | | | 单位 | 数量 | | |
| | | | | | | |
| | | | | | | |

③ 主要构配件需求计划

主要构配件需求计划是工程项目作为加工订货、现场存放和组织运输的依据。其编制方法是根据施工图纸、施工预算和施工进度计划，确定构配件的型号、规格尺寸、数量及供应时间后汇总，可按表 2-3 表示。

主要构配件需求计划　　　　　　　　　　　　　表 2-3

| 序号 | 构配件名称 | 型号/图号 | 规格尺寸 | 需求量 | | 供应日期 | 备注 |
|---|---|---|---|---|---|---|---|
| | | | | 单位 | 数量 | | |
| | | | | | | | |
| | | | | | | | |

④ 机械设备需求计划

机械设备需求计划主要为了确定施工所需的机械设备类型、数量和进退场时间。其编制方法是根据施工方案和施工进度计划，将各施工项目每天（或旬）所需要的机械设备类型、数量及使用起止时间进行汇总，可按表 2-4 表示。

机械设备需求计划　　　　　　　　　表 2-4

| 序号 | 机械设备名称 | 类型/型号 | 需求量 | | 来源 | 使用起止时间 | 备注 |
| --- | --- | --- | --- | --- | --- | --- | --- |
| | | | 单位 | 数量 | | | |
| | | | | | | | |
| | | | | | | | |

⑤ 临时设施计划

临时设施主要包括：生活办公设施、生产加工设施、仓库、便道、便桥、供水供电、通信、施工安全设施、文明施工设施、施工环保设施和其他设施等。

(3) 施工现场平面布置

工程施工现场平面布置前，应对现场的地形地貌及周边环境等情况进行踏勘调查，使现场布置能符合实际情况和施工需要，有利于工程的顺利进行。市政工程现场平面布置应依据现场条件和进度进行动态调整。

1) 施工现场平面布置的依据

主要有：工程总平面图，施工区域的自然、技术和经济条件，设计文件，已确定的施工方案、施工进度计划和资源需求计划，临时设施的规划方案，建设单位可提供的场地、房屋和其他设施。

2) 施工现场平面布置的原则

① 现场布置应尽量紧凑，减少用地，做到方便、合理，保证施工顺利进行。

② 生活区设施要注意卫生、文明施工的要求；

③ 合理布置临时道路，满足场内运输要求，与社会道路的衔接，保证畅通。

④ 场地布置应与施工方法、进度、工艺和机械设备相适应，加工、预制等场地的布置，应满足工艺流程需要，做到连续生产。

⑤ 现场布置（围挡）均应符合安全、消防、环保、市容、卫生、劳动保护等规定。

3) 施工现场平面布置的内容

① 单位工程及施工用地范围内的地形地物。包括一切地上地下已有的房屋、保留加固的建筑物或构筑物，公用管线和其他设施，与拟建工程的位置关系。

② 现场临时便道，便桥、码头等设施的位置和尺寸。

③ 施工管理机构、生产和生活临时设施的位置和尺寸。

④ 临时供水、供电、供热设施的位置及管线分布。

⑤ 搅拌站、预制场、材料堆场、机械设备布置或停放场地及维修车间、各种加工场

地、仓库等位置和尺寸。

⑥ 测量标桩的位置及性质。

⑦ 所有安全、文明施工、消防及危险品存放的位置。

⑧ 现场土方暂存场地。

4）施工现场平面布置的步骤

在收集、分析与研究有关资料的基础上，科学合理的规划设计施工生产区、施工设备区、材料堆放场、施工用电、场内运输、半成品生产加工区、仓库、生活区等位置，按现行标准和要求绘制成图。

① 确定平面运输和垂直运输的方式，以及起重吊装等机械设备的布置。

② 确定搅拌站、预制场、材料堆场、各种加工场地和仓库的位置。

③ 布置施工现场的运输道路。

④ 布置办公、生活与生产设施、围挡以及其他相关的各种临时设施。

⑤ 布置供水、供电、供热管网。

（4）施工准备

施工准备工作包括现场准备、技术准备和资源准备，其主要内容有：

1）现场准备

① 办理工程开工许可等手续。

② 安排好施工现场的"三通一平"，即水通、电通、路通，场地平整，做好障碍物清除和场地排水工作，满足施工需要。

③ 落实生产和生活暂设建设。包括混凝土搅拌站；预制构件厂；钢筋木材加工场地；仓库；标准养护室；试验室；生活办公设施等。

④ 做好测量控制点交接、复核工作，布设施工测量控制网。

⑤ 做好冬、雨季等特殊季节及暴雨、台风、潮汛等特殊气候情况下的施工准备工作和防护准备工作。

2）技术准备

① 熟悉、审核设计图纸和有关设计资料，并与设计等方面进行沟通；

② 编制、报审单位工程施工组织设计、施工方案。

③ 编制工程项目成本计划。

④ 技术交底工作和安全技术培训。

3）资源准备

① 落实材料、构配件的货源和运输、储存方式。

② 安排劳动力和机械设备的进场计划。

③ 做好进场作业人员的组织及教育培训工作。

（5）施工方案

施工方案是施工组织设计的核心部分，施工方案是施工工艺与现场条件有机结合，将直接影响工程的施工效率、质量、安全、工期和技术经济效果。

制订施工方案的基本要求是：符合施工现场的实际情况，切实可行，具有针对性；技术先进、可靠，能确保工程质量和施工安全；工期满足合同要求；经济合理、施工成本和资源消耗低。

施工方法（工艺）是施工方案中的关键环节，直接影响施工的进度、质量、安全和工程成本。对于同一工程项目，可以有多种施工作业方法可供选择，施工方法的合理性对工程的顺利实施具有决定性的作用。市政工程项目类别很多，施工方法应根据工程特点、工期要求、施工条件、资源供应情况以及施工单位拥有的技术能力、施工经验和机械设备等因素，经技术经济比较后来进行选择。

确定施工方法时应注意突出重点，尤其要重视下列情况：

① 工程量大，在单位工程中占重要地位的分部分项工程或主体工程项目。

② 施工技术复杂，技术难度大的项目。

③ 采用新技术、新工艺及对工程质量起关键作用的项目。

④ 特殊的结构或不熟悉的结构。

制订的施工方法应符合国家和行业的各项技术标准的要求，采取有针对性的技术措施，并进行必要的施工验算。针对上述的重点情况，还应制订出详细而具体的操作过程和方法，提出质量安全要求，必要时应单独编制专项施工方案。

在现代化施工的条件下，施工机械不仅是为了满足施工方法的需要，而且常与施工方法为条件，特别在一些大型的工程项目或工程部位更为突出，施工方法的确定与施工机械的选择应进行综合考虑。

（6）质量安全保证措施

质量安全保证措施是施工方法和施工机械确定基础上制订的，需满足工程项目的设计要求、国家和行业的有关法律法规、技术标准规定和工程项目合同的约定。同时，应考虑施工单位的技术和管理能力，以及作业人员的技术水平。

质量安全保证措施包括：质量安全目标；质量安全的管理体系；质量控制点或安全防范重点；质量安全的管理措施；质量安全的技术保证措施；特殊季节的保证措施等；应分开阐述。

质量安全保证措施应具有针对性和可操作性以便保证工程项目优质、安全地顺利实施。

（7）文明施工和环境保护措施

文明施工和环境保护是指在施工现场管理中，必须严格遵循国家、地方政府和行业的有关法律法规规定，按照文明和绿色施工的要求，采取措施控制施工现场的各种粉尘、废水、废气、固体废弃物、噪声及振动等对环境的污染与危害，保持施工现场良好的作业环境、卫生环境和工作秩序，规范、标准、整洁、有序、科学的实施施工生产活动。

文明施工和环境保护措施应包括：文明施工和环境保护的目标；文明施工和环境保护的管理网络；文明施工和环境保护的管理措施；文明施工和环境保护和保证措施等。

（8）成本计划、节能降耗等措施

对工程施工中需要执行的保证成本目标、进度目标、节能、降耗等方面的措施进行叙述。各项措施应包括技术措施、组织措施、经济措施及合同管理措施。项目管理的最终目标是建成质量高、工期短、安全的、成本低的工程产品，而成本计划与控制是施工项目管理的技术经济效果的综合反映，必须制订切实可行的保证措施，主要有：

1）计划管理、施工组织管理、劳务费用管理、机械及周转材料租赁费用的管理、材料采购及消耗的管理、管理费用的管理措施与程序。

2）在满足合同约定条件下，以尽量少的物资消耗和工力消耗来降低成本措施。

3）把影响施工成本的各项耗费控制在计划范围内，在控制目标成本情况下，开源节流，向管理要效益，靠管理求生存和发展。

4）在项目管理体系中建立成本计划控制、节能降耗成本管理责任制和激励机制。

(9) 施工协调与配合

施工过程协调与配合是项目管理重要组成部分，属于项目沟通管理内容。项目部应规定与建设单位、设计（勘察）单位、监理（监测）单位的沟通协调通道和工作程序；与交通管理部门的协调配合、与各承包商之间的接口界面协调配合、工程部位接口协调配合、与施工影响范围的周边单位及个人的协调配合应有专人负责，建立沟通机制及时沟通，并应签订协议。

### 4. 编制程序与要求

(1) 编制程序

施工组织总设计、单位工程施工组织设计与施工方案应依次有序编制。注意三者之间层次不同和涉及的范围、重点和深度的区别。大中型市政工程项目还应编制分部、分阶段的施工组织设计。

施工组织总设计是对整个建设项目的全局性战略部署，范围较广、内容比较概括，属控制型施工组织设计。

单位工程施工组织设计是在施工组织总设计的控制下，以施工组织总设计和企业施工计划为依据编制的，针对具体的单位工程，把施工组织总设计的内容具体化和详细化，属指导型施工组织设计。单位工程施工组织设计编制的一般程序如图2-1所示。

施工方案是以单位工程施工组织设计为依据编制的，针对具体的分部分项工程或专项工程，把单位工程施工组织设计的内容进一步深化，是专业工程的具体作业设计，属操作型施工组织设计。

专项方案通常指关键分项分部工程和危险性较大的分部分项工程专项施工方案，应依据具体工程需要和安全施工有关规定编制。

施工组织设计施工方案及专项方案的表述要规范、重点突出、简繁得当、标准齐全、图表清晰。

(2) 编制要求

1）掌握设计意图和确认现场条件

编制施工组织设计应在现场踏勘、调研基础上，做好设计交底和图纸会审等技术准备工作后进行，确认设计符合现场条件，疑问处得以厘清。

2）计算工程量和计划施工进度

根据合同和定额资料，采用工程量清单中的工程量，准确计算劳动力和资源需要量；按照工期要求、工作面的情况、工程结构对分层分段的影响以及其他因素，决定劳动力和

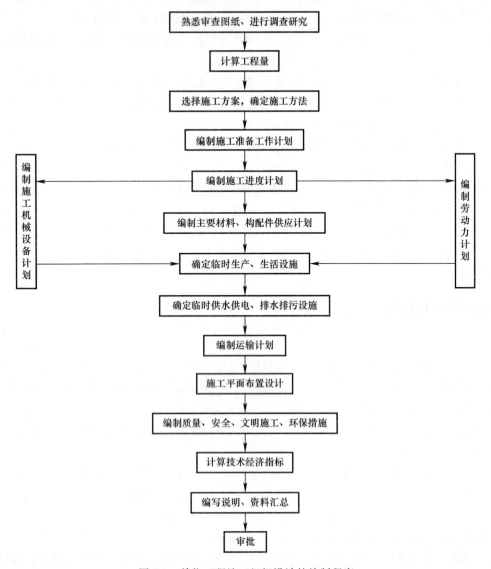

图 2-1 单位工程施工组织设计的编制程序

机械的具体需要量以及各工序的作业时间,合理组织分层分段流水作业,编制网络计划安排施工进度。

3)确定施工方案

按照进度计划,需要研究确定主要分部、分项工程的施工方法(工艺)和施工机械的选择,制订整个单位工程的施工工艺流程,具体安排施工顺序和划分作业段。

4)计算各种资源的需要量和确定供应计划

依据采用的劳动定额和工程量及进度计划确定劳动量(以工日为单位)和每日的工人需要量。依据有关定额和工程量及进度计划,来计算确定材料和预制品的主要种类和数量及其供应计划。

5)平衡劳动力、材料物资和施工机械的需要量并修正进度计划

根据对劳动力和材料物资的计算可以绘制出相应的曲线以检查其平衡状况。如果发现有过大的高峰或低谷,即应将进度计划做适当调整与修改,使其尽可能的趋于平衡,以便使劳动力的利用和物资的供应更为合理。

6)绘制施工平面布置图

设计施工平面布置图,应使生产要素在空间上的位置合理、互不干扰,能加快施工速度。

7)确定施工质量保证体系和组织保证措施

建立质量保障体系和控制流程,实行各项质量管理制度及岗位责任制;落实质量管理组织机构,明确质量责任。确定重点、难点及技术复杂分部、分项工程质量的控制点和控制措施。

8)确定施工安全保证体系和组织保证措施

建立安全施工组织,制订施工安全制度及岗位责任制、消防保卫措施、不安全因素监控措施、安全生产教育措施、安全技术措施。

9)确定施工环境保护体系和组织保证措施

建立环境保护、文明施工的组织及责任制,针对环境要求和作业时限,制订落实技术措施。

10)其他有关方面措施

制订与各协作单位配合服务承诺、成品保护、工程交验后服务等措施。

### 5. 施工组织设计的审批

依据《市政工程施工组织设计规范》GB/T 50903—2013 的规定,施工组织总设计应由总承包单位技术负责人审批,单位工程施工组织设计应由施工单位技术负责人审批,施工方案应由项目部技术负责人审核后方可组织实施。专项方案应按有关规定进行审批后实施。

所有施工组织设计应申报项目总监理工程师、建设单位项目负责人签字确认,并报建设单位备案。实行施工总承包的,应当由相关专业分包单位技术负责人签字确认。

项目部应当严格按照获准的施工组织设计和施工方案组织施工,不得擅自修改、调整。如因设计、结构、外部环境等因素发生变化确需做重大修改时,项目部应提出修改后施工组织设计和施工方案,按照施工单位有关规定办理审批。

## (五)编制施工方案

### 1. 施工方案

(1)编制原则

1)制订切实可行的施工方案,首先必须从工程施工需求出发,符合现场实际情况,具有实际指导意义。选定的方案在人力、物力、财力、技术上所提出的要求,应该是当前已具备条件或在一定的时期内有可能争取到。制订方案之前,要深入细致地做好调查研究

工作，掌握主客观情况，进行反复的分析比较，才能做到切实可行。

2）施工期限满足合同要求，保证工程特别是重点工程按期或提前完成，迅速发挥投资的效益，有重大的经济意义。因此，施工方案必须保证在竣工时间上符合合同的要求，并争取提前完成，这就要在确定施工方案时，在施工组织上统筹安排，照顾均衡施工。在技术上尽可能运用先进的施工经验和技术，力争提高机械化和装配化的程度。

3）确保工程质量和安全生产实现"质量第一，安全生产"的方针。在制订方案时，要充分考虑到工程的质量和安全，在提出施工方案的同时，要提出保证工程质量和安全的技术组织措施，使方案完全符合技术规范与安全规程的要求。如果方案不能确保工程质量与安全生产，其他方面再好也是不可取的。

4）施工费用最低。施工方案在满足其他条件的同时，还必须使方案经济合理，以增加生产盈利，这就要求在制订方案时，尽量采用降低施工费用的一切有效措施，从人力、材料、机具机械和间接费等方面找出节省的因素，发掘节省的潜力，使工料消耗和施工费用降到最低程度。

在制订施工方案时，应通盘考虑以上原则。现代施工技术的进步，组织经验的积累，每个工程的施工，都有不同的方法来完成，存在着多种可能的方案，也有不同的变数。因此在确定施工方案时，要以上述几点作为衡量标准，经技术经济分析比较，全面权衡，选出最优方案。

（2）施工方案主要内容

施工方案主要内容包括技术工艺、施工方法、施工机具、施工顺序，季节性措施、四新技术措施等；组织与资源配置方案，安全保证方案，质量保证方案。重点分项工程、关键工序、季节施工还应制订专项施工方案。

1）施工方法

施工方法（工艺）是施工方案的核心内容，具有决定性作用。施工方法（工艺）一经确定，机具机械设备和材料的选择就必须以满足它的要求为基本依据，施工组织也是在这个基础上进行。

2）施工机具与材料

正确确定施工方法和选择施工机具是合理组织施工的关键，二者互为条件。施工方法在技术上必须满足保证施工质量、提高劳动生产率、加快施工进度及充分利用机械的要求，做到技术上先进，经济上合理。正确地选择施工机具和材料能使施工方法更为先进、合理、经济。因此施工机具和材料选择供应决定了施工方法是否能成功的实施。

3）施工组织

施工组织保证施工项目顺利实施的基本条件。大量的各种各样的建筑材料、施工机具和具有一定生产经验和劳动技能的劳动者，如特殊工种，组成的资源按照施工技术方案与组织形式，在空间上按照一定的位置，在时间上按照先后顺序，在数量上按照不同的比例，有机合理地组织起来，在项目部统一的指挥下行动，按施工进度和安全质量等要求有序地实施。

4）施工顺序

施工顺序安排是施工方案的重要内容之一，施工顺序安排得好，可以加快施工进度，减少人工和机械的停歇时间,并能充分利用工作面,避免施工干扰,达到均衡、连续施工的目的,实现科学组织施工,做到不增加资源、加快进度、降低施工成本。

5)现场平面布置

科学的布置现场可以尽可能利用施工空间并减少材料二次搬运和频繁移动施工机具产生的现场搬运费用,从而保证进度和节省开支。

6)技术组织措施

技术组织措施是保证选择的施工方案顺利实施,包括加快施工进度,保证工程质量和施工安全,降低施工成本的各种技术措施和人员组织措施。如采用新材料、新工艺、先进技术,组织体系保证体系及责任制,编写作业指导书,实行标准化作业,采用网络技术编制施工进度等。

(3)施工方案的确定

1)施工方法选择的依据

正确地选择施工方法是确定施工方案的关键。各个施工过程均可采用多种施工方法进行施工,而每一种施工方法都有其各自的优势和使用的局限性。编制施工方案的任务就是从若干可行的施工方法中选择最可行、最经济的施工方法。选择施工方法的**依据**主要有以下几点。

① 工程特点,主要指工程项目的规模,构造、工艺要求、技术要求等方面。

② 工期要求,要明确本工程的总工期和各分部、分项工程的工期是属于紧迫、正常和充裕三种情况的哪一种。

③ 施工组织条件,主要指气候等自然条件,施工单位的技术水平和管理水平,所需设备、材料、资金等供应的可能性。

④ 标书、合同书的要求,主要指招标书或合同条件中对施工方法的要求。

⑤ 根据设计图纸的要求,确定施工方法。

2)施工方法的确定与机械选择的关系

施工方法与机械设备的选择需统筹考虑。在现代化施工条件下,施工方法的确定,主要还是选择施工机具的问题,这有时甚至成为最关键因素。例如,**深基坑围护桩**,是选择冲抓式钻机还是旋转式钻机,钻机一旦确定,施工方法也就确定了。

确定施工方法,有时由于施工机具与材料等的限制,只能采用一种施工方法。可能此方案不一定是最佳的,但别无选择。这时就需要从这种方案出发,**制订更好的施工顺序**,以期达到较好的经济性,弥补方案本身的不足之处。

3)施工机具和材料的选择

施工机具和材料对施工工艺、施工方法有直接的影响,施工机具化和材料适当选择,对加快建设速度、提高工程质量、保证施工安全、节约工程成本起着至关重要的作用。主要考虑因素有:

① 在选用施工机具时,应尽量选用施工单位现有机具,以减少资金的投入,充分发挥现有机具效率。若现有机具不能满足施工需要,则可考虑租赁或购买。

② 机具类型应符合施工现场的条件:施工现场的条件指施工现场的地质、地形、工程量大小和施工进度等,特别是工程量和施工进度计划,是合理选择机具的重要依据。一

般来说,为了保证施工进度和提高经济效益,工程量大应采用大型机械,工程量小则应采用中小型机械,但也不是绝对的。如一项大型土方工程,由于施工地区偏僻,道路、桥梁狭窄或载重量限制大型机械的通过,如果只是专门为了它的运输问题而修路、桥,显然是不经济的,因此应选用中型机械施工。

③ 在同一个工地上施工机具的种类和型号应尽可能少:为了便于现场施工机具的维修、管理及减少转移,对于工程量大的工程应尽量采用专用机械;对于工程量小而分散的工程,则应尽量采用多用途的施工机具。

④ 要考虑所选机械的运行成本是否经济:施工机具的选择应以能否满足施工需要为目的,如本来土方量不大,却用了大型的土方机械,结果不到一周就完工了,进度虽然加快了,但大型机械的台班费、进出场的运输费、便道的修筑费以及折旧费等固定费用相当庞大,使运行费用过高超过缩短工期所创造的价值。

⑤ 施工机具的合理组合:选择施工机具时要考虑各种机械的合理组合,这样才能使选择的施工机具充分发挥效益。合理组合一是指主机与辅机在台数和生产能力上相互适应;二是指作业线上的各种机具相互配套的组合。

⑥ 选择施工机具时应从全局出发统筹考虑:全局出发就是不仅考虑本项工程,而且还要考虑所承担的同一现场或附近现场其他工程的施工机具的使用,这就是说,从局部考虑选择机械是不合理的,应从全局角度进行考虑。

⑦ 施工材料选择,首先是质量应满足设计要求或规范规定,其次价格合理,符合成本控制要求,再者是尽可能减少运输储存成本。

4)施工顺序的选择

施工顺序是指各个施工过程或分项工程之间施工的先后次序。施工顺序安排得好,可以加快施工进度,减少人工和机械的停歇时间,并能充分利用工作面,避免施工干扰,达到均衡、连续施工的目的。并能实现科学地组织施工,做到不增加资源,加快工期,降低施工成本。

5)技术组织措施的设计

技术组织措施是施工企业为完成施工任务,保证工程工期,提高工程质量,满足安全需求,降低工程成本,在技术上和组织上所采取的措施。项目部应把编制技术方案和组织保证措施作为提高技术水平、改善经营管理的重要工作认真抓好。通过编制技术组织措施,结合企业内部实际情况,很好地学习和推广同行业的先进技术和行之有效的组织管理经验。

**2. 专项施工方案**

(1) 基本要求

专项施工方案是在施工组织设计的基础上,针对新技术、新工艺、新材料、新设备以及危险性较大、复杂的、重要的和缺乏施工经验的分部分项工程单独编制,用以指导其各项作业活动的具体实施的技术文件,必须在开工前编制。专项方案通常指危险性较大的分项(部)工程如深基坑工程、高支架模板工程、大型脚手架工程、起重吊装工程、爆破拆除工程、施工现场临时用电、水中沉井沉箱、大孔径或超长钻孔灌注桩、桥梁预制节段梁拼装、现浇箱梁、软土路基处理、路基高填土预压、顶管施工等等，一般都应考虑编制专项施工方案。

专项方案编制前应分析工程特点及设计意图，掌握工程的重点、难点和关键环节。对于模板支架、基坑支护、降排水、施工便桥、预制构筑物推进、沉井、软基处理、预应力张拉、大型构件吊装、混凝土浇筑、设备安装等分项工程，应按规范标准进行结构强度、刚度和稳定性等的核算。

专项方案要符合设计和相关规范要求，满足安全技术管理相关规定，内容必须具有完整性、针对性、指导性和可操作性。

（2）方案内容和编制方法

1）专项方案编制内容

专项方案编制主要包括：编制依据；工程概况；施工部署；施工方案；施工保证措施；计算书及相关图纸。

2）专项方案的编制方法

① 编制依据

主要有：国家、行业和地方相关的规范标准、规范性文件、施工设计图纸和施工组织设计。

② 工程概况

主要介绍分部分项工程所在位置及周边环境情况、水文工程地质条件、采用的施工方法及工程特点、重点和难点。

③ 施工部署

A. 施工计划：根据施工组织设计总体计划要求，明确分部分项工程的工期要求，详细描述分部分项工程施工计划。

B. 劳动力计划：明确各工种人数。

C. 材料计划：分部分项工程所需的施工材料规格、数量及进场安排。

D. 施工设备计划：分部分项工程施工所需的设备、机具的规格、数量及进场计划。

④ 施工方案

根据工程特点和施工条件，详细描述分部分项工程施工工艺，包括工艺流程、技术参数、施工方法、检查验收、各工序的施工技术要点以及季节性施工措施等。

⑤ 施工保证措施

A. 质量保证措施：确定分部分项工程质量控制点及控制措施（含组织措施、技术措施等）、季节性施工措施、成品保护措施、质量通病的预防措施等。

B. 安全保证措施：分析并确定分部分项工程的风险点，制订相应的安全保证措施（含组织措施、技术措施等）、应急措施以及季节性施工措施。

C. 文明施工及环境保护措施：制订施工环境保护、安全文明的技术、组织措施。

3）专项方案的审批与实施

专项方案应按有关规定报送审核、论证。经审核合格，由技术负责人签字。实行施工总承包的，专项方案应当由总承包单位技术负责人及相关专业承包单位技术负责人签章后方可实施。实行监理制度的工程应由项目总监理工程师审核签字。

如因设计、结构、外部环境等因素发生变化确需修改的，修改后的专项方案应由原审批单位重新审批。专项方案实施前，编制人员或项目技术负责人应当向现场管理人员和作业人员进行安全技术交底。

施工过程中应严格按照专项方案组织施工，不得擅自修改、调整专项方案。

## 3. 危险性较大分部、分项工程专项施工方案

（1）危险性较大分部、分项工程专项方案内容要求

1) 编制依据：相关法律、法规、规范性文件、标准、规范、图纸及施工组织设计等。

2) 工程概况：分部分项工程概况、施工平面布置、施工要求和技术保证条件。

3) 施工部署：包括施工进度计划、材料与设备计划、劳动力计划（含专职安全生产管理人员、特种作业人员等）。

4) 施工工艺技术：技术参数、工艺流程、施工方法、检查验收等。

5) 施工安全保证措施：组织保障、技术措施、应急预案、监测监控等。

6) 计算书及相关图纸。

（2）危险性较大分部、分项工程专项方案的编制要点

施工单位应当在危险性较大的分部分项工程施工前编制专项方案；实行施工总承包的，专项方案应由施工总承包单位组织编制。其中，起重机械安装拆卸工程、深基坑工程、**附着式升降脚手架**等专业工程实行分包的，其专项方案可由专业承包单位组织编制。

1) 在危险性较大的分部分项工程专项施工方案中，施工方法应重点明确工艺流程、技术参数、施工方法和控制要点；对一些重要的结构或部位，如基坑支护体系，起重吊装时的起吊能力，吊具索具和承重支架的强度、刚度、稳定性等应进行必要的验算。

2) 在专项施工方案的资源需求计划中应增加安全设施的需求和保证安全技术措施实施的资源需求。如个人安全防护用品，安全防护设施、电箱、电缆、有毒有害气体测试仪器等。

3) 在编制质量、安全保证措施时，应增加并明确与物的安全状态有关的资源的质量要求和检验控制措施。应根据危险性较大的分部分项工程的特点，在安全保证措施中制订针对开工阶段、施工过程和施工完工后等各个阶段的检查验收计划，明确检查验收的内容、方法和要求。

4) 在基坑支护、承重支架、大型脚手架等危险性较大的分部分项工程中，专项施工方案内还必须编制监测方案。针对工程内容、特点和需要，确定监测内容、监测仪器、监测方法、**测量布置**、监测频率、报警值和允许变形值、监测结果的记录、反馈和处理，监测监控的管理规定等。

5) 为了预防和控制重大事故的发生，并能在重大事故发生后有条不紊地开展救援工作，在危险性较大的分部分项工程专项施工方案中应制订和完善应急预案。应急预案一般包括：应急指挥体系、应急准备、应急响应、应急救援和善后处理、恢复等内容。

（3）危险性较大分部分项工程专项方案的审批与实施

危险性较大的分部分项工程专项施工方案应由施工单位技术负责人审核签字。实行施工总承包的，专项施工方案应当由总承包单位技术负责人及相关专业分包单位技术负责人

审核签字。然后上报监理单位,由项目总监理工程师审核签字。超过一定规模的危险性较大的分部分项工程,施工单位应当组织专家对专项方案进行论证,由专家组提交论证报告,施工单位根据论证报告修改完善专项方案,并经施工单位技术负责人、项目总监理工程师、建设单位项目负责人签字后,方可组织实施。施工过程中应严格按照专项方案组织施工,不得擅自修改、调整专项方案。

## (六) 技 术 交 底

(1) 目的与要求

技术交底是为使参加施工的人员对工程及其技术要求做到心中有数,掌握设计要求、相关图纸内容、工程特点、施工方法、质量标准及安全注意事项等,在开工前向操作者进行的交代工作,是项目管理的重要制度。

技术交底分为:施工组织设计技术交底、专项方案技术交底、分部分项工程技术交底、"四新"(新技术、新工艺、新材料、新设备的应用)技术交底等。

施工组织设计、专项方案应由施工项目部技术负责人向项目部施工和技术质量安全管理人员交底。

分部分项工程交底由各专业施工员编写,经项目技术负责人审批后,由主管施工员向班组长及具体施工操作人员进行的交底。

技术交底形式分为:施工组织设计交底应采用会议形式,并形成会议记录。施工方案可采用会议形式或现场讲授形式,并形成书面记录。专项方案应采用书面形式和现场讲授形式,形成书面记录。

(2) 技术交底编写内容:

编制技术交底主要依据:国家、行业、地方标准(规范及规程),**地方建设等主管部门有关规定**,所属企业技术标准及质量管理体系文件;工程施工图纸、**标准图集**、设计变更等技术文件;施工组织设计、施工方案、分项工程的技术、质量和其他有关文件。

1) 施工组织设计的技术交底应按以下主要内容编写:

① 工程概况、工程特点、关键部位和设计意图。

② 主要分项工程施工方法、关键技术;施工流水段划分、施工进度、劳动力数量、施工队的进场时间;

③ 特殊部位的施工方案要点;

④ 工程质量目标;

⑤ 新技术、新工艺、新材料、新设备的应用;

⑥ 施工注意事项,包括地基处理、基础工程、主体项目施工,附属工程等的注意事项及工期、质量、安全等要求。

2) 专项方案技术交底重点内容同施工组织设计交底,但范围更小更具体,随着施工的进展可不断更新和补充方案的交底。

3) 分部分项工程技术交底应按以下主要内容编写:

① 施工准备;

② 主要原材料、半成品品种、规格、型号及技术要求；
③ 主要机具准备；
④ 施工工艺流程；
⑤ 各分部分项工序的施工方法、操作要求；
⑥ 分部分项工程质量要求、质量标准及质量保证措施；
⑦ 成品保护措施；
⑧ 分部分项工程设计图纸中关键部位的尺寸、标高、预留洞、预埋件；
⑨ 防止产生质量通病的措施及操作中特别注意的关键部位；
⑩ 安全技术措施。

(3) 技术交底资料要求

企业、项目部应统一制订技术交底表格、记录。技术交底文字表述要简练，内容完整，具有较强的针对性、指导性和可操作性，易于理解，能够解决实际问题。当设计图纸、施工条件等变更时，应由原交底人对技术交底进行修改或补充，经项目技术负责人审批后重新交底。

技术交底必须以书面形式交底到项目施工人员，必要时辅以讲解、示范或者样板引路的方法进行，做好技术交底记录，经过检查与审核、有审核人、交底人、接受交底人的签字。所有的技术交底资料，都要列入工程技术档案。

(4) 技术交底编制要求：

1) 施工准备要求

作业人员：说明劳动力配置、培训、特殊工种持证上岗要求等。

主要材料：说明施工所需材料名称、规格、型号；材料质量标准；材料品种规格等直观要求，感官判定合格的方法；强调从有"检验合格"标识牌的材料堆放处领料；每次领料批量要求等。

机械设备：说明所使用机械的名称、型号、性能、使用要求等。

主要工具：说明施工应配备的小型工具，包括测量用设备等，必要时应对小型工具的规格、合法性（对一些测量用工具，如经纬仪、水准仪、钢卷尺、靠尺等，应强调要求使用经检定合格的设备）等进行规定。

作业条件：说明与本道工序相关的上道工序应具备的条件，是否已经过验收并合格。本工序现场施工前应具备的条件等。

2) 施工进度要求

对本分项工程具体施工时间、完成时间等提出详细要求。

3) 施工工艺要求

工艺流程：详细列出该项目的操作工序和顺序。

施工要点：根据工艺流程所列的工序和顺序，分别对施工要点进行叙述，并提出相应要求。

4) 控制要点的要求

重点部位和关键环节：结合施工图提出设计的特殊要求和处理方法，细部处理要求，容易发生质量事故和安全环保施工的工艺过程，尽量用图表达。

质量通病的预防及措施：根据质量管理计划提出的预防和治理质量通病和施工问题的技术措施等，针对本工程特点具体提出质量通病及其预防措施。

5) 成品保护的要求

对上道工序成品的保护提出要求；对本道工序成品提出具体保护措施。

6) 质量保证措施的要求

重点从人、材料、设备、方法等方面制订具有针对性的保证措施。

7) 安全注意事项的要求

内容包括作业相关安全防护设施要求；个人防护用品要求；作业人员安全素质要求；接受安全教育要求；项目安全管理规定；特种作业人员执证上岗规定；应急响应要求；隐患报告要求；相关机具安全使用要求；相关用电安全技术要求；相关危害因素的防范措施；文明施工要求；相关防火要求；季节性安全施工注意事项。

8) 环境保护措施的要求

国家、行业、地方法规环保要求；企业社会承诺；项目管理措施。

9) 质量标准的要求

主控项目：国家质量验收规范要求，包括抽检数量、检验方法。

一般项目：国家质量验收规范要求，包括抽检数量、检验方法和合格标准。

质量验收：对班组提出自检、互检、班组长检验的要求。

## （七）施工过程技术管理

### 1. 施工测量

施工测量是工程项目从施工准备到竣工验收全过程中的一项重要的技术管理工作。它是在工程项目施工的各个阶段，应用测量仪器和工具，采用一定的测量技术和方法，根据工程施工进度和质量要求所进行的各种测量放样工作。它是每一道工序的先行，也是保证每一道工序正确实施的基础。施工测量的主要工作一般包括：

(1) 熟悉设计图纸与设计资料

设计图纸和设计资料是施工测量工作的重要依据，同此，在测量放样前必须对施工图纸和有关资料进行详细的识读，充分了解从总平面图、剖面图到每一项结构图之间的关系，校核各张施工图纸之间的相关数据，熟悉和掌握每一个细部放样的基础数据，为测设数据的计算和测放做好准备。

(2) 现场踏勘

通过现场实地踏勘，搞清楚施工现场的地物、地貌和平面状况，核对交桩测量控制点的分布情况和具体位置，查看现场测量放样的通视情况，调查与施工测量相关的一些问题，为测量控制网的布设做到心中有数。

(3) 交桩成果复核

测量交桩一般由建设单位组织测绘、设计、施工、监理四方单位进行测量交接桩工作，并办理交接桩手续。

施工单位应组织测量人员对交接成果单上的平面控制点与高程控制点进行复测，以保证测设起始点位和数据的正确性。

（4）制订测量方案

在熟悉工程项目设计图纸和设计资料的基础上，针对工程项目施工流程和施工进度计划要求，并结合施工现场的地形、地物情况，编制详细的施工测量方案。

施工测量方案中应依据市政工程施工测量的技术要求，明确施工测量的组织与分工、测量控制网的布设、工程中线桩的计算与定位、临时水准点的测放、细部放样的测定、测设简图、测量精度要求与测量复核等内容。

（5）实地测量放样与复核

测量方案经审批后即可实施，在实施过程中，可根据现场实际情况和施工进度情况及时进行调整，细部放样可根据测量方案规定的测设方法和施工图纸的具体尺寸经计算而测定。

项目部应制订工程测量复核制度，实地测量必须按制度进行内部复核，并报现场监理工程师复核同意后，方可进行施工。

## 2. 施工检验

施工检验就是指对工程项目所使用的原材料、混合料和配件的质量检测，以及在施工过程中对工程实体内在质量或工艺质量的检测。施工检验既是保证市政工程施工质量的重要环节，又是提高市政工程安全性和耐久性的基本保证。

市政工程施工检验因工程类别不同而有所增减，比较常见的有：

（1）水泥物理力学性能试验。包括：强度、凝结时间、安定性、细度等。

（2）钢筋力学性能试验，可焊接性试验。必要时应做化学成分检验。

（3）沥青延度、针入度、软化点、老化、粘附性等试验。

（4）砌块（砖、料石、预制块等）抗压、抗折强度试验。

（5）砂、石筛分析、密度、含泥量、泥块含量、针片状含量、压碎指标等取样试验。

（6）混凝土外加剂、掺合料试验。

（7）石灰氧化钙和氧化镁含量试验。

（8）水泥、石灰、粉煤灰类混合料密度和强度试验。

（9）沥青混合料试验。

（10）预应力张拉材料试验。包括：预应力钢筋、钢丝、钢绞线、锚具、连接器、夹具夹片、金属波纹管等。

（11）土的最佳干密度与最佳含水量试验；土基取样的压实度试验。

（12）道路基层石灰类、水泥类、二灰类等无机混合料基层的标准击实试验；道路基层实体取样的压实度和强度试验；基层弯沉试验。

（13）道路面层沥青混合料的标准密度试验；道路面层沥青混合料实体取样的实测密度试验；路面弯沉试验。

（14）水泥混凝土抗压、抗折强度；抗渗、抗冻性能试验；水泥混凝土施工现场坍落度检验。

（15）砂浆试块强度试验。

（16）钢筋焊接、连接（机械连接）检验。

（17）钢结构、钢管道等焊接质量无损检测。

（18）桩基础的承载力、桩身完整性检测。

施工检验试样的取样应当严格执行有关工程建设标准和国家有关规定，在建设单位或者工程监理单位监督下现场取样，提供施工检验试样的单位和个人应当对试样的真实性负责。

施工检验应当委托具有相应资质的检测机构进行检测，并签订书面合同。检测机构完成检测业务后，应当及时出具由法定代表人签署，并加盖检测机构公章的检测报告。检测报告经建设单位或工程监理单位确认后，由施工单位归档。

### 3. 施工质量检查验收

（1）隐蔽工程验收

所谓隐蔽工程是指那些在施工过程中上一工序的工作结果，将被下一工序所掩盖而无法进行复查的工程项目。因此，在其被隐蔽掩盖前必须进行质量检查，做出结论，做好记录。应指出的是凡已履行验收批、分项工程验收程序的，除非监理单位有明确要求者，一般不再进行隐蔽工程验收。

市政工程的主要隐蔽项目包括：

1）地基与基础。包括地质情况、槽基几何尺寸、标高、地基处理、回填密实度等。

2）基础、主体结构各部位的钢筋。包括钢筋品种、规格、数量、间距、接头位置、长度及除锈、保护层、代用变更情况等。

3）桥梁水池等结构物的预应力筋、预留孔道的直径、位置、接头处理、孔道固定等情况。

4）现场结构焊接。包括焊条型号、焊口规格、焊缝长度、厚度、外观清渣、无损检测等情况。

5）桥梁工程桥面防水层下找平层的平整度、坡度。

6）桥面水池变形缝预埋件的规格、数量以及埋置情况。

7）钢管管道外部绝缘防腐处理。

8）雨水、污水管道、混凝土管座、管带接口及附属构筑物检查。

9）燃气与供热管道。包括管道防腐保温层检查，管沟及小室外部防水检查。

10）道路路基。包括标高、宽度、横坡度、平整度、密实度检查。

11）道路基层。包括标高、宽度、横坡度、厚度、平整度、密实度、弯沉值检查。

（2）分部分项工程验收

项目部在分项工程完工后，应按照工程质量检查验收标准及时进行检查验收，做好工程质量检查验收记录，并由项目负责人签字后报监理工程师审核认证。分项工程质量验收完毕后应进行汇总统计，进而做好分部工程和单位工程质量验收。分部分项工程质量验收是保证工程质量、防止因可能发生差错而造成质量事故的重要措施。

分部分项工程检查验收主要项目包括：

1）城镇道路工程：路基、基层、面层、附属构筑物等。

2）城市桥梁工程：土石方、桩基、沉井基础、钢筋、模板、预应力筋、水泥混凝土、钢结构、构件安装、砌体、桥面铺装、变形缝、防撞栏杆等。

3) 开槽施工管道工程：沟槽、基础、管座、管道铺设、接口、井室、水（气）压试验、闭水试验、沟槽回填等。

4) 构筑物工程：围护结构、基坑、降水、钢筋、挂板、预应力筋、混凝土、构件安装、砌体、防水（腐）、变形缝、附属构筑物等。

### 4. 工程变更

所谓工程变更，是指在工程实施期间，在合同约束的条件下，根据工程所需的实际情况对部分工程在形式上、质量上、数量上所做的改变。

工程变更一般分为设计变更和施工变更。

（1）设计变更。即设计单位对原设计存在的缺陷提出的工程变更，应通报建设单位、监理单位取得一致意见，并编制设计变更文件。

（2）施工变更。是建设单位或施工承包单位根据工程实施过程中实际变化的情况提出的工程变更。应经施工单位、监理单位、建设单位、设计单位协商达成一致后，签证生效。

工程变更应当以书面形式提出。工程变更单中应包括工程变更内容、工程变更的理由和说明、工程变更费用和工期、必要的附件、附图等内容。

工程变更应当符合国家有关工程强制性标准和技术规范及规程的要求，符合工程使用功能与质量、安全、环境保护的要求。监理单位应监督承包单位工程变更的实施情况，未经审查批准的工程变更不得实施；未经审查批准而实施的工程变更，监理单位不得予以计量。

### 5. 技术标准管理

（1）工程施工过程中，要依据有关规定配备齐全工程施工所需的各种标准、定额和规定，以供工程施工中检查、督促执行。

（2）工程施工过程中，要建立项目的技术标准体系，编制技术标准目录（清单），本项工作应由项目资料员在项目技术负责人指导下完成。

（3）标准管理工作由项目技术负责人主持，项目资料员具体负责。

（4）项目工程所需的各类规范、标准，根据项目编制的技术标准目录配齐，保证满足工程需要。

（5）配给项目部有关技术人员使用的技术标准、规定、规程，须按登记发放。当有关人员调离本项目部时，应上交资料员。

（6）当某项标准作废时，标准化管理人员应及时通知有关人员，防止作废标准继续使用，并确认新标准的执行情况。

### 6. 工程技术资料

市政工程施工技术资料是施工单位执行工程建设强制性标准和国家、地方有关规定，在施工过程中填写、收集、整理的各种图纸、表格、文字记录、音像材料等必须归档保存的文件总称。

工程技术资料由施工单位负责编制、保管。实行总承包的工程项目，由总承包单位负责统一汇集、整理、保管，分包单位按其分包工程范围做好各自的技术资料汇集、整理、移交工作。

工程技术资料应随施工进度及时整理，所有资料应按照工程技术文件管理和档案管理的有关规定要求，认真填写、字迹清楚、项目齐全、记录准确、完整真实。资料中应由各岗位责任人签认的，必须由本人签字，不得盖图章或由他人代签。实行监理制的工程项目，监理单位应按规定对工程技术资料中的认证项目做好审核认证，并签字认可。

任何人不得任意涂改、伪造、随意抽撤损毁或丢失文件资料，对于弄虚作假，玩忽职守而造成文件不符合真实情况的，有关部门必须追究责任单位和个人的责任。

# 三、进度计划管理

## （一）施工进度计划的作用与表示方法

施工进度计划应包括工程项目施工总进度计划和单位工程施工进度计划，以下以单位工程施工进度计划为目标进行阐述。

### 1. 单位工程施工进度计划的作用

（1）控制单位工程的施工进度，保证在合同工期内完成符合质量标准的工程。

（2）确定单位工程的各个施工过程的施工顺序、持续时间、相互搭接和合理配合关系。

（3）为编制年度、季度和月度生产作业计划提供依据。

（4）是确定劳动力和各种资源需求，对劳动力和各种资源调配、平衡的依据。

（5）是编制和实施施工准备工作的依据。

### 2. 施工进度计划的表示方法

施工进度计划通常用图表来表示，常用的有横道图和网络图。

（1）横道图

横道图一般由两个部分组成，左面部分是以分部分项工程为主要内容的表格，包括各施工过程的持续时间、开始时间和完成时间。右面部分是指示图表，指示图表用横向线条形象地表示出分部分项工程的施工进度，线的长短表示施工期限，线的位置表示施工过程。

横道图总体表示了各施工过程所需的工期和总工期，并综合反映了各分部分项工程相互间的关系。这种表示方法比较简单、直观、易懂且容易编制，是比较常用的一种施工进度计划的表达方式。例：某跨线桥工程施工进度计划表（横道图）如图 3-1 所示。

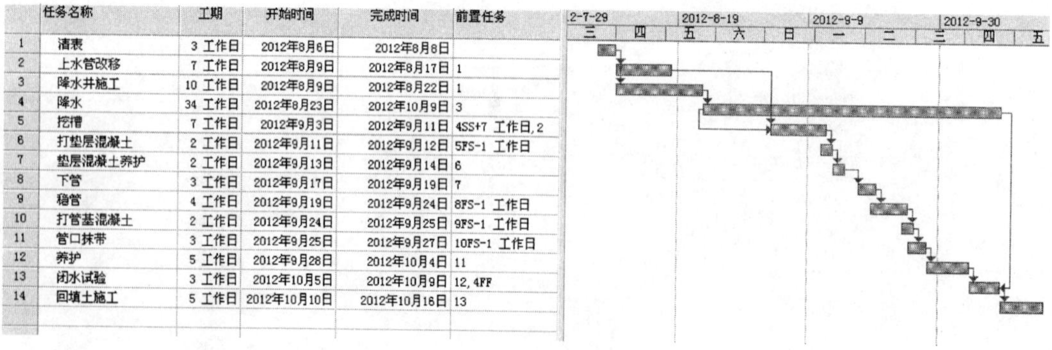

| | 任务名称 | 工期 | 开始时间 | 完成时间 | 前置任务 |
|---|---|---|---|---|---|
| 1 | 清表 | 3 工作日 | 2012年8月6日 | 2012年8月8日 | |
| 2 | 上水管改移 | 7 工作日 | 2012年8月9日 | 2012年8月17日 | 1 |
| 3 | 降水井施工 | 10 工作日 | 2012年8月9日 | 2012年8月22日 | 1 |
| 4 | 降水 | 34 工作日 | 2012年8月23日 | 2012年10月9日 | 3 |
| 5 | 挖槽 | 7 工作日 | 2012年9月3日 | 2012年9月11日 | 4SS+7 工作日,2 |
| 6 | 打垫层混凝土 | 2 工作日 | 2012年9月11日 | 2012年9月12日 | 5FS-1 工作日 |
| 7 | 垫层混凝土养护 | 2 工作日 | 2012年9月13日 | 2012年9月14日 | 6 |
| 8 | 下管 | 3 工作日 | 2012年9月17日 | 2012年9月19日 | 7 |
| 9 | 稳管 | 4 工作日 | 2012年9月19日 | 2012年9月24日 | 8FS-1 工作日 |
| 10 | 打管基混凝土 | 2 工作日 | 2012年9月24日 | 2012年9月25日 | 9FS-1 工作日 |
| 11 | 管口抹带 | 3 工作日 | 2012年9月25日 | 2012年9月27日 | 10FS-1 工作日 |
| 12 | 养护 | 5 工作日 | 2012年9月28日 | 2012年10月4日 | 11 |
| 13 | 闭水试验 | 3 工作日 | 2012年10月5日 | 2012年10月9日 | 12, 4FF |
| 14 | 回填土施工 | 5 工作日 | 2012年10月10日 | 2012年10月16日 | 13 |



图 3-1　横道图示意图

（2）网络图

把一项计划（或工程）的所有工作，根据其开展的先后顺序并考虑其相互制约关系，全部用箭线或圆圈表示，从左向右排列起来，形成一个网状的图形称之为网络图。

网络图的表达方式分为双代号网络图和单代号网络图。

1）双代号网络图中每条箭线表示一项工作，工作的名称标注在箭线的上面，完成该项工作所持续的时间标注在箭线的下面。箭头和箭尾处的节点用圆圈表示，圆圈内填入节点编号，箭尾的节点编号应小于箭头的节点编号。箭头和箭尾的两个节点编号代表着一项工作，如图 3-2（a）所示，以节点 $i$ 表示开始节点，以节点 $j$ 表示结束节点。由于是两个节点编号表示一项工作，故称为双代号网络图。

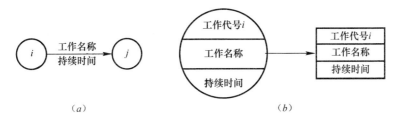

图 3-2　网络图工作的表示方法

2）单代号网络图中每一个节点表示一项工作，节点用圆圈或矩形表示，节点编号标注在圆圈上部，工作名称标注在圆圈中部，完成该项工作所需持续的时间标注在圆圈下部，箭线只表示该工作与其他工作的逻辑关系，如图 3-2（b）所示。这种只用一个节点（圆圈或矩形）代表一项工作的表达方式称为单代号网络图。

网络图把施工过程中的各有关工作组成了一个有机的整体，能全面而明确地表达出各项工作开展的先后顺序和反映出各项工作之间的相互制约和相互依赖的关系；能进行各种时间参数的计算；在名目繁多、错综复杂的计划中找出决定工程进度的关键工作，便于计划管理者集中力量抓主要矛盾，确保工期，避免盲目施工。而且能够根据情况的变化，迅速进行调整，保证自始至终对计划进行有效的控制与监督。利用网络计划中反映出的各项工作的时间储备，可以更好地调配人力、物力，以达到降低成本的目的。

网络计划技术可以为施工管理提供许多信息，它有助于管理人员全面了解、重点掌握、灵活安排、合理组织，有利于加强施工管理，不断提高管理水平。网络计划技术既是一种编制计划的方法，又是一种科学的管理方法。

例：某基础工程双代号网络计划见图 3-3。

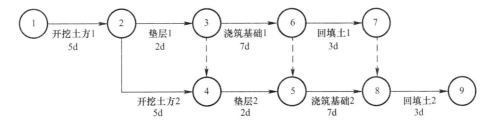

图 3-3　某基础工程双代号网络计划

## （二）施工进度计划编制要求与依据

**1. 施工进度计划编制要求**

（1）施工进度计划分为项目总施工进度计划、单位工程施工进度计划，应与施工组织设计相对应。

（2）施工进度计划应依据施工合同和施工部署编制年、月、旬的施工进度计划。

（3）施工进度计划必须满足合同工期要求，并保证均衡、连续施工。在合理确定施工顺序的基础上，重点及较为复杂的工程要编制网络计划。

（4）施工进度计划应划分阶段形象部位和节点。

（5）施工进度计划应包括施工现场平面（包括交通导行）图设计，以便实行现场动态管理。

**2. 施工进度计划编制依据：**

（1）工程的全部施工图纸及有关水文、地质、气象和其他技术经济资料。

（2）上级或施工合同规定的施工工期要求及开、竣工日期。

（3）工程项目施工总进度计划。

（4）施工方案、施工工艺。

（5）施工现场条件、气候条件、环境条件。

（6）劳动力、主要材料、构件及机械设备供应能力，分包单位的情况。

（7）施工人员的技术素质及作业人员的劳动效率。

（8）已建成的同类工程的实际进度及经济指标。

## （三）施工进度计划的编制

**1. 划分施工阶段与节点**

在编制单位工程施工进度计划时，首先应按照施工图纸和施工顺序划分单位工程的各个施工阶段，确立节点，并结合施工方法、施工条件、劳动组织、资源供应等因素加以适当调整，使其成为编制施工进度计划所需要的施工过程。

通常施工进度计划表中只列出直接在施工现场实施的施工过程，不包括成品、半成品等采购、加工和运输过程。只有当某些构配件采用现场就地预制方案，单独占用工期，且对其他分部分项工程的施工有影响时，应考虑列入。

在确定施工阶段时，应注意下列问题：

（1）施工阶段的划分应与施工方法相一致，使进度计划能够符合施工实际进展情况，真正起到指导施工的作用。

（2）施工阶段划分的粗细程度主要根据单位工程施工进度计划所起的客观作用。对控制性施工进度计划,项目可以划分得粗一些,一般只需列出分部工程,如桥梁工程的桩基础、墩台、梁板安装、桥面工程等。对于工期紧张的工程的施工进度计划,阶段应划分得细一些,并找出节点——关键分项工程或施工工序,某号墩的桩基,某梁板安装、变形缝等。

(3) 适当简化施工进度计划内容,突出重点,避免施工过程划分过细。对于一些穿插性的、次要的、同一时间同一内容的项目,可以合并到主要分项工程中去,如板梁的铰缝浇筑,T形梁的湿接头浇筑可以合并到梁板安装中去,栏杆的油漆可以合并到栏杆项目中去。

(4) 所有施工阶段应大致按照施工顺序先后排列,所采用的施工项目名称可参考现行定额标准上的项目名称。

(5) 施工阶段的划分一定要结合工程结构特点,切不可漏填,以免影响施工进度计划的准确性。

## 2. 计算工程量

工程数量的计算应根据施工图纸和工程量清单中工程数量及计算规则进行,按照施工顺序的排列,分别计算各个施工过程的工程数量,并编制工程数量表。工程量计算应注意:

(1) 分部分项工程工程量的计算单位应与相应定额标准的计算单位相一致。

(2) 工程量的计算应结合施工方法和安全技术要求。

(3) 结合施工组织要求,按分区、分项、分段、分层计算工程量。

(4) 采用预算文件中的工程量时,应按施工过程的划分情况将预算文件中有关项目的工程量汇总,并根据施工图纸、施工方法和实际情况进行复核后采用。

## 3. 确定劳动量及机械台班量

劳动量和机械台班量是根据各施工项目的工程量、施工方法和现行的施工定额,并结合当时当地的具体情况加以确定。一般应按下式计算:

$$P = Q/S \quad \text{或} \quad P = Q \cdot H$$

式中 $P$——完成某施工项目所需的劳动量(工日)或机械台班量(每班);

$Q$——完成某施工项目所需的工程量;

$S$——某施工项目所采用的产量定额;

$H$——某施工项目所采用的时间定额。

例:已知某桥梁承台基坑的土方开挖量为 $4029m^3$,采用人工挖土,每工日产量定额为 $6.5m^3$,则完成基坑开挖所需的劳动量为:

$$P = Q/S = 4029/6.5 \approx 620 \text{ 工日}$$

若已知时间定额为 $0.154$ 工日$/m^3$,则完成基坑开挖所需劳动量为:

$$P = Q \cdot H = 4029 \times 0.154 \approx 620 \text{ 工日}$$

## 4. 计算各施工过程的持续时间

计算各施工过程的持续时间有两种方法

(1) 根据工程项目部计划配备在该施工项目上的机械数量和作业人数确定。其计算公式如下：

$$t = P/(R \cdot N)$$

式中　$t$——完成某施工项目持续时间；
　　　$P$——某施工项目所需的机械台班量或劳动量；
　　　$R$——每班安排在某施工项目上的机械台数或作业人数；
　　　$N$——每天工作班次。

例：某道路工程安装砌路缘石，需要总劳动量240工日，一班制工作，每天安排作业人员为30人，则施工持续时间为：

$$t = P/(R \cdot N) = 240/(30 \times 1) = 8 \text{ 天}$$

在安排每班作业人员和机械台数时，应考虑每个作业人员或每台机械都应有足够的工作面，以发挥高效率并保证安全；同时应考虑合理的劳动组合，以达到最高的劳动生产率。

(2) 根据规定的工期要求倒排进度。在某种情况下，可以根据已规定的或后续工序所需要的工期，来反算完成劳动量所需要的作业人数或机械台数。此时计算式为：

$$R = P/(t \cdot N)$$

例：某道路路堤填筑采用机械施工，需要76个台班完成，现建设单位要求7天完成，所需挖土机台数为：

$$R = P/(t \cdot N) = 76/(7 \times 1) \approx 11(\text{台})$$

通常施工时均按一班制作业考虑，如果每天所需的机械台数或作业人数超过了工程项目部现有的人力、物力或工作面受限制时，则应根据具体情况和条件从技术和施工组织上采取积极的措施，如增加工作班次、组织立体交叉施工，提高混凝土设计强度等。

### 5. 编制施工进度计划

以上各项工作完成后，即可着手编制施工进度计划。首先安排主导工程项目的施工阶段或节点的施工进度，使其尽可能连续施工，其他施工过程按照工艺的合理性和施工顺序尽可能与它配合、穿插、搭接或平行作业，将各施工过程的流水作业最大限度地搭接起来，形成单位工程施工进度计划。

(1) 横道图的编制步骤：

1) 绘制空白图表；

2) 根据划分确定的施工过程按施工顺序填入图表的工程名称栏目内；

3) 按照计算出来的各施工过程的持续时间，并根据施工过程之间的逻辑关系、主导性、施工顺序和工艺的合理性最大限度地把它们搭接起来，且用横道线标示出来。

4) 各施工阶段所需的工期（持续时间），开始时间和完成时间分别填入图表的相应栏目内。

(2) 网络图的编制

编制网络计划图时，应将划分确定的各施工过程和计算好的各施工过程的持续时间，以规定的网络符号表达各项工作之间的相互制约和依赖关系，并根据各项工作的开展顺序和相互关系，从左至右排列起来，即可形成网络计划图。

编制网络计划必须严格遵循行业标准《工程网络计划技术规程》JGJ/T 121 的有关规定和要求，宜采用成型的软件程序编制。

施工进度控制是一个系统的、动态的过程，因此，当施工进度计划编制完成后，应按照施工过程的连续性、协调性、均衡性及经济性等基本原则不断地进行平衡和优化，这是一个细致的、反复的过程。

## （四）施工进度计划的实施、检查与调整

### 1. 施工进度计划的实施

（1）保证措施

施工项目进度计划的实施，就是用施工进度计划指导施工活动，落实和完成计划。施工项目进度计划逐步实施的进程就是施工项目建造的逐步完成过程。为了保证施工项目进度计划的实施，并且尽量按编制的计划时间逐步进行，保证各进度目标的实现，应做好如下工作。

1）全面交底、发动群众

施工进度计划的实施是全体工作人员的共同的行动，要使有关人员都明确各项计划的目标、任务、实施方案和措施，使管理层和作业层协调一致，将计划变成项目成员的自觉行动，充分发动群众，发挥群众的干劲和创造精神。在计划实施前要进行计划交底工作，将进度目标和措施落实到责任人，各级生产会议应进行交底落实。

2）编制月（旬）作业计划

为了实施施工进度计划，将规定的任务结合现场施工条件，如施工现场的情况、劳动力机械等资源条件和施工的实际进度，在施工开始前和过程中不断地编制本月（旬）的作业计划，这使施工计划更具体、切合实际和可行。在月（旬）计划中要明确：本月（旬）应完成的任务，所需要的各种资源量，提高劳动生产率和节约的措施。

3）签发施工任务书

编制好月（旬）作业计划以后，将每项具体任务通过签发施工任务书的方式使其进一步落实。施工任务书是向班组下达任务、实行责任承包、全面管理和原始记录的综合性文件。施工任务书应明确具体的施工任务，技术措施和质量、安全等内容。施工班组必须保证指令任务的完成，它是计划和实施的纽带。

4）做好施工进度记录，填好施工进度统计表

在计划任务完成的过程中，各级施工进度计划的执行者都要跟踪做好施工记录，记载计划中的每项工作的开始日期、工作进度和完成日期，跟踪形象进度对工程量、总产值、耗用人工、材料和机械台班等的数量进行统计与分析。为施工项目进度检查分析提供信息，因此要求实事求是，并填好有关图表。

（2）施工过程调度工作

施工中的调度是组织施工中各阶段、环节、专业和工种的互相配合、进度协调的指挥

核心。调度工作是使施工进度计划实施顺利进行的重要手段。其主要任务是掌握计划实施情况,执行施工合同中对进度、开工和竣工的承诺,协调各方面关系,采取措施,排除各种矛盾和干扰,加强各薄弱环节,实现动态平衡,保证完成作业计划和实现进度目标。

调度工作内容主要有:跟踪监督作业计划的实施,调整协调各方面的进度关系;监督检查施工准备工作;督促资源供应单位按计划供应劳动力、施工机具、运输车辆、材料构配件等,并对临时出现的问题采取调配措施;按施工平面图管理施工现场,结合实际情况进行必要调整,保证文明施工;了解气候、水、电、的情况,采取相应的防范和保证措施;及时发现和处理施工中各种事故和意外事件;调节各薄弱环节;定期召开现场调度会议,贯彻施工项目主管人员的决策,发布调度令。

## 2. 施工进度计划跟踪与检查

(1) 跟踪与检查内容

在施工项目的实施进程中,为了进行进度控制,进度控制人员要经常地、定期地跟踪检查施工实际进度情况,主要是收集施工项目进度资料,进行统计整理和对比分析,确定实际进度与计划进度之间的关系。其主要工作包括以下几点。

1) 跟踪检查实际施工进度

跟踪检查实际施工进度是项目施工进度控制的关键措施。其目的是收集实际施工进度的有关数据。

检查的时间间隔与施工项目的类型、规模、施工条件和对进度执行的要求程度有关。通常采用日常检查结合定期检查。若在施工中遇到天气、资源供应及意外事件等不利因素的严重影响,检查次数可临时增加。甚至可以每日进行检查或指派人员驻现场督阵。

检查和收集资料的方式一般采用进度报表方式或定期召开进度工作汇报会。为了保证汇报资料的准确性,进度控制的工作人员,要经常到现场察看施工项目的实际进度情况,从而保证经常地、定期地准确掌握施工项目的实际进度。

2) 整理统计检查数据

收集到的施工项目实际进度数据,要进行必要的整理,按计划控制的施工项目进行统计,以相同的量纲和进度表达方式,形成与计划进度具有可比性的数据。一般可以按实物工程量、工作量和过去消耗量以及累计百分比整理和统计实际检查的数据,以使之与相应的计划完成量相对比。

3) 对比实际进度与计划进度

将收集的资料整理和统计成与计划进度具有可比性的数据后,用施工项目实际进度与计划进度的比较方法进行比较。通常用的比较方法有:横道图比较法、S形曲线比较法和"香蕉"形曲线比较法、前锋线比较法和列表比较法等。通过比较得出实际进度与计划进度相一致、超前、拖后三种情况,为调整决策提供依据。

(2) 检查结果处理

工程施工进度计划检查完成后,项目部应向企业及有关方面提交施工进度报告。根据施工进度计划的检查结果,研究分析存在问题,制订调整方案及相应措施,以便保证工程施工合同的有效执行。进度报告主要内容应包括:报告的起止日期;当地气象及晴雨天数统计；施工计划的原定目标及实际完成情况；报告计划期内现场的主要大事记（如停水、停电、发生事故的概况和处理情况，收到建设单位、监理工程师、设计单位等指令文件及主要内容）；实际施工进度图；工程变更，价格调整，索赔及工程款收支情况；进度偏差的状况和导致偏差的原因分析；计划调整意见和建议。

企业及有关方面接到施工进度报告后，应及时组织有关方面参加的专题会议，对施工进度现状和主要问题进行分析，判断发展趋势，对计划调整和资源配置进行决策，交由项目部和有关部门具体落实。

## 3. 施工进度计划的调整

（1）计划调整方法

在对实施的进度计划分析的基础上，应确定调整原计划的方法，施工进度计划调整应包括施工内容、工程量、起止时间、持续时间、工作关系、资源供应等内容。

1）改变某些工作间的逻辑关系

若检查的实际施工进度产生的偏差影响了总工期，在工作之间的逻辑关系允许改变的条件下，改变关键线路和超过计划工期的非关键线路的有关工作之间的逻辑关系，达到缩短工期的目的。用这种方法调整的效果是很显著的，例如可以把依次进行的有关工作改成平行的或互相搭接的以及分成几个施工段进行流水施工等，都可以达到缩短工期的目的。

2）改变某些工作的持续时间

这种方法是不改变工作之间的逻辑关系，而是缩短某些工作的持续时间，而使施工进度加快，并保证实现计划工期的方法。这些被压缩持续时间的工作，如果是位于由于实际施工进度的拖延而引起总工期增长的关键线路和某些非关键线路上的工作，同时，这些工作又是可压缩持续时间的工作。这种方法实际上就是网络计划优化中的工期优化方法和成本优化的方法。

（2）改变施工方案

1）当通过改变工作之间的逻辑关系或改变工作持续时间仍无法满足原计划工期目标时，可重新确定能加快施工进度的施工方案，如将人工方案改为机械方案，或采用更为先进、工作效率更大的施工机具。

2）当有节点工期（阶段性工期）的限制，进度计划的调整还不能满足节点工期的约束时，应考虑改变施工方案；当设计变更和重大方案变更时，应履行必要的程序。

# 四、施工质量管理

## （一）质量管理的概念与特点

**1. 质量管理内容**

（1）质量与质量要求

质量不仅是指产品质量，也可以是某项活动或过程的工作质量，还可以是质量管理体系运行的质量。

质量应满足明示的（如合同、规范、标准、文件、图纸中明确规定的）、通常隐含的（如组织、顾客、其他相关方的惯例或一般做法）或必须履行的（如法律、法规、行业规范）需求或期望。对工程施工质量的要求除考虑满足建设方的需求外，还应考虑其他相关方即企业自身利益、提供原材料和零部件等的供方的利益和社会的利益等多方面的需求。

顾客（建设方）和其他相关方对产品、过程或体系的质量要求是动态的、发展的和相对的。不同国家、不同地区因自然环境条件不同、技术发达程度不同、消费水平不同或民俗习惯的不同也会对产品提出不同的要求。

（2）质量管理

质量管理就是在质量方面指挥和控制组织的协调的活动。这些活动通常包括制订质量方针和质量目标、质量策划、质量控制、质量保证和质量改进等一系列工作，组织必须通过建立质量管理体系实施质量管理。其中，质量方针是组织最高管理者的质量宗旨、经营理念和价值观的反映；在质量方针的指导下，制订组织的质量手册、程序性管理文件和质量记录；进而落实组织制度，合理配置各种资源，明确各级管理人员在质量活动中的责任分工与权限界定等，形成组织质量管理体系的运行机制，保证整个体系的有效运行，从而实现质量目标。

（3）质量控制

质量控制是质量管理的一部分，是致力于满足质量要求的一系列相关活动。质量控制的定义可以从以下几方面去理解。

1）质量控制是质量管理的重要组成部分，其目的是为了使产品、体系或过程的固有特性达到规定的要求，即满足顾客、法律、法规等方面所提出的质量要求（如适用性、安全性等）。所以，质量控制是通过采取一系列的作业技术和活动对各个过程实施控制的。

2）质量控制的工作内容包括作业技术和活动，也就是包括专业技术和管理技术两个方面。围绕产品形成全过程每一阶段的工作如何能保证做好，作业技术方法的正确选择和作业技术能力的充分发挥是质量控制的致力点。因此，应对影响其质量的因素进行控制，并对质量活动的成果进行分阶段验证，以便及时发现问题，查明原因，采取相应纠正措施，防止不合格的发生。只有通过科学的管理，对作业技术活动过程进行科学的组织和协调，贯彻预防为主与检验把关相结合的原则，实现预期的质量目标。

3）质量控制应贯穿在产品形成和体系运行的全过程。质量控制是在明确的质量目标和具体的条件下，通过行动方案和资源配置的计划、实施、检查和监督，进行产品形成过程的事前预控、事中控制和事后纠偏控制，使对产品质量有影响的各个过程处于受控状态，持续提供符合规定要求的产品。

## 2. 市政工程质量管理的特点

市政工程作为一种特殊的产品，除了具有一般产品共有的质量特性外，还具有以下几方面的特点。

（1）适用性，即功能。市政工程作为一项社会公共设施，必须满足人们生活、工作和社会发展的需要。也就是说工程应该满足使用目的各种性能，包括理化性能、结构性能、使用性能、外观性能等。

（2）耐久性，即寿命。是指工程在规定的条件下，满足规定功能要求使用的年限，也就是工程竣工后的合理使用寿命周期。目前国家标准对市政工程的合理使用寿命周期还缺乏统一规定，仅在少数技术标准和设计文件中提出了明确的要求。

（3）安全性。是指工程建成后在使用过程中保证结构安全，保证人身和环境免受危害的程度。

（4）可靠性。是指工程在规定的时间和规定的条件下完成规定功能的能力。

（5）经济性。是指工程从规划、勘察、设计、施工到整个产品使用寿命周期内的成本和消耗的费用。工程的经济性具体表现为设计成本、施工成本、使用成本三者之和。

（6）与环境的协调性。是指工程与周围生态环境协调，与所在地区的经济环境协调，以及与周围的已建工程相协调，以适应可持续发展的要求。

上述六个方面的质量特点彼此之间是相互依存的，总体而言，适用、耐久、安全、可靠、经济、与环境协调性都是必须达到的基本要求，缺一不可。但是对于不同类别不同专业的工程，如城市桥梁工程、城镇道路工程、城市管道工程、净水处理工程、污水处理工程、快速路工程、桥涵工程、地铁工程、隧道工程等，可根据工程所处的特定地域、环境条件、技术经济条件的差异，有不同的侧重面。

# （二）施工过程质量控制的内容和方法

## 1. 施工质量控制的基本内容及要求

施工生产要素是施工质量形成的物质基础，其质量的含义为：作为劳动主体的施工人员，即直接参与施工的管理者、作业者的素质及其组织效果；作为劳动对象的建筑材料、半成品、工程用品、设备等的质量;作为劳动手段的施工机械、设备、工具、模具等的技术性能;作为劳动方法的施工工艺及技术措施的水平;以及施工环境——现场水文、地质、气象等自然环境,通风、照明、安全、文明施工等作业环境以及协调配合的管理环境。

归纳而言,人员(Man)、材料(Material)、机械(Machine)、方法(Method)和环境(Environment),简称4M1E,是影响工程质量的主要因素,也是施工质量控制的基本内容。

(1) 人员素质

人员素质包括参与工程施工各类人员的施工技能、文化素养、生理体能、心理行为等方面的个体素质,以及经过合理组织和激励发挥个体潜能综合形成的群体素质。

人是生产经营活动的主体,也是工程项目施工的组织者、管理者、作业者。工程施工的全过程都是通过人来完成的,人员的组织能力、管理能力、作业能力、控制能力、身体素质及职业道德等,都将直接或间接地对施工过程产生影响,从而对工程质量产生不同程度的影响。因此,企业应通过择优录用,加强思想教育及技能方面的教育培训,合理组织、严格考核、并辅以必要的激励机制,使企业员工的潜在能力得到充分的发挥和最好的组合,使施工人员在质量控制系统中发挥主体自控作用。

施工企业必须坚持执业资格注册制度和作业人员持证上岗制度;对所选派的施工项目领导者、组织者进行教育培训,使其质量意识和组织管理能力能满足施工质量控制的要求;对所属施工队伍进行全员培训,加强质量意识的教育和技术训练,提高每个作业者的质量活动能力和自控能力;对分包单位进行严格的资质考核和施工人员的资格考核,其资质、资格必须符合相关法规的规定,并与其分包的工程内容相适应。

(2) 工程材料

工程材料指构成工程实体的各类原材料、构配件、半成品等,是工程质量的基础。工程材料选用是否合理、产品是否合格、材料是否经过检验、保管是否得当等,不仅是提高工程质量的必要条件,也是实现工程项目投资目标和进度目标的前提。

对工程材料进行质量控制的主要内容为:控制材料的性能、标准、技术参数与设计文件的相符性;控制材料、构配件及半成品的各项技术性能指标、检验测试指标与标准规范要求的相符性;控制材料、构配件及半成品进场验收程序的正确性及质量文件资料的完备性;控制优先采用节能低碳的新型工程材料,禁止使用国家明令禁用或淘汰的工程材料等。

(3) 施工机械

施工机械是指施工过程中使用的各类机械设备,包括起重运输设备、土石方施工机械、道路施工机械、桩基施工机械、混凝土施工机械、加工机械、测量仪器、计量器具以及施工安全设施等。施工机械设备是所有施工方案和工法得以实施的重要物质基础,合理选择和正确使用施工机械设备是保证施工质量的重要措施。

1) 对施工所用的机械设备,应根据工程的特点和需要从设备选型、主要性能参数及操作使用要求等方面加以控制,符合安全、适用、经济、可靠和节能、环保等方面的要求。

2) 对施工中使用的模具、脚手架及承重支架等施工设备,除了按适用的标准定型选用外，必须按设计及施工要求进行专项设计，对其设计方案及制作质量的审定、检查及验收应作为重点进行控制。

3）按现行施工管理规范要求，工程所用的施工机械、大型模板、大型脚手架及承重支架，特别是危险性较大的现场安装的起重机械设备，不仅要对其设计安装方案进行审批，而且安装完毕交付使用前必须经专业管理部门验收，合格取证后方可使用。同时，在使用过程中尚需落实相应的管理制度，持证上岗，以确保其安全正常使用。

(4) 工艺方法

工艺方法是指施工现场采用的施工方案，包括技术方案和组织方案。在工程施工中，施工方案的合理性、施工工艺的先进性、施工操作的正确性是直接影响工程质量的关键因素，施工工艺的合理可靠也直接影响到工程的施工安全。因此，在工程项目质量控制系统中，制订和采用技术先进、经济合理、安全可靠的施工技术工艺方案，是工程质量控制的重要环节。对施工工艺方案的质量控制主要包括以下内容：

1）深入正确地分析工程特点、技术关键及环境条件等资料，明确质量目标、验收标准、控制的重点和难点；

2）制订合理有效的有针对性的施工技术方案和组织方案，前者包括施工工艺、施工方法、施工技术措施及质量计划，后者包括施工区段划分、施工流程及资源供应、劳动组织等。

3）合理选用机械设备和临时设施，合理布置施工总平面图和各施工阶段平面布置图。

4）设计和选用保证质量和安全的模具、脚手架、承重支架等施工设备。

5）大力推进采用新技术、新工艺、新材料、新设备、新方法，编制采用新技术、新工艺、新材料、新设备、新方法的专项技术方案和质量管理方案，不断提高工艺技术水平，保证工程质量稳步提高。

6）针对工程具体情况，分析气象、地质、水文及地形地貌等环境因素对施工的影响、制订应对措施。

(5) 环境条件

环境条件是指对工程质量特性起重要作用的环境因素，主要包括施工现场自然环境因素、施工质量管理环境因素和施工作业环境因素。

环境因素对工程质量的影响具有复杂多变和不确定性的特点。如气象条件就变化万千，温度、湿度、大风、暴雨、酷暑、严寒等变化都直接影响工程质量。又如前一个工序往往就是后一工序的环境，前一分项、分部工程也就是后一分项、分部工程的环境。要消除环境因素对施工质量的不利影响，主要是采取预测预防的控制方法。

1）对施工现场自然环境因素的控制

对地质、水文等方面的影响因素，可以根据设计要求，分析工程岩土地质资料。预测不利因素，并会同设计等方面制订相应的措施。采取如基坑排水、降水、地表排水、加固围护等技术控制方案。

对天气气象方面的影响因素，应在施工方案中编制专项方案或应急预案，明确在不利条件下的施工措施或应急措施，落实人员、器材和物资等方面的准备以紧急应对，从而控制其对施工质量的不利影响。

2) 对施工质量管理环境因素的控制

施工质量管理环境因素主要指施工单位质量保证体系、质量管理制度和各参建施工单位之间的协调等因素。主要是根据工程承发包的合同结构理顺管理关系，建立统一的现场施工管理系统和质量管理的综合运行机制，确保质量保证体系处于良好的状态，创造良好的质量管理环境和氛围，使施工顺利进行，保证施工质量。

3) 对施工作业环境因素的控制

施工作业环境因素主要是指施工现场的给水排水条件，各种能源介质供应，施工照明、通风、通信、安全防护设施，工程邻近的地上地下管线、建（构）筑物，施工场地空间条件和通道，以及交通运输、道路条件等因素。要认真贯彻和实施经过审批的施工组织设计和施工方案，落实保证措施，严格执行相关管理制度和施工纪律，保证作业环境条件良好，使施工顺利进行并保证施工质量。

## 2. 施工过程质量控制的基本程序

施工过程的质量控制是一个经由对投入的资源和条件的质量控制（事前控制）进而对生产过程及各环节质量进行控制（事中控制），直到对所完成的工程产出品的质量检验与控制（事后控制）为止的全过程的系统控制过程。因此，施工过程质量控制应贯彻全面、全过程的质量管理思想，运用动态控制原理，实施施工过程质量的事前控制、事中控制和事后控制。

（1）事前质量控制

正式施工前进行的事前主动质量控制的内容有：

1) 技术准备

技术准备包括：熟悉施工图纸，参加设计交底和图纸审查；调查分析工程建设地点的自然条件和技术经济条件；编制项目施工组织设计，质量计划；编制施工图预算和施工预算；编制施工作业技术指导书；绘制各种施工详图；进行必要的技术交底和技术培训。

2) 施工现场准备

施工现场准备包括：现场的"五通一平"；生产和生活临时设施；测量控制网布设；建设单位提供的原始坐标点，基准线和水准点的复测；计量器具的维修和校验；施工现场便道便桥修筑；落实水、电、通信设施；加工场地布置；材料堆场布置；组织材料、机械进场；落实文明施工措施和排水排污措施；编制施工现场管理制度等。

3) 物资准备

物资准备包括：工程原材料、成品、半成品的采购、运输和验收；预制构配件的加工、运输和验收；施工机械设备的准备，生产工艺设备的准备和生产工具的准备等。

4) 组织准备

组织准备包括：建立健全项目管理机构；选择和组织施工队伍；对施工管理人员进行交底培训；对施工队伍进行入场教育等。

通过事前主动质量控制，分析可能导致质量目标偏离的各种影响因素，针对这些影响因素制订有效的预防措施，防患于未然。

事前质量预控必须充分发挥企业的技术和管理方面的整体优势,把长期形成的先进技术、管理方法和经验智慧,创造性地应用于工程项目。

事前质量预控要求针对质量控制对象的控制目标、活动条件、影响因素进行周密分析,找出薄弱环节,制订有效的控制措施和对策。

(2) 事中质量控制

在施工质量形成过程中,对影响施工质量的各种因素进行全面的动态控制,称做事中质量控制,也称施工过程质量控制,包括质量活动主体的自我控制和他人监控的控制方式。自我控制是第一位的,即施工人员在施工过程中对自己质量活动行为的约束和技术能力的发挥,以完成符合预定质量目标的施工任务;他人监控是指施工人员的质量活动过程和结果,接受来自企业内部管理者和企业外部有关方面的检查检验,如工程监理单位监理、政府质量监督部门等的监督。

施工过程质量控制的主要工作有:验收批、分项工程的自检、互检、交接检查;监理工程师的旁站检查和验收;质量监督部门的抽查验收;隐蔽工程验收;测量放样复核;特殊过程控制;材料进场验复试和检验;技术措施交底;施工方案实施与检查、调整;工程变更与技术洽商;施工资源调配;质量控制点的控制与管理;成品保护;工程技术资料和质量文件的编制、收集、整理、归档、保管。

事中质量控制的目标是确保各工程项目质量合格,杜绝质量事故发生;控制的关键是坚持质量标准;控制的重点是验收批、分项工程质量、工作质量和质量控制点的控制。

(3) 事后质量控制

事后质量控制也称为竣工验收质量控制,应做好以下几部分工作。

1) 负荷运行、联动试车。

2) 完成所有施工质量缺陷的整改和处理。

3) 准备竣工验收资料,施工单位自检和预验收。

4) 按规定的质量评定标准和办法,对完成的分项、分部工程、单位工程进行质量评定。

5) 组织竣工验收,其标准是:

① 按设计文件规定的内容和合同规定的内容完成施工,质量满足设计要求和标准规定,能满足生产和使用的要求。

② 主要生产工艺设备已安装配套,联动试车负荷和运行合格,达到设计要求。

③ 交工验收的工程"内净外洁","工完场清"。

④ 工程技术档案资料齐全,符合有关规定。

6) 做好回访保修工作。在保修期内,施工单位应进行回访,由于施工方责任造成的质量问题,施工单位应无偿负责保修。

以上三个质量控制阶段不是互相孤立和截然分开的,它们共同构成了一个有机的系统过程,实际上也是质量管理 PDCA 大循环的具体实践,在每一次滚动循环中不断地总结提高,以达到质量管理和质量控制的持续改进。

### 3. 施工过程质量控制的方法

施工过程质量控制的方法,主要是审核有关技术文件和直接进行现场检查。

(1) 审核有关技术文件

对技术文件的审核,是项目负责人对工程质量进行全面控制的重要手段,其具体内容如下。

1) 审核有关技术资质证明文件;
2) 审核开工报告,并经现场核实;
3) 审核施工方案、施工组织设计和技术措施;
4) 审核有关材料、半成品的质量检验报告;
5) 审核反映验收批和分项工程质量动态的统计资料或控制图表;
6) 审核设计变更、修改图纸和技术核定书;
7) 审核有关质量问题的处理报告;
8) 审核有关应用新工艺、新材料、新技术、新结构的技术鉴定书;
9) 审核有关验收批和分项工程交接检查及工程质量检查记录;
10) 审核并签署现场有关技术签证、文件等。

(2) 现场质量检查

1) 现场质量检查内容

① 开工前检查。目的是检查是否具备开工条件,开工后能否连续正常施工,保证工程质量措施是要得当。

② 验收批和分项工程交接检查;对工程质量有重大影响的验验批和分项工程,在自检、互检的基础上,还要组织专职人员进行交接检查。并经监理工程师验收,否则不得进行下道工序、验验批和分项工程施工。

③ 隐蔽工程检查。凡是隐蔽工程均应验收合格方能隐蔽掩盖。

④ 停工后复工前的检查。因处理质量问题或某种客观原因停工需复工时。应经有关方面检查认可后方能复工。

⑤ 分项、分部工程完工后,应经验收合格,签署验收记录后,才允许进行下道工程项目施工。

⑥ 成品保护检查。检查成品有无保护措施,或保护措施是否可靠有效。

此外,还应经常深入现场,对施工操作质量进行巡视检查;必要时,还应进行跟班或追踪检查。

2) 现场质量检查的方法

现场进行质量检查的方法有目测法、实测法和试验法三种。

① 目测法

即凭借感官进行检查,也称外观质量检查。看工程实体表面是否洁净,密实度和颜色是否均匀一致,外部线形或线条是否和顺,棱角是否分明。手感表面是否平整光滑,敲击是否有空洞起壳等等。

② 实测法

就是通过一定抽样方式采集数据,与施工验收规范、质量标准的要求及允许偏差值进行比照,以此判断质量是否符合要求。一般要量测轴线、标高、断面尺寸、平整度、垂直度、顺直度、坡度、跨度、间距、倾斜度、厚度、深度等。

③ 试验法

是指通过必要的试验手段对质量进行判断的检查方法。主要包括：

A. 理化试验：工程中常用的理化试验包括物理力学性能方面的检验和化学成分及化学性能的测定等两个方面。物理力学性能的检验包括各种力学指标的测定，如抗拉强度、抗压强度、抗弯强度、抗折强度、抗渗抗冻性能、硬度、承载力，以及各种物理性能方面的测定，如密度、含水量、凝结时间、安定性及抗渗、耐磨等。化学成分及化学性质的测定，如钢筋中磷、硫、锰、碳含量，混凝土粗骨料中的活性氧化硅成分，石灰类混合料中活性氧化钙和氧化镁含量，以及抗酸、抗碱、抗腐蚀性等。此外，根据规定还需进行现场检验，如土的含水量、密实度试验，混凝土强度试验、道路基层及面层的压实度、弯沉试验，桩或地基的静载试验，城市管道的水（气）压试验，严密性试验等，给水排水构筑物满水试验和气密性试验。

B. 无损检测：利用专门的仪器仪表探测结构物、材料、设备的内部组织结构或损伤情况，常用的无损检测方法有超声波探测、X 射线探测、γ 射线探测等。常见的探测试验有桩基的小应变检测，桩基的大应变检测，焊缝质量检测，混凝土强度回弹检测等。

## 4. 施工质量计划的编制

质量计划是质量管理体系文件的组成内容。在合同环境下，质量计划是企业向顾客表明质量管理方针、目标及其具体实现的方法、手段和措施的文件，体现企业对质量责任的承诺和实施的具体步骤。在施工企业的质量管理体系中，以施工项目为对象的质量计划称为施工质量计划。

（1）施工质量计划的形式

目前，我国除了重大工程项目需单独编制施工质量计划外，通常将施工质量计划纳入工程项目施工组织设计不再单独编制施工质量计划。

施工组织设计是根据施工生产的技术经济特点，每个工程项目都需要进行施工生产过程的组织与计划，包括施工质量、安全、进度、成本等目标的设定，实现目标的计划和控制措施的安排等。因此，施工质量计划所要求的内容，理所当然地被包含于施工组织设计中，而且能够充分体现施工项目管理目标（质量、工期、成本、安全）的关联性、制约性和整体性，符合全面质量管理的要求。

（2）施工质量计划的基本内容

施工质量计划的内容必须全面体现和落实企业质量管理体系文件的要求，编制程序、内容和编制依据必须符合有关规定，同时结合本工程的特点，在施工质量计划中编写专项管理要求。施工质量计划的基本内容一般应包括：

1）编制依据（可不单列）
2）工程概况、特点及施工条件（合同条件、法规条件和现场条件等）分析（可不单列）
3）质量目标；
4）质量管理组织机构和职责，质量控制系统描述，人员及资源配置；
5）确定施工技术方案和组织方案，确定关键工序和特殊过程及作业指导书；
6）施工材料、设备等物资的质量管理及控制措施；

7) 施工质量检验、检测、试验工作的计划安排及其实施方法与接收准则;
8) 施工质量控制点及其跟踪控制的方式与要求;
9) 质量记录的要求等。

(3) 施工质量计划的编制与审批

1) 施工质量计划的编制

按照"谁实施谁负责"的原则,施工质量计划应由施工承包单位负责编制。针对工程项目具体情况,由项目负责人主持,组织项目部有关人员编制项目施工质量计划。在总分包模式下,施工总承包单位应编制总承包工程范围的施工质量计划;各分包单位编制相应分包范围的施工质量计划,作为施工总承包方质量计划的深化和组成部分。施工总承包方有责任对各分包方施工质量计划的编制进行指导和审核,并承担相应施工质量的连带责任。

施工质量计划涵盖的范围,应与工程项目施工任务的实施范围相一致,应体现从检验批、分项工程、分部工程到单位工程的过程控制,且应体现从资源投入到完成工程质量最终检验和试验的全过程控制,以此保证整个工程项目的施工质量总体受控,满足履行工程承包合同质量责任的要求。工程项目的施工质量计划,应在施工程序、控制组织、控制措施、控制方式等方面形成一个有机的质量计划系统,确保实现工程项目质量目标的控制能力,成为对外质量保证和对内质量控制的依据。

2) 施工质量计划的审批

项目部在完成施工组织设计(包括施工质量计划编制)后,应按照工程施工管理有关程序,报送企业有关管理部门审批。

实施工程监理的工程项目,应按照我国建设工程监理规范的有关规定,施工承包单位应将施工组织设计(包括专项方案)报送项目监理单位审查,并经总监理工程师审核、签认。

## 5. 质量控制点的设置与管理

施工质量控制点的设置是施工质量计划的重要组成内容,施工质量控制点是施工质量控制的重点对象。

(1) 质量控制点的设置

质量控制点应选择技术要求高、施工难度大、对工程质量影响大或是发生质量问题时危害大的对象进行设置。一般选择下列部位或环节作为质量控制点:

1) 对工程质量形成过程产生直接影响的关键部位、工序、环节及隐蔽工程;
2) 施工过程中的薄弱环节,或者质量不稳定的工序、部位或对象;
3) 对下道工序有较大影响的上道工序;
4) 采用新技术、新工艺、新材料的部位或环节;
5) 施工条件困难的或技术难度大的工序和环节;
6) 有过返工返修不良记录的工序。

市政工程主要质量控制点的确定有其规律可循,一般根据施工工序进行设置。表4-1~表4-3分别是城镇道路、桥梁、管道工程控制点设置情况。

城镇道路工程质量控制点参考表    表 4-1

| 序号 | 项目 | | 质量控制点 |
|---|---|---|---|
| 一 | 工程测量 | 1 | 交接桩成果 |
| | | 2 | 施工平面、高程控制测量 |
| | | 3 | 重要点位、线路测设 |
| | | 4 | 测量放线 |
| 二 | 土石方工程 | 1 | 填方土质检查 |
| | | 2 | 填方标高、压实度、平整度检查 |
| | | 3 | 挖方拉槽边坡、底边尺寸 |
| | | 4 | 标高、平整度 |
| 三 | 石灰粉煤灰砂砾路基 | 1 | 材料配合比、强度试验 |
| | | 2 | 拌合、运输质量检查 |
| | | 3 | 试验段压实参数检查 |
| | | 4 | 摊铺标高、平整度检查 |
| | | 5 | 压实遍数、压实度、平整度检查 |
| | | 6 | 养护 |
| 四 | 石灰土路基 | 1 | 灰土配合比、强度试验 |
| | | 2 | 石灰质量及含灰量检查 |
| | | 3 | 现场拌合质量检查 |
| | | 4 | 摊铺标高、平整度检查 |
| | | 5 | 压实遍数、密实度、平整度检查 |
| | | 6 | 养护 |
| 五 | 级配砂石基层 | 1 | 砂石级配试验 |
| | | 2 | 摊铺标高、平整度检查 |
| | | 3 | 压实遍数、密实度、平整度检查 |
| 六 | 水泥稳定土基层 | 1 | 水泥稳定土配合比、强度试验 |
| | | 2 | 水泥、土质量检查 |
| | | 3 | 拌合、运输质量检查 |
| | | 4 | 摊铺标高、平整度检查 |
| | | 5 | 压实遍数、压实度、平整度检查 |
| | | 6 | 接缝处理检查 |
| | | 7 | 养护 |
| 七 | 沥青混凝土面层 | 1 | 沥青混凝土配合比及相关试验 |
| | | 2 | 拌合、运输质量检查 |
| | | 3 | 摊铺标高、平整度检查 |
| | | 4 | 压实遍数、压实度、平整度检查 |
| | | 5 | 接缝处理检查 |
| | | 6 | 路边碾压、检查井标高控制检查 |
| | | 7 | 交通放行 |

续表

| 序号 | 项目 | | 质量控制点 |
|---|---|---|---|
| 八 | 路缘石 | 1 | 基础地基、标高、尺寸检查 |
| | | 2 | 路缘石强度、外观检查 |
| | | 3 | 砌筑方法以及砂浆饱满度、配比、强度 |
| | | 4 | 路缘石直顺度、高程、半径等尺寸检查 |
| | | 5 | 路缘石后背处理检查 |
| 九 | 雨水口 | 1 | 基础处理 |
| | | 2 | 墙体砌砖及周边回填处理 |
| | | 3 | 砖石强度试验检验 |
| | | 4 | 砌筑方法、砂浆饱满度及砂浆配比、强度 |
| | | 5 | 清水墙勾缝（砌体接槎方法） |
| | | 6 | 雨水支管接入处理 |
| | | 7 | 雨水支管安装与包封混凝土浇筑 |
| | | 8 | 雨水箅子安装 |
| 十 | 方砖步道 | 1 | 基层处理与找平检查 |
| | | 2 | 方砖强度、透水性等检查 |
| | | 3 | 方砖铺筑平整度检查 |

**城镇桥梁工程质量控制点参考表** 表 4-2

| 序号 | 项目 | | 质量控制点 |
|---|---|---|---|
| 一 | 工程测量 | 1 | 交接桩成果 |
| | | 2 | 施工平面、高程控制测量 |
| | | 3 | 重要点位、线路测设 |
| | | 4 | 测量放线 |
| 二 | 基础工程 | 1 | 轴线、尺寸、基础底标高、基础顶标高检查 |
| | | 2 | 预埋件与预留孔洞的位置、标高、规格、数量检查 |
| | | 3 | 沉降缝 |
| 三 | 桩基工程（沉入桩） | 1 | 桩身材料、强度试验 |
| | | 2 | 桩位、桩间距、桩身垂直度、接桩质量检查 |
| | | 3 | 桩尖标高、桩尖最终贯入度检查 |
| | | 4 | 桩身检测 |
| 四 | 桩基工程（灌注桩） | 1 | 桩位、桩间距、桩长、桩顶标高、桩径、桩身垂直度、沉渣厚度检查 |
| | | 2 | 钢筋笼沉放检查 |
| | | 3 | 桩身混凝土浇筑、充盈系数质量检查，材料配合比、强度现场试验 |
| | | 4 | 桩身检测 |

续表

| 序号 | 项目 | | 质量控制点 |
|---|---|---|---|
| 五 | 模板工程 | 1 | 轴线、标高、尺寸、线形、拼缝检查 |
| | | 2 | 模板平整度、刚度、强度，支撑系统稳定性检查 |
| | | 3 | 预埋件与预留孔洞的位置、标高、尺寸 |
| 六 | 钢筋工程 | 1 | 钢筋品种、规格、尺寸、数量、复试、弯配质量检查 |
| | | 2 | 钢筋焊接、机械连接、搭接长度、焊缝长度、焊接检测 |
| | | 3 | 钢筋绑扎、安装位置，保护层 |
| | | 4 | 预埋件位置、标高检查 |
| 七 | 混凝土工程 | 1 | 混凝土配合比及相关试验 |
| | | 2 | 水泥品种、强度、安定性 |
| | | 3 | 砂细度模数、含泥量 |
| | | 4 | 石料针片状含量、含泥量 |
| 八 | 混凝土工程 | 5 | 外加剂比例、外掺料检查 |
| | | 6 | 拌合、运输质量检查 |
| | | 7 | 混凝土工作度、混凝土浇筑、振捣 |
| | | 8 | 混凝土养护、混凝土强度 |
| 九 | 预应力工程 | 1 | 张拉设备、预应力筋、锚夹具检验试验 |
| | | 2 | 预埋管道位置、尺寸、连接等检查 |
| | | 3 | 预应力筋编束、穿束检查 |
| | | 4 | 张拉程序、张拉控制应力、伸长率、持荷时间控制 |
| | | 5 | 滑丝数量、孔道灌浆、封锚检查 |
| 十 | 钢结构安装 | 1 | 钢材、焊接材料、高强螺栓检验试验 |
| | | 2 | 焊接工艺评定 |
| | | 3 | 钢材下料、加工，除锈、防腐检查 |
| | | 4 | 钢材组装、焊接检查 |
| | | 5 | 钢桥吊装、现场焊接、高强螺栓安装 |
| | | 6 | 焊缝无损检测 |

**城镇管道工程质量控制点参考表**　　　　表4-3

| 序号 | 项目 | | 质量控制点 |
|---|---|---|---|
| 一 | 混凝土管道安装 | 1 | 沟槽尺寸、标高、支护体系的强度与稳定性 |
| | | 2 | 管材规格、尺寸；基础宽度、厚度、标高 |
| | | 3 | 管底标高，管道安装稳定性、管道水流坡度、管道接口检查 |
| | | 4 | 闭水、闭气试验 |
| | | 5 | 沟槽回填 |
| 二 | 钢管管道安装 | 1 | 沟槽尺寸、标高、支护体系的强度与稳定性 |
| | | 2 | 管材品种、规格、尺寸、焊接材料、钢材检测 |
| | | 3 | 管底标高、坡度、直顺度 |
| | | 4 | 焊接接缝、焊缝无损检测 |
| | | 5 | 防腐处理 |
| | | 6 | 沟槽回填强度 |
| | | 7 | 试验和严密性试验，冲洗 |

续表

| 序号 | 项目 | | 质量控制点 |
|---|---|---|---|
| 三 | 化工建材管道安装 | 1 | 沟槽尺寸、标高、支护体系的强度与稳定性 |
| | | 2 | 管材材质、品种、规格、尺寸、管材环刚度 |
| | | 3 | 管底标高、坡度、管道接口、管身变形检查 |
| | | 4 | 沟槽回填 |
| | | 5 | 严密性试验 |

市政工程其他专业工程可参考上述表进行质量控制点设置。

(2) 质量控制点的控制要素

质量控制点的选择要准确，而后需进一步分析所设置的质量控制点在施工中必须控制的重点质量要素，相应地提出对策措施，进行重点预控和监控，从而有效地控制和保证施工质量。质量控制点的控制要素主要包括以下几个方面。

1) 人的行为

某些分部分项工程或操作重点应控制人的行为，避免人的失误造成质量问题，如对高空作业、水下作业、危险作业、易燃易爆作业、重型构件吊装或多机抬吊、动作复杂而快速运转的机械操作、精密度和操作要求高的工序、技术难度大的工序等，都应从人的生理缺陷、生理活动、技术能力、思想素质等方面对操作者全面进行考核。事前还必须反复交底，提醒注意事项，以免产生错误行为和违纪违章现象。

2) 物的状态。

在某些分部分项工程或操作中，则应以物的状态作为控制的重点。如加工精度与施工机具有关；计量不准与计量设备、仪表有关；危险源与失稳、倾覆、腐蚀、毒气、振动、冲击、火花、爆炸等有关，也与立体交叉、多工种密集作业场所有关等。也就是说，根据不同分部分项工程的特点，有的应以控制机具设备为重点，有的应以防止失稳、倾覆、过热、腐蚀等危险源为重点，有的则应以作业场所作业控制为重点。

3) 材料的质量和性能。

材料的质量和性能是直接影响工程质量的主要因素；尤其是某些工序，更应将材料的质量和性能作为控制的重点。如预应力筋加工，就要求钢筋匀质、弹性模量一致，含硫(S)量和含磷(P)量不能过大，以免产生热脆和冷脆；Ⅳ级钢筋可焊性差，易热脆，用作预应力筋时，应尽量避免对焊接头，焊后要进行通电热处理。又如水泥的质量是直接影响混凝土工程质量的关键因素，施工中就应对进场的水泥质量进行重点控制，必须检查核对其出厂合格证，并按要求进行强度和安定性的复验等。

4) 关键的操作。

如预应力筋张拉，在张拉程序 $0 \rightarrow 1.05\sigma$（持荷 2min）$\rightarrow \sigma$ 中，要进行超张拉和持荷 2min。超张拉的目的，是为了减少混凝土弹性压缩和徐变，减少钢筋的松弛、孔道摩阻力、锚具变形等原因所引起的应力损失；持荷 2min 的目的，是为了加速钢筋松弛的早发展，减少钢筋松弛的应力损失。在操作中，如果不进行超张拉和持荷 2min，就不能可靠地建立预应力值；若张拉应力控制不准，过大或过小，亦不可能可靠地建立预应力值，这均会严重影响预应力的构件的质量。

5) 施工顺序。

有些分项工程或操作,必须严格控制相互之间的先后顺序。如冷拉钢筋,一定要先冷拉后对焊,否则,其焊接性能变差,影响结构安全。

6) 技术间隙。

有些分项工程之间的技术间歇时间性很强,如不严格控制亦会影响质量。如分层浇筑混凝土,必须待下层混凝土未初凝时将上层混凝土浇完;砖墙砌筑后,一定要有6~10d时间让墙体充分沉陷、稳定、干燥,然后才能抹面。

7) 技术参数。

有些技术参数与质量密切相关,亦必须严格控制。如外加剂的掺量,混凝土的水胶比,沥青胶的耐热度,回填土的最佳含水量,灰缝的饱满度,防水混凝土的抗渗标号等,都将直接影响强度、密实度、抗渗性和耐冻性,亦应作为工序质量控制点。

8) 常见的质量通病。

如蜂窝、麻面、渗水、漏水、空鼓、起砂、裂缝等,都与工艺操作有关,均应事先研究对策,提出预防措施。

9) 新工艺、新技术、新材料应用。

当新工艺、新技术、新材料虽已通过鉴定、试验,但施工操作人员缺乏经验,又是初次进行施工时,也必须对其工序操作作为重点严加控制。

10) 质量不稳定、质量问题较多的分项工程。

通过质量数据统计,表明质量波动、不合格率较高的工序,也应作为质量控制点设置。

11) 特殊土地基和特种结构。

对于湿陷性黄土、膨胀土、红黏土等特殊土地基的处理,以及大跨度结构、高耸结构等技术难度较大的施工环节和重要部位,更应特别控制。

12) 施工方法。

施工方法中对质量产生重大影响问题,如水塔、桥塔液压滑模施工中支承杆失稳问题提升速度控制,混凝土被拉裂和坍塌问题,建筑物倾斜和扭转问题;大模板施工中模板组装问题与撑架体稳定等,均是质量控制的重点。

(3) 质量控制点的管理

质量控制点的设置,使质量控制的目标及工作重点更加明晰,有利于施工中施工质量控制点的质量预控工作,包括明确质量控制的目标与控制参数;编制作业指导书和质量控制措施;确定质量检查检验方式及抽样的数量与方法;明确检查结果的判断标准及质量记录与信息反馈要求等。

技术质量负责人质量员要向施工作业班组进行质量控制交底,使每一个控制点上的施工人员明白施工操作规程及质量检验评定标准,掌握施工操作要领;在施工过程中,相关施工管理和质量管理人员要在现场进行重点指导和检查验收。

必须做好施工质量控制点的动态设置和动态跟踪管理。所谓动态设置,是指在工程开工前,经设计交底、图纸会审及编制施工组织设计后,可确定一批质量控制点。随着工程的展开,施工条件的变化,随时或定期进行控制点的调整和更新。动态跟踪是应用动态控制原理,落实专人负责跟踪和记录控制点质量控制的状态和效果,并及时向项目负责人反馈质量控制信息，保持施工质量控制点的受控状态。

对于危险性较大的分部分项工程或特殊施工过程，应由专业技术人员编制专项施工方案或作业指导书，经项目和企业技术负责人审批及签字后执行。超过一定规模的危险性较大的分部分项工程，还要组织专家对专项方案进行论证。施工前，施工员、技术员应做好交底和记录工作，使施工人员在明确工艺标准、质量要求的基础上进行作业。为保证质量控制点的目标实现，应严格按照三级检查制度进行检查控制。在施工中发现质量控制点有异常时，应立即停止施工，召开分析会，查找原因，确定对策，经验证后予以解决。

## （三）市政工程施工质量验收项目的划分

市政工程施工质量检验（收）批、分项、分部和单位工程的划分，应依据工程具体情况，参考表 4-4～表 4-12 进行划分，并应在工程开工前确定。

城镇道路工程的检验批、分项工程、分部工程划分参考表　　　表 4-4

| 分部工程 | 子分部工程 | 分项工程 | 检验批 |
|---|---|---|---|
| 路基 | — | 土方路基 | 每条路或路段 |
| | | 石方路基 | 每条路或路段 |
| | | 路基处理 | 每条处理段 |
| | | 路肩 | 每条路肩 |
| 基层 | — | 石灰土基层 | 每条路或路段 |
| | | 石灰粉煤灰稳定砂砾（碎石）基层 | 每条路或路段 |
| | | 石灰粉煤灰钢渣基层 | 每条路或路段 |
| | | 水泥稳定土类基层 | 每条路或路段 |
| | | 级配砂砾（砾石）基层 | 每条路或路段 |
| | | 级配碎石（碎砾石）基层 | 每条路或路段 |
| | | 沥青碎石基层 | 每条路或路段 |
| | | 沥青贯入式基层 | 每条路或路段 |
| 面层 | 沥青混合料面层 | 透层 | 每条路或路段 |
| | | 粘层 | 每条路或路段 |
| | | 封层 | 每条路或路段 |
| | | 热拌沥青混合料面层 | 每条路或路段 |
| | | 冷拌沥青混合料面层 | 每条路或路段 |
| | 沥青贯入式与沥青表面处治面层 | 沥青贯入式面层 | 每条路或路段 |
| | | 沥青表面处治面层 | 每条路或路段 |
| | 水泥混凝土面层 | 水泥混凝土面层（模板、钢筋、混凝土） | 每条路或路段 |
| | 铺砌式面层 | 料石面层 | 每条路或路段 |
| | | 预制混凝土砌块面层 | 每条路或路段 |

续表

| 分部工程 | 子分部工程 | 分项工程 | 检验批 |
|---|---|---|---|
| 人行道 | — | 料石人行道铺砌面层（含盲道砖） | 每条路或路段 |
| | | 混凝土预制块铺砌人行道面层（含盲道砖） | 每条路或路段 |
| | | 沥青混合料铺筑面层 | 每条路或路段 |
| | | 顶部构件、顶板安装 | 每座通道或分段 |
| | | 顶部现浇（模板、钢筋、混凝土） | 每座通道或分段 |
| 挡土墙 | 砌筑挡土墙 | 地基 | 每道墙体地基或分段 |
| | | 基础（砌筑） | 每道基础或分段 |
| | | 墙体砌筑 | 每道墙体或分段 |
| | | 滤层、泄水孔 | 每道墙体或分段 |
| | | 回填土 | 每道墙体或分段 |
| | | 帽石 | 每道墙体或分段 |
| | | 滤层、泄水孔 | 每道墙体或分段 |
| 附属构筑物 | | 路缘石、雨水支管与雨水口 | 每条路或路段 |

城市桥梁工程的检验批、分项工程、分部工程划分参考表　　表4-5

| 序号 | 分部工程 | 子分部工程 | 分项工程 | 检验批 |
|---|---|---|---|---|
| 1 | 地基与基础 | 扩大基础 | 基坑开挖、地基、土方回填、现浇混凝土（模板与支架、钢筋、混凝土）、砌体 | 每个基坑 |
| | | 沉入桩 | 预制桩（模板、钢筋、混凝土、预应力混凝土）、钢管桩、沉桩 | 每根桩 |
| | | 灌注桩 | 机械成孔、人工挖孔、钢筋笼制作与安装、混凝土灌注 | 每根桩 |
| | | 沉井 | 沉井制作（模板与支架、钢筋、混凝土、钢壳）、浮运、下沉就位、清基与填充 | 每节、座 |
| | | 地下连续墙 | 成槽、钢筋骨架、水下混凝土 | 每个施工段 |
| | | 承台 | 模板与支架、钢筋、混凝土 | 每个承台 |
| 2 | 墩台 | 砌体墩台 | 石砌体、砌块砌体 | 每个砌筑段、浇筑段、施工段或每个墩台、每个安装段（件） |
| | | 现浇混凝土墩台 | 模板与支架、钢筋、混凝土、预应力混凝土 | |
| | | 预制混凝土柱 | 预制柱（模板、钢筋、混凝土、预应力混凝土）、安装 | |
| | | 台背填土 | 填土 | |
| 3 | 盖梁 | | 模板与支架、钢筋、混凝土、预应力混凝土 | 每个盖梁 |
| 4 | 支座 | | 垫石混凝土、支座安装、挡块混凝土 | 每个支座 |
| 5 | 索塔 | | 现浇混凝土索塔（模板与支架、钢筋、混凝土、预应力混凝土）、钢构件安装 | 每个浇筑段、每根钢构件 |
| 6 | 锚锭 | | 锚固体系制作、锚固体第安装、锚碇混凝土（模板与支架、钢筋、混凝土）、锚索张拉与压浆 | 每个制作件、安装件、基础 |

续表

| 序号 | 分部工程 | 子分部工程 | 分项工程 | 检验批 |
|---|---|---|---|---|
| 7 | 桥跨承重结构 | 支架筑混凝土梁（板） | 模板与支架、钢筋、混凝土、预应力钢筋 | 每孔、联、施工段 |
| | | 装配式钢筋混凝土梁（板） | 预制梁（板）（模板与支架、钢筋、混凝土、预应力混凝土）、安装梁（板） | 每片梁 |
| | | 悬臂浇筑预应力混凝土梁 | 0号段（模板与支架、钢筋、混凝土、预应力混凝土）、悬浇段（挂篮、模板、钢筋、混凝土、预应力混凝土） | 每个浇筑段 |
| | | 悬臂拼装预应力混凝土梁 | 0号段（模板与支架、钢筋、混凝土、预应力混凝土）、梁段预制（模板与支架、钢筋、混凝土）、拼装梁段、施加预应力 | 每个拼装段 |
| | | 顶推施工混凝土梁 | 台座系统、导梁、梁段预制（模板与支架、钢筋、混凝土、预应力混凝土）、顶推梁段、施加预应力 | 每节段 |
| | | 钢梁 | 现场安装 | 每个制作段、孔、联 |
| | | 结合梁 | 钢梁安装、预应力钢筋混凝土梁预制（模板与支架、钢筋、混凝土、预应力混凝土）、预制梁安装、混凝土结构浇筑（模板与支架、钢筋、混凝土、预应力混凝土） | 每段、孔 |
| | | 拱部与拱上结构 | 砌筑拱圈、现浇混凝土拱圈、劲性骨架混凝土拱圈、装配式混凝土拱部结构、钢管混凝土拱（拱肋安装、混凝土压注）、吊杆、系杆拱、转体施工、拱上结构 | 每个砌筑段、安装段、浇筑段、施工段 |
| | | 斜拉桥的主梁与拉索 | 0号段混凝土浇筑、悬臂浇筑混凝土主梁、支架上浇筑混凝土主梁、悬臂拼装混凝土主梁、悬拼钢箱梁、支架上安装钢箱梁、结合梁、拉索安装 | 每个浇筑段、制作段、安装段、施工段 |
| | | 悬索桥的加劲梁与缆索 | 索鞍安装、主缆架设、主缆防护、索夹和吊索安装、加劲梁段拼装 | 每个制作段、安装段、施工段 |
| 8 | | 顶进箱涵 | 工作坑、滑板、箱涵预制（模板与支架、钢筋、混凝土）、箱涵顶进 | 每坑、每制作节、顶进节 |
| 9 | | 桥面系 | 排水设施、防水层、桥面铺装层（沥青混合料铺装、混凝土铺装—模板、钢筋、混凝土）、伸缩装置、地袱和缘石与挂板、防护设施、人行道 | 每个施工段、每孔 |
| 10 | | 附属结构 | 隔声与防眩装置、梯道（砌休；混凝土地——模板与支架、钢筋、混凝土；钢结构）、桥头搭板（模板、钢筋、混凝土）、防冲刷结构、照明、挡土墙▲ | 每砌筑段、浇筑段、安装段、每座构筑物 |
| 11 | | 装饰与装修 | 水泥砂浆抹面、饰面板、饰面砖和涂装 | 每跨、侧、饰面 |
| 12 | | 引道▲ | | |

注：表中"▲"项应符合国家现行标准《城镇道路工程施工与质量验收规范》CJJ1—2008的相关规定。

**给水排水构筑物工程检验批、分项工程、分部工程划分参考表**　　表 4-6

| 单位工程/分项工程 (子单位) | | 构筑物工程或按独立合同承建的水处理构筑物、管渠、调蓄构筑物、取水构筑物、排放构筑物 | |
|---|---|---|---|
| 分部(子分部)工程 | | 分项工程 | 验收批 |
| 地基与基础工程 | 土石方 | 围堰、基坑支护结构(各类围护)、基坑开挖(无支护基坑开挖、有支护基坑开挖)、基坑回填 | 1. 按不同单体构筑物分别设置分项工程(不设验收批时);<br>2. 单体构筑物分项工程视需要可设验收批;<br>3. 其他分项工程可按变形缝位置、施工作业面、标高等分为若干个验收部位 |
| | 地基基础 | 地基处理、混凝土基础、桩基础 | |
| 主体结构工程 | 现浇混凝土结构 | 底板(钢筋、模板、混凝土)、墙体及内部结构(钢筋、模板、混凝土)、顶板(钢筋、模板、混凝土)、预应力混凝土(后张法预应力混凝土)、变形缝、表面层(防腐层、防水层、保温层等的基面处理、涂衬)、各类单体结构构筑物 | |
| | 装配式混凝土结构 | 预制构件现场制作(钢筋、模板、混凝土)、预制构件安装、圆形构筑物缠丝张拉预应力混凝土、变形缝、表面层(防腐层、防水层、保温层等的基面处理、涂衬)、各类单体结构构筑物 | |
| | 砌筑结构 | 砌体(砖、石、预制砌体)、变形缝、表面层(防腐层、防水层、保温层等的基面处理、涂衬)、护坡与护坦、各类单体结构构筑物 | |
| | 钢结构 | 钢结构现场制作、钢结构预拼装、钢结构安装(焊接、栓接等)、防腐层(基面处理、涂衬)、各类单体构筑物 | |
| 附属构筑物工程 | 细部结构 | 现浇混凝土结构(钢筋、模板、混凝土)、钢制构件(现场制作、安装、防腐层)、细部结构 | |
| | 工艺辅助构筑物 | 混凝土结构(钢筋、模板、混凝土)、砌体结构、钢结构(现场制作、安装、防腐层)、工艺辅助构筑物 | |
| | 管渠 | 同主体结构工程的"现浇混凝土结构、装配式混凝土结构、砌筑结构" | |
| 进、出水管渠 | 混凝土结构 | 同附属构筑物工程的"管渠" | |
| | 预制管铺设 | 同《给水排水管道工程施工与验收规范》GB 50268—2008 | |

注:1. 单体构筑物工程包括:①取水构筑物(取水头部、进水涵渠、进水间、取水泵房等单体构筑物);②排放构筑物(排放口、出水涵渠、出水井、排放泵房等单体构筑物);③水处理构筑物(泵房、调节配水池、蓄水池、清水池、沉砂池、工艺沉淀池、曝气池、澄清池、滤池、浓缩池、消化池、稳定塘、涵渠等单体构筑物);④管渠;⑤调蓄构筑物(增压泵房、提升泵房、调蓄池、水塔、水柜等单体构筑物);
2. 细部结构指:主体构筑物的走道平台、梯道、设备基础、导流墙(槽)、支架、盖板等的现浇混凝土或钢结构;对于混凝土结构,与主体结构工程同时连续浇筑施工时,其钢筋、模板、混凝土等分项工程验收,可与主体结构工程合并;
3. 各类工艺辅助构筑物指:各类工艺井、管廊桥架、闸槽、水槽(廊)、堰口、穿孔、孔口、斜板、导流墙(板)等;对于混凝土和砌体结构,与主体结构工程同时连续浇筑、砌筑施工时,其钢筋、模板、混凝土、砌体等分项工程验收,可与主体结构工程合并;
4. 长输管渠的分项工程应按管段长度划分成若干个分项工程验收批,验收批、分项工程质量验收记录表式同《给水排水管道工程施工及验收规范》GB 50268—2008 表 B.0.1 和表 B.0.2;
5. 管理用房、配电房、脱水机房、鼓风机房、泵房等的地面建筑工程同《建筑工程施工质量验收统一标准》GB 50300—2013 附录 B 规定。

给水排水管道工程检验批、分项工程、分部工程划分参考表　　表 4-7

| 单位工程（子单位工程） | | | 开（挖）槽施工的管道工程、大型顶管工程、盾构管道工程、浅埋暗挖管道工程、大型沉管工程、大型桥管工程 | |
|---|---|---|---|---|
| 分部工程（子分部工程） | | | 分项工程 | 验收批 |
| 土方工程 | | | 沟槽土方（沟槽开挖、沟槽支撑、沟槽回填）、基坑土方（基坑开挖、基坑支护、基坑回填） | 与下列验收批对应 |
| 明挖施工预制管道 | 预制管开槽施工主体结构 | 金属类管、混凝土类管、预应力钢筒混凝土管、化学建材管 | 管道基础、管道接口连接、管道铺设、管道防腐层（管道内防腐层、钢管外防腐层）、钢管阴极保护 | 可选择下列方式划分：①按流水施工长度；②排水管道按检井段；③给水管道按一定长度连续施工段或自然划分段（路段）；④其他便于过程质量控制方法 |
| 暗挖与现浇施工管道 | | 管渠（廊）现浇钢筋混凝土管渠、装配式混凝土管渠、砌筑管渠 | 管道基础、现浇钢筋混凝土管渠（钢筋、模板、混凝土、变形缝）、装配式混凝土管渠（预制构件安装、变形缝）、砌筑管渠（砖石砌筑、变形缝）、管道内防腐层、管廊内管道安装 | 每节管渠（廊）或每个流水施工段管渠（廊） |
| | 不开槽施工主体结构 | 工作井 | 工作井围护结构、工作井 | 每座井 |
| | | 顶管 | 管道接口连接、顶管管道（钢筋混凝土管、钢管）、管道防腐层（管道内防腐层、钢管外防腐层）、钢管阴极保护、垂直顶升 | 顶管顶进：每 100m；垂直顶升：每个顶升管 |
| | | 盾构 | 管片制作、掘进及管片拼装、二次内衬（钢筋、混凝土）、管道防腐层、垂直顶升 | 盾构掘进：每 100 环；二次内衬：每施工作业断面；垂直顶升：每个顶升管 |
| | | 浅埋暗挖 | 土层开挖、初期衬砌、防水层、二次内衬、管道防腐层、垂直顶升 | 暗挖：每施工作业断面；垂直顶升：每个顶升管 |
| | | 定向钻 | 管道接口连接、定向钻管道、钢管防腐层（内防腐层、外防腐层）、钢管阴极保护 | 每 100m |
| | | 夯管 | 管道接口连接、夯管管道、钢管防腐层（内防腐层、外防腐层）、钢管阴极保护 | 每 100m |
| | 沉管 | 组对拼装沉管 | 基槽浚挖及管基处理、管道接口连接、管道防腐层、管道沉放、稳管及回填 | 每 100m（分段拼装按每段，均不大于 100m） |
| | | 预制钢筋混凝土沉管 | 基槽浚挖及管基处理、预制钢筋混凝土管节制作（钢筋、模板、混凝土）、管节接口预制加工、管道沉放、稳管及回填 | 每节预制钢筋混凝土管 |
| | | 桥管 | 管道接口连接、管道防腐层（内、外层外防腐层）、桥管管道 | 每跨或每 100m；分段拼装按每跨或每段，均不大于 100m |

续表

| 分部工程（子分部工程） | 分项工程 | 验收批 |
|---|---|---|
| 附属构筑物工程 | 井室（现浇混凝土结构、砖砌结构、预制拼装结构）、雨水口及支连管、支墩 | 同一结构类型的附属构筑物不大于10个 |

注：1. 大型顶管工程、大型沉管工程、大型桥管工程及盾构、浅埋暗挖管道工程，可设独立的单位工程；
2. 大型顶管工程：指管道一次顶进长度大于300m的管道工程；
3. 大型沉管工程：指预制钢筋混凝土管沉管工程；对于成品管组对拼装的沉管工程，应为多年平均水位水面宽度不小于200m，或多年平均水位水面宽度100～200m之间，且相应水深不小于5m；
4. 大型桥管工程：总跨长度不小于300m或主跨长度不小于100m；
5. 土方工程中涉及地基处理、基坑支护等，可按现行国家标准《建筑地基基础工程施工质量验收规范》GB 50202—2002等相关规定执行；
6. 桥管的地基与基础、下部结构工程，可按桥梁工程规范的有关规定执行；
7. 工作井的地基与基础、围护结构工程，可按现行国家标准《建筑地基基础工程施工质量验收规范》GB 50202—2002、《混凝土结构工程施工质量验收规范》GB 50204—2011、《地下防水工程质量验收规范》GB 50208—2011、《给水排水构筑物工程施工及验收规范》GB 50141—2008等相关规定执行。

**城市供热工程检验批、分项工程、分部工程划分参考表** 表4-8

| 分部工程名称 | 子分部工程名称 | 分项工程名称 | 备注 |
|---|---|---|---|
| 土建工程 | 土方工程 | 沟槽土方（沟槽开挖、沟槽支撑、沟槽回填）排水、降水 | |
| | 地基基础 | 地基处理 | |
| | 现浇混凝土结构 | 底板（钢筋、模板、混凝土）、墙体及内部结构（钢筋、模板、混凝土）、顶板（钢筋、模板、混凝土）变形缝、防水层等基面处理、预埋件及预制构件安装，各类单体构筑物 | |
| | 砌体结构 | 砌体（砖、预制砌块）、变形缝、表面层、防水层等基面处理、预制盖板、预埋件及预制构件安装 | |
| | 顶管 | 管道接口连接、顶管管道（钢筋混凝土管、钢管）、工作井、顶进、注浆 | |
| | 浅埋暗挖 | 工作井、初期支护、防水、钢筋混凝土结构（二衬）、预埋件（预留管、洞） | |
| 热机工程 | 钢管安装 | 钢管焊接、支座安装、钢管安装、钢管法兰焊接、螺栓连接 | |
| | 支架安装 | 固定支架、滑动支架 | |
| | 管道附件安装 | 胀力、套筒、伸缩器等附件安装 | |
| | 管道系统试验 | 水压试验、气压试验等严密性试验 | |
| | 除锈防锈 | 喷砂除锈、酸洗除锈、清洗、晾干、刷防锈漆 | |
| | 管道保温 | 保温层、工厂化树脂保温壳、保护层 | |
| | 管道冲洗 | 吹洗管道 | |
| | 热力井室设备安装 | 安装热力井室设备及调试 | |

城市轨道交通工程检验批、分项工程、分部工程划分参考表　　　表4-9

| 分部工程名称 | 子分部工程名称 | 分项工程名称 | 备注 |
|---|---|---|---|
| 开槽施工主体结构 | 土方工程 | 沟槽土方（沟槽开挖、沟槽支撑、沟槽回填）排水、降水 | |
| | 基础 | 地基处理、地基加固、垫层、桩基础等 | |
| | 防水工程 | 防水材料（防水板等）、缓冲材料（无纺布）、止水带 | |
| | 现浇混凝土结构 | 底板（钢筋、模板、混凝土）、墙体及内部结构（钢筋、模板、混凝土）、顶板（钢筋、模板、混凝土）、变形缝、表面层、（防腐层、保温层等的基面处理、涂衬）、各类预埋件、预留孔洞 | |
| | 装配式预制构件安装 | 侧墙与顶部构件预制 | |
| | | 地基 | |
| | | 防水 | |
| | | 基础（模板、钢筋、混凝土） | |
| | | 墙板、顶板安装 | |
| 不开槽施工主体结构 | 盾构 | 盾构进出工作井、管片制作、掘进及管片拼装、二次内衬（钢筋、混凝土）、管道防腐层、注浆 | |
| | 浅埋暗挖 | 土层开挖、初期衬砌、防水层、二次内衬（混凝土结构）、通道防腐层、预埋件、预留管、洞 | |
| 附属构筑物工程 | 通信信号系统 | 安装通信信号系统设备 | |
| | 给水排水系统 | 安装给水排水系统设备 | |
| | 电力照明系统 | 安装电力系统设备 | |
| | 通风系统 | 安装通风系统设备 | |
| | 交通安全设施 | 安装交通安全设施 | |

城市燃气工程检验批、分项工程、分部工程划分参考表　　　表4-10

| 分部工程名称 | 子分部工程名称 | 分项工程名称 | 备注 |
|---|---|---|---|
| 土方工程 | 土方工程 | 沟槽土方（沟槽开挖、沟槽支撑、沟槽回填）排水、降水 | |
| | 基础 | 地基处理、砂垫层 | |
| | 现浇混凝土结构 | 底板（钢筋、模板、混凝土）、墙体（钢筋、模板、混凝土）、顶板（钢筋、模板、混凝土）防水层等基面处理、预埋件及预制构件安装，各类单体构筑物 | |
| | 砌体结构 | 砌体（砖、预制砌块）、防水层等基面处理、预制盖板、预埋件及预制构件安装 | |
| | 顶管 | 管道接口连接、顶管管道（钢筋混凝土管、钢管）、工作井、顶进、注浆 | |
| 管道主体工程 | 钢管安装 | 安管、凝水器制作安装、调压箱安装、支吊架及附件制作与安装、管道清扫、拉膛、通球等 | |
| | 聚乙烯管铺设 | 热熔对接连接、电熔连接、钢塑过渡接头金属端与钢管焊接、法兰栓接 | |
| | 防腐绝缘 | 管道防腐施工、阴极保护、绝缘板安装等 | |

续表

| 分部工程名称 | 子分部工程名称 | 分项工程名称 | 备注 |
|---|---|---|---|
| 管道主体工程 | 闸室设备安装 | 闸阀、伸缩器、放散管等 | |
| | 管道附件安装 | 管道附件安装、安装凝水器及调压箱、抗渗处理等 | |
| | 管道系统试验 | 强度试验、管道严密性试验 | |
| | 警示带敷设 | 敷设警示带 | |

**生活垃圾处理工程检验批、分项工程、分部工程划分参考表** 表4-11

| 分部工程 | 子分部工程 | 分项工程 | 备注 |
|---|---|---|---|
| 土方工程 | 土方工程 | 沟槽土方（沟槽开挖、沟槽支撑、沟槽回填）基坑、基槽土方（基坑开挖、基坑支护、基坑回填）排水、降水 | |
| 主体结构工程 | 护坡工程 | 锚杆、塑料网、土工布、钢筋、锚喷混凝土 | |
| | 地下水导排系统设施 | 卵石导排层、花管卵石导排渠 | |
| | 防渗层设施 | 黏土层、膨润土层、高密度聚乙烯膜 | |
| | 渗沥液导排系统设施 | 卵石导排层、花管卵石导排渠 | |
| | 泵房设备安装 | 泵房设备及阀部件安装调试 | |
| 附属工程 | 垃圾焚烧发电 | 依据设计 | |
| | 污水处理工程 | 依据设计 | |
| | 其他 | | |

**市政基础设施机电设备安装工程检验批、分项工程、分部工程划分参考** 表4-12

| 分部工程 | 子分部工程 | 分项工程 | 备注 |
|---|---|---|---|
| 水厂及污水处理厂设备安装工程 | 取水厂设备安装 | 配水溢流井、泵房、调流阀室、加氯间、地下水深井泵站混合反应池、沉淀池、滤池、设备间、活性炭再生间、臭氧发生器、加药间、加氯间、加氨间、配水泵房等设备安装及调试 | |
| | 污水处理厂设备安装 | 格栅间、初治池、生物氧化池、治池、消化池、回流泵房、污泥处理厂等设备安装及调试 | |
| | 控制、监控系统 | 控制、监控系统安装调试 | |
| 热源厂设备安装工程 | 锅炉及辅助设备安装 | 锅炉钢架及平台扶梯、锅炉及集箱、受热面、本体管道及阀部件、水压试验、烘、煮炉等 | |
| | 汽轮机及辅助设备安装 | 汽轮机、辅助设备安装及调试等 | |
| | 给水处理系统安装 | 软水设备、除氧设备、管道及阀部件安装及调试 | |
| | 燃烧系统安装 | 燃烧设备、管道及阀部件安装及调试 | |
| | 热水循环系统安装 | 管道及阀部件安装及系统调试 | |
| | 检修工艺设备安装 | 车床、机床等机修设备安装 | |
| | 燃料输送系统安装 | 锅炉运煤设备、燃油输送设备、燃气输送设备及附件安装、调试等 | |

续表

| 分部工程 | 子分部工程 | 分项工程 | 备注 |
|---|---|---|---|
| 热源厂设备安装工程 | 除渣除尘系统安装 | 锅炉吹灰装置、灰渣排除装置、除尘装置及附件安装、调试等 | |
| | 防腐保温 | 防腐保温施工 | |
| 燃气厂、站设备安装工程 | 天然气门站（接收站）设备安装 | 清管系统、气体分析系统、加臭系统、过滤系统、计量系统、调压系统、放散系统等设备安装 | |
| | 燃气输（储）配厂设备安装 | 清管系统、处理净化系统、过滤系统、计量系统、调压系统、加压系统、储存系统设备安装 | |
| | 燃气调压站设备安装 | 过滤系统、计量系统、调压系统、放散系统设备安装 | |
| | 燃气加气站设备安装 | 处理净化系统、压缩系统、储存、计量系统、放散系统设备安装 | |
| | 液化储备、罐瓶厂设备安装 | 接取系统、储存系统、装卸系统、输送系统、灌装系统、倒残系统设备安装 | |
| | 液化气气化混气站设备安装 | 装卸系统、储存系统、气化系统、混气系统、调压系统设备安装 | |
| | 其他 | | |

## （四）施工质量事故的处理方法

### 1. 质量事故的分类

工程质量事故是指由于建设、勘察、设计、施工、监理等单位违反工程质量有关法律法规和工程建设标准，使工程产生结构安全、重要使用功能等方面的质量缺陷，造成人身伤亡或重大经济损失的事故。

工程质量事故具有成因复杂、后果严重、种类繁多、往往与安全事故共生的特点。

按照住房和城乡建设部《关于做好房屋建筑和市政基础设施工程质量事故报告和调查处理工作的通知》（建质〔2010〕111号），根据工程质量事故造成的人员伤亡或者直接经济损失，工程质量事故分为4个等级：

（1）特别重大事故，是指造成30人以上死亡，或者100人以上重伤，或者1亿元以上直接经济损失的事故；

（2）重大事故，是指造成10人以上30人以下死亡，或者50人以上100人以下重伤，或者5000万元以上1亿元以下直接经济损失的事故；

（3）较大事故，是指造成3人以上10人以下死亡，或者10人以上50人以下重伤，或者1000万元以上5000万元以下直接经济损失的事故；

（4）一般事故，是指造成3人以下死亡，或者10人以下重伤，或者100万元以上1000万元以下直接经济损失的事故。

该等级划分所称的"以上"包括本数，所称的"以下"不包括本数。

## 2. 施工质量事故的原因分析

施工质量事故发生的原因一般有下面四大类：

（1）技术原因

技术原因即质量事故是由于在工程项目设计、施工中因技术上的失误所造成。例如，设计考虑不周、设计计算错误，结构构造不合理，计算简图不正确，验算荷载取值偏下限，内力分析不当，变形缝及界面缝设置不当；对水文地质情况勘察有缺失，导致提供的地质资料与数据不全，地质勘察未能全面反映地基的实际情况，地质勘察报告不详细。以及采用了不适当的施工方法或施工工艺，包括对软弱土、回填土、湿陷性黄土、熔岩、溶洞等不均匀地基未进行加固处理或处理不当等，均是导致质量问题和质量事故的原因。

（2）管理原因

管理原因即质量事故是由于管理上的不完善或失缺失误所造成。例如违背工程项目建设程序；设计图审查有缺失或未按图施工；施工准备不充分仓促开工；不按有关操作规程作业，缺乏基本结构知识盲目施工；质量管理体系不完善，检验制度不严密，质量控制不严格，质量管理措施落实不力，不按有关施工规范施工；检测仪器设备管理不善而失准；材料和构配件检验与验收不严、保管不当；施工管理混乱，施工方案不当、倒序施工；组织措施不当，技术交底不到位；违章作业等等，都是导致质量问题和质量事故的成因。

（3）社会与经济原因

社会与经济原因即质量事故是由于经济因素及社会上存在的弊端和不正之风，造成建设中的错误行为，而导致出现质量事故。如，某些施工企业盲目追求利润对工程质量不够重视；在投标报价中随意压低标价，中标后则依靠分包或修改方案，甚至偷工减料；为了追求施工进度，降低施工成本，改变施工方案，施工技术措施不当等，这些因素往往会导致出现重大工程质量事故，必须予以重视。

（4）人为事故和自然灾害原因

即质量事故是由于人为的设备事故、安全事故导致质量事故，例如，起重设备故障造成梁体损坏等。以及由于自然条件或自然灾害例如雷电、大风、暴雨、洪水、台风、潮汐、地震等等不可抗力造成的质量问题和质量事故。施工中应特别引起重视，要制订应急预案，采取有效措施尽可能减小对质量的影响和损失。

## 3. 施工质量事故的处理

（1）施工质量事故的处理程序

施工质量事故处理的程序如图 4-1 所示。

（2）事故调查

1）事故调查报告

事故发生后，项目负责人应立即向企业负责人和工程建设单位负责人报告事故的状况，保护现场并积极开展事故救援工作，防止事态扩展。企业负责人和工程建设单位负责人应

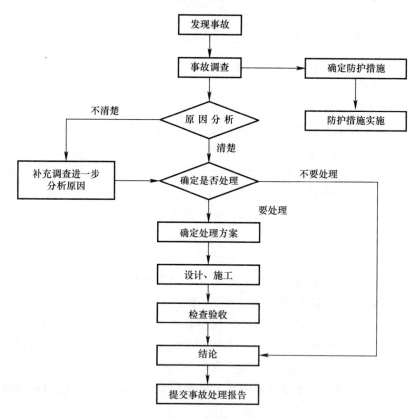

图 4-1 施工质量事故处理的程序

于接到报告后 1 小时内向事故发生地县级以上人民政府住房和城乡建设主管部门及有关部门报告。并组织开展初步事故调查。事故的初步调查应力求及时、客观、全面,以便为事故的分析与处理提供正确的依据。初步的调查结果要整理撰写成事故调查快报,其主要内容包括:事故发生的时间、地点、工程项目名称、工程各参建单位名称;事故发生的简要经过,伤亡人数(包括下落不明的人数)和初步估计的直接经济损失;事故的初步原因;事故发生后采取的措施及事故控制情况;事故报告单位、联系人及联系方式;其他应当报告的情况等。

事故的正式调查处理应在有关的主管部门的授权或委托下,组成事故调查小组。在核查事故项目的基本情况及核实事故发生的基本情况的基础上,依据国家有关法律法规和工程建设标准分析事故的原因,必要时组织对事故项目进行检测鉴定和专家技术论证,进而认定事故的性质和事故责任,提出对事故责任单位和责任人员的处理建议,总结事故教训,提出防范和整改措施,提交事故调查报告。

2)事故的原因分析

必须在事故情况调查和深入了解的基础上,对调查、了解所得到的数据、资料进行仔细、认真地分析研究,去伪存真,找出造成事故的主要原因。避免情况不明就主观推断事故原因,给事故处理带来困难。

3)确定事故处理方案

事故的处理要建立在原因分析的基础上,并广泛地听取专家及有关方面的意见,经科学论证,决定事故是否进行处理和怎样处理。在制订事故处理方案时,应做到安全可靠、技术可行、不留隐患、经济合理、具有可操作性、满足工程项目的功能和使用要求。

4) 事故处理

根据确定的质量事故处理的方案,对质量事故进行认真的处理。处理的内容主要包括:事故的技术处理,以解决施工质量不合格和缺陷问题;事故的责任处罚,根据事故的性质、损失大小、情节轻重对事故的责任单位和责任人作出相应的行政处分直至追究刑事责任。

5) 事故处理的鉴定验收

质量事故的处理是否达到预期的目的,是否依然存在隐患,应当通过检查鉴定和验收作出确认。事故处理的质量检查鉴定,应严格按施工验收规范和相关的质量标准的规定进行,必要时还应通过实际量测、试验和仪器检测等方法获取必要的数据,以便准确地对事故处理的结果作出鉴定。

6) 提交事故处理报告

事故处理完毕后,必须尽快地提交完整的事故处理报告,其内容包括:

① 事故项目及各参建单位概况;

② 事故发生经过和事故救援情况;

③ 事故造成的人员伤亡和直接经济损失;

④ 事故项目有关质量检测报告和技术分析报告;

⑤ 事故发生的原因和事故性质;

⑥ 事故责任的认定和事故责任者的处理建议;

⑦ 事故防范和整改措施。

(3) 事故处理

1) 施工质量事故处理的基本要求

① 质量事故的处理应达到安全可靠、不留隐患、满足生产和使用要求、施工方便、经济合理的目的;

② 重视消除造成事故的原因,注意综合治理;

③ 正确确定处理的范围,正确选择处理的时间和方法;

④ 加强事故处理的检查验收工作,认真复查事故处理的实际情况;

⑤ 确保事故处理期间的安全。

2) 施工质量事故处理的基本方法

① 修补处理

当工程的某些部分的质量虽未达到标准规定或设计要求,存在一定的缺陷,但经过修补后可以达到所要求的质量标准,又不影响使用功能或外观的要求时,可采取修补处理的方法。例如某些混凝土结构表面出现蜂窝、麻面,经分析评估,该部位采用修补处理后,不会影响其使用及外观。对混凝土结构局部出现的意外损伤,如结构受撞击、局部未振实、冻害、火灾、酸类腐蚀等,当这些损伤仅仅在结构的表面或局部,不影响其使用和外观,可进行修补处理。对于混凝土结构出现的裂缝,经分析评估,如果不影响结构的安全和使用时,也可采取修补处理:当裂缝宽度不大于 0.2mm 时,可采用表面密封法;当裂缝宽度大于 0.3mm 时,采用嵌缝密闭法;当裂缝较深时,则应采取灌浆修补的方法。

② 加固处理

加固处理主要是针对影响结构物承载力和强度的质量缺陷的处理。通过对缺陷的加固处理，使结构恢复或提高承载力及强度，重新满足结构安全性与可靠性的要求，使结构能继续使用或改作其他用途。对混凝土结构常用加固的方法有：增大截面加固法、外包型钢加固法、粘钢加固法、增设支点加固法、增设碳纤维加固法、预应力加固法等。

③ 返工处理

当验收批或分项工程质量缺陷经分析评估后不能满足所定的质量标准要求，并对其他工程项目质量验收有影响时，则必须采取返工处理。例如，某道路路堤填筑压实后，其压实土的干密度未达到规定值，经核算将影响路堤的稳定和沉降变形，须挖除压实不合格土层，重新填筑，将质量缺陷消灭在萌芽状态，返工的路堤质量可以重新评定。如某桥梁承台的混凝土浇筑时掺入木质素磺酸钙减水剂，因施工管理不善，掺量超出控制量，导致混凝土坍落度大于180mm，石料下沉，混凝土离析，浇筑后28小时后仍未凝固硬化，28天的混凝土实际强度仅为规定强度的32%，必须及早拆除，返工重浇。

④ 限制使用

当工程质量缺陷采取修补处理后，仍无法保证达到规定的使用要求和安全要求，但是不具备返工处理条件时，应由有关方面作出诸如结构卸荷、减荷以至限制使用的决定。

⑤ 不作处理

某些工程质量问题虽然没能达到设计要求或标准规定，但经鉴定认为：对工程或结构的使用及安全影响很小，经过分析、验算、论证，在检测单位试验报告和设计单位认可条件下可不作专门处理。一般可不作专门处理的情况有以下几种：

A. 不影响结构安全、生产工艺和使用要求的。例如，有的工程项目出现测量放样的偏差，且严重超过标准规定，若要纠正会造成重大经济损失；但经过分析、论证其偏差不影响生产工艺和正常使用，在外观上也无明显影响，可不作处理。又如，某些部位的混凝土表面的裂缝，经检查分析，属于养护不当的表面干缩微裂，不影响结构使用功能，可不作处理。

B. 下道分项工程可以弥补的质量缺陷。例如，混凝土结构表面的轻微麻面，可通过后续的装饰装修分项工程等弥补，也可不作处理。再比如，道路基层表面的平整度偏差达到25mm，但由于后续沥青面层的施工可以弥补，也可不作处理。

C. 法定检测单位鉴定合格的。例如，某验收批混凝土试块强度值不满足规范要求，强度不足，但经检测单位对混凝土实体强度进行实际检测或试验，其实际强度达到规范规定和设计要求值时，可不作处理。

D. 构筑物出现的质量缺陷，经检测鉴定达不到设计要求，但经原设计单位核算，仍能满足结构安全和使用功能。例如，预制构件截面尺寸有偏差，对结构承载力，有一定影响但按实际情况进行复核验算后仍能满足设计要求的极限承载力时，可不进行专门处理。这种做法实际上是挖掘设计潜力或降低设计的安全系数，应谨慎处理。

⑥ 报废处理

出现质量事故的工程项目，通过分析评估，采取上述处理方法后仍不能满足设计要求或标准规定，且严重影响工程项目的使用功能和安全性，则必须予以报废处理。

# 五、施工安全与文明施工管理

## （一）市政工程施工安全危险源的分类及防范重点

### 1. 施工安全危险源的分类

市政工程施工现场重大危险源一般按事故发生的类型和部位进行分类。

（1）按事故发生的类型分类。市政工程施工现场的事故类型也是以市政施工的"五大伤害"为主，即高处坠落事故、触电伤害事故、物体打击事故、机械伤害事故、施工坍塌事故。

这五类事故是最容易造成群死群伤的事故类型，也是市政工程施工现场存在的常见安全危险源。其他安全危险源还有中毒、爆炸、火灾。

（2）按事故发生的部位分类。市政工程施工中事故发生概率较高的分部分项工程主要包括：深基坑工程、超高跨模板支护工程、脚手架工程、起重机械（装拆、吊装）工程、施工临时用电、"四口"与"五临边"、悬挂作业、人工挖孔桩等。

1) 深基坑工程包括开挖深度超过5m的沟槽和基坑，或深度虽未超过5m，但沟槽和基坑开挖影响范围内有重要建（构）筑物、住宅楼或有需要严加保护的市政管线的基坑。包括：施工方案、临边防护、坑壁支护、排水措施、坑边荷载、上下通道、土方开挖、基坑支护变形监测和作业环境等。主要危害为坍塌、高处坠落、物体打击。

2) 超高跨、超重、大跨度模板支护工程包括：高度超过8m，或跨度超过18m，或施工总荷载大于$10kN/m^2$，或集中线荷载大于$15kN/m$的模板支护工程。包括：施工方案、支撑系统、立柱稳定、施工荷载、模板存放、支拆模板、模板验收、混凝土强度、运输道路和作业环境等。主要危害为坍塌、高处坠落、物体打击。

3) 脚手架工程包括：搭设高度在20m以上的落地式脚手架；悬挑脚手架；高度在6.5m以上、均布荷载大于$3kN/m^2$的满堂红脚手架；附着式整体提升脚手架。主要危害为坍塌、高处坠落、物体打击。

4) 起重机械（吊装、装拆）工程。起重机械主要是指物料提升机、人货两用梯、架桥机和轮式、履带式、龙门式、塔式起重机，包括：起重机吊装施工作业和起重机械本体的安装、顶升、拆除作业。主要危害为坍塌（倾覆）、高处坠落、起重伤害。

5) 施工临时用电的外电保护、接地接零保护系统、配电线路、配电箱、开关箱、现场照明、变配电装置等安全保护（如：漏电、绝缘、接地接零、一机一闸）等不符合设计要求和规范规定，造成人员触电、局部火灾等意外。主要危害为触电、火灾。

6) "四口"与"五临边"市政工程施工安全方面所说的"四口"即通道口、预留洞口、检查井口和桩孔口。"五临边"指的是：基坑四周临边、墩台临边、桥面板临边、构筑物平台临边、栈桥栈道临边。"四口""五临边"的情况下，因安全防护设施缺失或不符合要求，人员未配系安全带（防护绳）等，造成人员踏空、滑倒、失稳等意外。主要危害是坍塌、高处坠落、物体打击。

7）悬挂施工作业。主要指吊篮（高架桥）作业、桥梁防撞墩、挑檐施工和塔身修饰作业等。主要危害有高处坠落、物体打击。

8）基坑坍塌。随着城市地下工程的发展，施工坍塌正在成为另一大伤害事故。基坑坍塌事故主要表现为：现场浇混凝土梁、板的模板支撑失稳倒塌，沟槽边坡失稳引起土石方坍塌，基坑围护结构的质量低劣导致坍塌，暗挖隧道掌子面失稳和地面坍塌，拆除工程中的坍塌。

9）市政工程桩基施工在特定条件下采用人工挖孔桩，由于孔内通风排气不畅，会造成人员窒息或气体中毒；桩孔围护不符合要求会导致塌孔掩埋施工人员；桩孔口安全维护措施不当，会发生人员高处坠落等意外。

10）仓库、食堂和临时宿舍。施工用易燃易爆化学物品临时存放或使用不当、防护不到位，造成火灾或人员中毒意外；工地因饮食卫生不符合标准，造成集体中毒或疾病；宿舍电器施工不当，引起火灾、爆炸等事故。

## 2. 施工安全危险源的识别

（1）施工现场与人的不安全行为有关的危险源

能够使系统发生故障或发生性能不良的事件的个人的不安全因素和违背安全要求的错误行为有关的危险源或因素。

1）个人的不安全因素，包括人员的心理、生理、能力中所具有不能适应工作、作业岗位要求的影响安全的因素。

2）人的不安全行为，即指能造成事故的人为错误，是人为地使系统发生故障或发生性能不良事件，是违背设计和操作规程的错误行为。

（2）施工现场与物的不安全状态有关的危险源

能导致事故发生的物质条件，包括机构设备或环境所存在的不安全因素和危险源。

1）物不安全状态的内容包括：物本身存在的缺陷；防护保险方面的缺陷；物的放置方法的缺陷；作业环境场所的缺陷；外部的和自然界的不安全状态；作业方法导致的物的不安全状态；保护器具信号、标志和个体防护用品的缺陷。

2）物的不安全状态的类型包括：防护等装置缺陷；设备、设施等缺陷；个人防护用品缺陷；生产场地环境的缺陷。

（3）施工现场与作业环境的不安全状态有关的危险源

1）场地属性的不安全状态包括：现场周边围挡防护，毗邻建筑、通道保护，对高压线和地下管线保护，现场功能划分及设施情况，现场场地和障碍物，现场道路、排水和消防设施，临建和施工设施，临电线路、电气装置和照明装置，洞口和临边防护设施，现场警戒区，深基坑、深沟槽，起重吊装区域，预应力张拉，拆除施工，爆破作业，特种作业和危险作业场所等的不安全状态。

2）状态属性的不安全状态包括：临时建筑，脚手架、模板和承重支架，起重、垂直和水平运输机械，易燃易爆、有毒材料，高处作业，施工机械、电动工具和其他施工设施安全防护、保险装置等不安全状态。

3）作业属性的不安全状态包括：隧道、洞室作业，起重安装作业，整体升降作业，拆除作业，电气作业，电热法作业，电、气焊作业，压力容器和有限空间作业，高处和架上作业，预应力作业，模板、支架、脚手架装拆作业，深基坑支护作业，顶进移位作业，混凝土浇筑作业等不安全状态。

（4）施工现场与管理缺陷有关的危险源

组织管理上的缺陷，它也是事故潜在的不安全因素，作为间接的原因构成的危险源主要包括：施工队伍资格不符合要求，违规分包或转包，建设费用不足，现场管理不到位，安全责任制不健全，未进行安全教育培训等。

因此，营造良好的安全工作氛围是减少和消除不安全行为存在和滋长的重要条件。

### 3. 施工安全危险源的防范重点

（1）脚手架工程安全防范重点

脚手架（含支架）是市政工程施工中必不可少的空中作业工具，在结构模板支护、钢梁吊装和设备安装中都需要根据操作要求搭设脚手架，脚手架是施工现场事故频发的部位，也是安全防范的重点环节。

1）脚手架材质的要求

① 钢管

脚手架用钢管应采用外径不小于48mm，壁厚不小于3.5mm，无严重锈蚀、弯曲、变形或有裂纹的钢管，且应有产品质量合格证明资料；施工前必须涂防锈漆，作为支架（脚手架）用时严禁打孔；杆件不得钢木混搭。

② 扣件

采用可锻造铸铁制作的扣件，其材质应符合现行国家标准《钢管脚手架扣件》GB 15831—2006 的规定。新扣件必须有生产合格证。旧扣件使用前应进行质量检查，凡有裂纹、变形的严禁使用，出现滑丝的螺栓必须更换。不得使用镀锌钢丝和其他材料绑扎。

③ 脚手板

脚手板可采用钢、木、竹制材料，每块重量不宜大于30kg。

冲压新钢脚手板，必须有产品质量合格证。板长度为1.5～3.6m，厚2～3mm，肋高50mm，宽230～250mm，其表面锈蚀斑点直径不大于5mm，并沿横截面方向不得多于3处。脚手板一端应压连卡口，以便铺设时扣住另一块的端部，板面应冲有防滑圆孔。

木脚手板应采用杉木或松木制作，其长度为2～6m，厚度不小于50mm，宽度230～250mm，不得使用有腐朽、裂缝、斜纹及大横透节的板材。两端应设直径4mm的镀锌钢丝箍两道。

竹编脚手板采用毛竹制作，其宽度主要为0.8m和1m，长度为1.2～1.8m不等，不得使用有腐朽、松散、断条或缺条的竹制脚手板。

④ 安全网

平网宽度不得小于3m，立网宽（高）度不得小于1.2m，长度不得大于6m，菱形或方形网目的安全网，其网目边长不得大于8cm，必须使用锦纶、维纶、涤纶等材料，严禁使用损坏或腐朽的安全网和丙纶网。密目安全网只准做立网使用。

2) 脚手架安全作业的基本要求

① 脚手架搭设或拆除作业人员必须经过安全技术培训考核合格，持有特种作业证的专业架子工担任。上岗人员应定期进行体检，凡不适合高处作业者不得上脚手架操作。

② 搭拆脚手架时，操作人员必须戴安全帽、系安全带、穿防滑鞋、佩戴工具袋，工具用后装于袋中，不要放在架子上，以免掉落伤人。脚下应铺设必要数量的脚手板，并应铺设平稳，且不得有探头板。

③ 脚手架搭设前，应制订施工方案和搭设的安全措施，进行安全技术交底。对于高大异形的脚手架，应报企业技术负责人审批后才能搭设。

④ 脚手架搭设安装前应由施工负责人及技术、安全等有关人员先对基础、架体的承重部位共同进行验收；搭设安装后应进行分段验收，特殊脚手架须由企业技术部门会同安全、施工管理部门验收合格后方可使用。验收要定量与定性相结合，验收合格后应在脚手架上悬挂合格牌，且在脚手架上明示使用单位、监护管理单位和责任人。施工阶段转换时，对脚手架重新实施验收手续。未搭设完的脚手架，非架子工一律不准上架作业。

⑤ 作业层上的荷载应符合设计要求，不得超载。不得在脚手架上集中堆放模板、钢筋等物件，不得放置较重的施工设备（如电焊机等），严禁在脚手架上拉缆风绳和固定、架设模板及混凝土泵送管等，严禁安装或悬挂起重设备。

⑥ 脚手架搭设作业时，应形成基本构架单元的要求逐排、逐跨和逐步地进行搭设。矩形周边脚手架宜从其中的一个角开始向两个方向延伸搭设，确保已搭设部分稳定。架设材料要随上随用，以免放置不当时掉落，可能发生伤人事故。在脚手架上进行电气电焊作业时，应有防火潜施和设置灭火机等，并有专人监护看守。在脚手架上作业人员应作好分工和配合，不要用力过猛，以免引起身体或杆件失衡。

⑦ 操作层必须设置上杆为1.2m和中杆0.6m高的两道防护栏杆，底部设置180mm高的挡脚板，挡脚板应与立杆固定，并有一定的机械强度。

工地临时用电线路架设及脚手架的接地、避雷措施，脚手架与架空输电线的水平与垂直安全距离等应按行业标准《施工现场临时用电安全技术规范》JGJ 46—2005 的有关规定执行。钢管脚手架上安装照明灯时，电线不得接触脚手架，并要做绝缘处理。

⑧ 临近施工通道、作业区，以及临街搭设的脚手架外侧应有防护措施，以防坠物伤人。在搭拆作业进行中，地面应当设置围栏和警戒标志，并派专人进行监护，严禁非操作人员入内。作业时地面上的配合人员应避开可能落物的区域。

⑨ 在脚手架使用过程中，应定期对脚手架及其地基基础进行检查和维护。特别是下列情况下，必须进行检查：

A. 作业层上施工加荷载前；

B. 遇大雨或六级大风后；

C. 寒冷地区开冻后；

D. 停用时间超过一个月；

E. 如发现有倾斜、下沉、松扣、崩扣等现象等，应当及时进行修理和维护。

大雾、大雨、雪天和六级以上的大风时，不得进行脚手架上的高处作业。雨、雪天后作业，必须采取防滑措施。

（2）模板工程安全防范重点

1）模板作业场地

① 施工现场应当设置模板加工的作业场地，作业场地内严禁烟火，并必须符合相关的安全要求。设置木料、钢模、模板半成品的分类堆放区（点），废料堆集区域等，四周应当设置围栏进行隔离。场内的平面布置，应做到统筹安排，合理布局。

② 模板作业场地应搭设作业棚，修有防火通道，配备足够数量的消防器材。作业人员均应了解防火要求，会使用防火器材，有相应的防火知识。

③ 木料、钢模、模板半成品等应分类堆放，摆放平稳。模板或成材的堆垛高一般不高于1.8m，垛距不少于1m。场地的设置应避开高压线路。

④ 每天作业结束下班前，应将锯末、木屑、刨花等易燃杂物清除干净，并运出加工作业场地进行妥善处理。

2）模板施工前的准备工作

① 模板施工前，现场施工负责人应向有关作业人员进行安全交底。

② 做好模板及构件进场加工、堆放、运输等的安全施工准备工作，排除模板施工现场的不安全因素。

③ 支模和堆放场地夯实平整，电源线路与电箱到位，漏电保护装置齐全，现场安全防护设施齐全，切实做好施工作业的安全施工准备工作。

3）模板施工的安全要求

① 基础及地下工程模板安装，作业前必须检查沟或槽基坑土壁边坡的稳定状况，槽（坑）上口边沿1m以内不得堆放模板及材料。向槽（坑）内运送模板构件时，严禁抛掷。应使用溜槽或起重机械运送，下方操作人员必须远离危险区域。

② 高处作业工程模板安装，作业高度在2m及以上时就按照高处作业安全技术规范的要求进行操作和防护，要有安全可靠的操作架子；在4m及二层以上操作时周围应设安全网、防护栏杆。在临街及交通要道施工的应设警示标志，避免伤及行人。

③ 操作人员上下通行，应通过马道、扶梯等，不准攀登模板或脚手架上下，不准在构筑物顶部或无防护栏的模板面上行走。

④ 在高处作业架子和平台上一般不宜堆放模板、材料等，若短时间堆放时，一定码放平稳，控制在架子或平台的允许荷载范围内。

⑤ 高处支模作业应当使用工具袋，不能随意将工具袋、模板零件放在脚手架上，以免坠落伤人。

⑥ 模板支架安装过程中处于不安全状态时，其工作不得有间歇。柱头、搭头、立柱支撑、拉杆等必须安装牢固或形成整体后，作业人员才允许离开。

⑦ 支设悬挑形式的支架模板时，应有可靠的立足点；支设临空构筑物模板时，应搭设临时操作支架。模板上有预留洞时，应在安装后将洞口盖没。

⑧ 在支架模板上施工作业时，堆物不宜过多，不宜集中一处。大模板的堆放应有防倾措施。

⑨ 雨期施工时，高耸结构的模板作业要安装避雷设施。冬季时对操作地点和走道的冰

雪要事先清除掉，避免人员滑倒摔伤。5级以上大风天气，不宜进行大模板拼装和吊装作业。

⑩ 在架空输电线路下进行模板施工，如果不能停电，应采取隔离防护措施，其安全操作距离应符合《施工现场临时用电安全技术规范》JGJ 46—2005 的要求。

4）大模板（钢模板）工程

市政设施由于结构单体结构大，外观要求高等原因，往往采用大体积的钢模板，施工中应当遵守下列安全规定：

① 大模板的放置时，堆放场地应事先进行平整和硬化处理，必要时应设警戒隔离和安全标志。下面不得有施工临时电源电线和其他管线。

② 模板的叠放和运输时，垫木应上下对齐，绑扎牢固；运输时车上严禁坐人。

③ 大模板组装或拆除时，指挥、拆除和挂钩人员，应站在安全可靠的地方才可操作，严禁任何人随大模板起吊，安装外模板的操作人员应系安全带。

④ 大模板应设操作平台、上下梯道、防护栏杆等设施。大模板安装就位后，为方便浇筑混凝土，应在模板顶部安装操作平台或走道，严禁在作业人员直接站在大模板顶部进行作业。

⑤ 模板安装就位后，应采取防止触电的保护措施，由专人将大模板串联起来，并同电气接地装置接通，防止漏电伤人。

⑥ 当风力5级时，仅允许吊装10m及以下模板和构件。风力超过5级时，应当停止吊装作业。

5）现浇整体式模板工程

① 支模应严格按施工工序进行，支撑系统应分阶段检查验收。模板及其支撑系统应安装牢固、可靠，严防倾覆。

② 模板在运输安装、拆除过程中，要放稳接牢，防止倒塌或坠落伤人。使用起重机吊装运输单片立柱模板时，应采用卡环与立柱模板连接，严禁用钢筋代替，以防立柱模板翻转时脱钩造成事故，待模板立稳并拉好支撑，方可摘取卡环。严禁在模板连接件和支撑杆件上攀登上下，严禁在同一垂直面上安装模板。侧墙模板在安装对拉螺栓前，板面向后倾斜一定角度并撑牢，以防倒塌。安装过程中随时拆换支撑或增加支撑，以保持侧墙模板处于稳定状态。模板未支撑稳固前不得松开卡环。承重盖梁底模板的安装，应在支架搭设稳固验收合格后进行。

③ 支设高度在3.0m以上的立柱模板和盖梁模板时，四周必须设牢固支撑，应搭设操作平台或脚手架；不足3.0m的可使用板凳作业，不准站在立柱模板上操作；超过4.0m时宜采用钢管式脚手架或门式脚手架；超过6.0m时宜先搭设支架后支模两者相互配合。立柱模板应连成整体后，采用起重机械进行吊装安装。

用钢管和扣件搭设双排立柱作为梁模支架支承时，扣件应拧紧，立杆与横杆的间距应按施工方案设计规定搭设，严禁随意增大。

模板支架上下层支撑立杆应在同一条垂直线上，偏差符合规定。底层支模地基应夯实平整，承载力符合施工方案要求。立杆下面应垫通长垫板或型钢。冬季不能在冻土或潮湿地面上支立杆。

6）拆模的安全要求

① 模板拆除的顺序和方法，应根据施工方案的规定进行，一般按"先支后拆"，"后

支先拆","先拆非承重模板,后拆承重模板"以及"自上而下"的原则进行。混凝土强度符合要求和规定后方可按拆除方式进行。

② 拆模作业时,必须设置警戒区域,并派专人进行监护,严禁下方有人进入。拆模必须拆除干净彻底,不得留有悬空模板。

拆模高处作业,应配置登高用具或搭设脚手架,必要时应系安全带。模板拆除前作业人员要事先检查所使用的工具是否完好牢固。拆除3m以上的模板时,应搭设脚手架或操作平台,并设有防护栏杆。拆除时应逐块拆卸,不得成片松动、撬落和拉倒。严禁作业人员站在悬臂结构上面敲拆底模。

③ 模板拆除一般应在模板松开后用长撬棍轻轻撬动,使之与混凝土面分开,严禁作业人员站在正在拆除模板上,或在同一垂直面上进行拆除模板。拆模作业人员必须站在平稳牢固可靠的地方,保持自身平衡,不得猛撬,以防失稳坠落。

顶板小钢模板拆除时,严禁将支架立杆全部拆除后,一次性拉拽拆除。已拆除活动的模板,必须一次连续拆除完,方可停歇,严禁留下安全隐患。

大型孔洞模板拆除时,下层必须搭设安全网等可靠的防坠落措施。

④ 严禁使用吊机直接吊附后没有撬松的模板,吊运大型整体模板时必须栓结牢固,且吊点平衡,吊装、运输大模板时必须用钢丝绳与卡环连接,就位后必须摆放平稳后方可卸除吊钩。

⑤ 模板拆除间隙应将已活动的模板、拉杆、支撑等固定牢固,严防突然掉落、倒塌等意外伤人。

⑥ 高处拆下的材料,严禁向下抛掷拆下的模板、拉杆、支撑等材料,必须边拆、边清、边运、边码垛。模板拆除后其临时堆放处离构筑物的边沿不应小于1m,堆放高度不得超过1m,临边口、通道口、脚手架边缘严禁堆放任何拆除下的物件。

(3) 桩基工程安全防范重点

桩基施工应采取安全措施避免对地下管线的破坏;沉入桩施工安全控制主要包括桩的制作、桩的吊运与堆放和沉入施工等。混凝土灌注桩施工安全控制涉及施工场地、护筒埋设、护壁泥浆、钻孔施工、钢筋笼制作与安装和混凝土浇筑等。

1) 桩基施工中对市政管线保护

① 开工前,对施工影响范围的地下管线采用坑探或物探方法进行调查和复核。与地下管线管理等单位联系,现场查明地下管线的确切位置。

② 绘制施工影响范围内地下管线平面布置图、断面位置关系图,与管理单位协商,编制地下管线保护技术措施,如:采取悬吊、支护、顶托、加护套等措施。

③ 作业前,向操作人员进行地下管线位置及保护措施进行安全、技术交底。

④ 施工中,项目部应派专人对地下管线进行现场监护,必要时请管理单位派员现场监护和指导。注重对架空线路的保护工作。桩机和吊机顶部上方2m范围内不准有任何架空障碍物,如有架空线路必须采取相应安全技术保护措施。

2) 沉入桩施工安全控制要点

① 混凝土桩制作

吊环必须采用未经冷拉的Ⅰ级热轧钢筋制作,严禁以其他钢筋代替。加工成型的钢筋笼、钢筋网和钢筋骨架等应水平放置。码放高度不得超过2m，码放层数不宜超过3层。

② 钢桩制作

钢桩制作场地宜采用平整、坚实、不积水的刚性地面。气割加工、焊接作业现场应按规定配置消防器材，周围10m范围内不得堆放易燃易爆物品。

气割、焊接操作人员必须经专业培训，持证上岗。焊接前必须要办理用火申报手续，经消防管理人员检查确认，颁发用火证后，方可进行焊接作业。

③ 桩的吊运、堆放

预制混凝土桩起吊时混凝土应达到设计强度75%以上。桩的堆放场地应平整、坚实、不积水。混凝土桩支点应与吊点在一条竖直线上，堆放时应上下对准，堆放层数不宜超过4层。钢桩堆放支点应布置合理，防止变形，并应采取防滚动措施，堆放高度不得超过3层。钢桩吊装应由具有吊装施工经验的施工技术人员主持。吊装作业必须由信号工指挥。

④ 沉桩施工

施工场地应平整坚实，坡度不大于3%，沉桩机应安装稳固，并设缆绳，保持机身稳定。

（4）基坑（槽）支护安全防范重点

1）地下水控制

土体内含水量过大，是造成基坑失稳的一项重要因素，因此在开挖前，对基坑土体内含水量过大的工程，必须做事先降水措施，以疏干加固坑内土体，达到增大土体的抗剪强度。开挖时，在基坑边界四周地面，设置排水沟，避免漏水、渗水进入坑内。基坑开挖期间，地下水控制也属于基坑支护的一部分，地下水控制方法可分为集水明排、降水、截水和回灌等形式单独或组合使用。

2）施工方案

① 基础施工前必须进行地质勘探和了解地下管线情况，根据土质情况和基础深度编制专项施工方案。施工方案应与施工现场实际相符，能指导实际施工。其内容包括：放坡或支护结构设计、机械选择、开挖顺序和分层开挖深度、坡道位置、坑边荷载、降水排水措施及监测要求等。

② 基础施工应进行支护，基坑深度超过5m的对基坑支护结构必须按有关标准进行设计计算，有设计计算书和施工图纸。施工方案必须经企业技术负责人审批后，方可实施。

3）临边防护

基坑临边设置高1.2m护栏，深度超过2m的基坑还应设置密目式安全网做封闭式防护。临边护栏与基坑边的距离不小于50cm。

4）坑壁支护

坑槽边坡、支护方法和管线的加固措施应符合专项施工方案的要求。施工中，根据支护结构的变形，及时采取相应的加固措施。

5）排水措施

基坑周边应设置有效的排水、降水设施。坑外井点降水应注意沉降对邻近建筑物影响，采取相应的预防、加固措施。

6）坑边荷载

基坑边堆土、堆料、机械施工和距基坑边距离等应符合有关规定和施工方案的要求。

根据现场情况，对基坑壁支护、地面等采取有效加固、补强措施。

7）上下通道

基坑应设置专用通道供作业人员上下。通道结构应牢固可靠，数量、位置满足施工要求并符合有关安全防护规定。

8）土方开挖

进场机械应由企业设备、安全部门检查验收合格后施工，做好记录。机械操作人员应持证上岗，执行安全技术操作规程。

土方开挖方法应按方案规定进行，基底土层不得超挖、破坏。机械作业位置应稳定、安全，挖土机作业半径范围内严禁人员进入。

9）基坑支护变形监测

基坑支护结构应按照方案要求进行监测，对毗邻建筑物和重要管线、道路应进行沉降观测，并有观测记录。

10）作业环境

基坑内作业人员应有稳定、安全的立足处。垂直、交叉作业时应设置安全隔离防护措施。夜间或光线较暗的施工应设置足够的照明。

(5) 预应力施工安全防范重点

1）预应力钢束（钢丝束、钢绞线）张拉施工前，应做好下列工作：

划分张拉作业区，设置警告标志，无关人员严禁入内。

锚环和锚夹具应认真仔细检查，经检验合格后，方可使用。后张拉法张拉时，混凝土强度应达到设计要求强度后，方可张拉。

检查张拉设备工具（千斤顶、油泵、压力表、油管、顶契器及液压控制阀等）是否符合施工安全的要求。高压油泵与千斤顶之间的连接点各接口必须完好无损，螺母应拧紧。油泵开动时，进、退速度与压力表指针升降保持一致，并做到平稳、均匀。安全阀应灵敏可靠。

张拉两端应设便捷的通信设备，操作人员要确定联络信号。

2）在已拼装或现浇的箱梁进行张拉作业，应事先搭设张拉平台，保证张拉作业平台、千斤顶支架搭设牢固，平台四周设防护栏。高处作业设上下扶梯及安全网。施工的吊篮，应安装和悬挂牢固，配置安全保险设施。

3）张拉时，应集中精力，看准仪表，记录准确无误。若出现异常现象（如油表振动剧烈，漏油，电机声音异常，发生断丝、滑丝等），应立即停机进行检查。千斤顶的对面及后面严禁站人，作业人员应站在千斤顶的两侧，以防锚具及销子弹出伤人。

4）张拉钢束完毕，退销时，应采取安全防护措施，防止销子弹出伤人。卸销子时不得强击。尚未灌浆前，梁端应设围护和挡板，以防锚夹片滑丝钢束弹出伤人。严禁撞击锚具、钢束及钢筋。不得在梁端附近作业或休息。

5）先张法施工，台座的强度、刚度和稳定性应满足施工要求。浇筑混凝土时，振捣器不得撞击钢丝（钢束）。

6）精轧螺纹钢筋张拉前，除对张拉台座检查外，还应锚具、连接器进行试验检查。

7）预应力钢筋冷拉时，在千斤顶的端部及非张拉端部均不得站人，以防钢筋断裂，螺母滑脱，张拉设备出现事故而伤人。

钢筋张拉或冷拉时，螺丝端杆、套筒螺丝必须有足够的长度，夹具应有足够的夹紧力，防止锚夹不牢，滑出伤人。

8) 管道压浆前应调整好安全阀。压浆时，应严格按照规定压力进行，操作人员戴防护眼镜等防护用品。关闭阀门时，作业人员站在侧面，以确保安全。

(6) 起重吊装作业安全防范重点

1) 根据吊装构件的大小、质量，选择适宜的吊装方法和起重设备，不准超负荷吊装。简支梁安装起吊中，墩顶的作业人员要暂时离开，禁止作业人员站在墩台上指挥或平行作业。构件吊至墩顶时，应慢速、平稳地缓落。

2) 吊钩的中心线，必须通过吊体的重心，严禁倾斜吊卸构件。吊装偏心构件时，应使用可调整偏心的吊具进行吊装。安装的构件必须平起稳落，就位准确，与支座密贴。

3) 起吊大型及有突出边棱的构件时，钢丝绳与构件接触的拐角处应设垫衬。起吊时，离地 0.2～0.3m 后暂停，经检查安全可靠后，方可继续起吊。

4) 装配式构件（梁、板）的安装，应制订安装施工方案，并建立统一的指挥系统。施工难度和危险性较大的作业项目应组织施工技术、指挥、作业人员进行培训。所有起重设备都应符合国家关于特种设备的安全规程，并进行严格管理。在实际作业中，要严格执行下列规定：

① 吊装前，应检查安全技术措施及安全防护设施等是否齐备，检查机具设备，构件的重量、长度及吊点位置等是否符合设计要求，严禁无准备的盲目施工。

② 施工所需的脚手架、作业平台、防护栏杆、上下梯道、安全网必须齐备。深水施工，应备救护用船。

③ 旧钢丝绳，在使用前，应检查其破损程度。每一节距内折断的钢丝，不得超过 5%。对于大型构件的吊装宜使用新的钢丝绳，使用前进行检验。

④ 重大的吊装作业，应进行现场试吊，确定无误后，方可进行正式吊装作业。施工时，项目负责人、技术负责人及专职安全员应在现场亲自指挥和监督。

⑤ 遇有大风及雷雨等恶劣天气时，停止作业。

5) 单导梁、墩顶龙门架安装构件时，应按照下列规定执行：

① 导梁组安装时，各节点应连接牢固，在桥跨中推进时，悬臂部分不得超过已拼好导梁全长度的 1/3。

② 墩顶或临时墩顶导梁通过的导轮支座应牢固可靠。导梁接近导轮时，应采取渐进的方法进入导轮。导梁到位后，千斤顶顶升，将导梁置于稳定的枕木上。

③ 导梁上的轨道应平行等距铺设，不同规格的钢轨接头应平顺，不得错台。

④ 墩顶龙门架使用托架托运时，托架两端应保持平衡平稳，行进速度应缓慢。龙门架落位后立即与墩顶预埋件连接，并系好缆绳。

⑤ 构件装车后，牵引行进速度不得大于 5m/min。构件起吊横移就位后，应加设支撑、垫木，以保持构件稳定。龙门架顶横移动轨道的两端应设置制动枕木或制动装置。

6) 架桥机安装梁件时，应遵守下列规定：

① 架桥机组拼，悬臂牵引中的平衡稳定及机具配备等，均应产品使用说明书和施工

方案要求进行。

② 架桥机就位后,为保持前后支点的稳定,应用方木支垫。前后支点处,还应用缆绳封固于墩顶两侧。

③ 构件在架桥机上纵、横移动时,应平缓进行,卷扬机操作人员应管好指挥信号协同动作。

④ 全幅宽架桥机吊装的边梁就位前,墩顶的作业人员应暂时避开。

⑤ 横移不能一次到位的构件,操作人员应将滑道板、落梁架准备好,待构件落入后,再进入作业点进行构件顶推(或牵引)横移等工作。

7)T 梁、箱梁、简支梁、板等构件吊装时,应遵守下列要求:

① 根据吊装作业时的起重吨位、作业半径以及相应起重机设备的起重特性表正确选用适当的起重机型。并留有适当的起重作业能力的储备量。

② 起重机应在平坦坚实的地面上作业、行走或停放。在作业时,应与沟渠、基坑保持安全距离。特别是在桥梁承台边缘处或原土基上作业时,一定要保证支承面有足够的强度和稳定性,必要时应当铺设路基箱板或厚钢板。

③ 作业时,起重机的变幅应低速平稳,严禁在起重臂未停稳前变换挡位;起重机载荷达到允许荷载的 90% 时,严禁下降起重臂;严禁同时进行两种及以上动作;升降动作应慢速进行

④ 双机抬吊作业时,应选用起重性能相似的起重机组合。抬吊时应统一指挥,动作应配合协调,载荷应分配合理,单机的起重载荷不得超过允许载荷的 80%。在吊装过程中,两台起重机的吊钩应保持垂直状态。

⑤ 起重机如需负载移动时,载荷不得超过允许起重量的 70%,所经道路应坚实平整,重物应在起重机正前方向,重物离地面不得大于 50mm,并应拴好拉绳,缓慢行驶;应避免急转、急停、急刹等动作,以防起重机倾覆。

⑥ 起重机在作业过程中,应全程开启力矩限位器(或控制电脑),确保作业全过程都在设备的安全使用范围进行操作,动作平稳缓速。

8)拆除龙门架时,龙门架底部应垫实,并在龙门架顶部拉好缆绳,安装临时连接梁。

9)在大型吊装连续作业过程中,人员应进行适当休整,避免长时间处于高度紧张状态,并检查、保养、维修吊装设备。

(7)施工用电安全防范重点

施工现场临时用电的安全管理是防范重点。目前施工现场临时用电方面存在通病主要有:专用保护零线形同虚设;漏电保护开关成了摆设;一个开关多路接线;电线电缆拖地敷设等。安全防范重点有以下几个方面。

1)保护接零与保护接地系统

① 保护零线(PE 线)由工作接地线、配电室(总配电箱)或总漏电保护器电源侧引出。

② 同一供电系统内不得同时采用接零保护和接地保护两种方式。

③ 所有电气设备的金属外壳、配电箱柜的金属框架、门,人体可能接触到的金属支撑、底座、架体,电气保护管及其配件等均应与保护零线做牢固电气连接。

④ 照明灯具的金属外壳应接零保护，单相回路的照明开关箱内应设漏电保护器。

2) 三级配电、两级保护

①三级配电应分级设置，即总配电箱下，设分配电箱，分配电箱以下设开关箱，开关箱用来接设备，形成三级配电。

② 两级漏电保护器的参数相匹配，可按如下方法选择：分配电箱可选 100～200mA，但不得超过 30mA·s 的限值；开关箱处不大于 30mA，额定漏电动作时间应小于 0.1s；用于潮湿的漏电保护器其额定漏电动作电流应不大于 15mA，额定漏电动作时间应小于 0.1s。

③ 空气开关不能用做隔离开关，必须选用肉眼可以辨别分断点的开关。

3) 一机、一闸、一箱、一漏

"一机一闸一箱一漏"是指每台电气设备必须单独使用各自专用的一个开关电器、一个漏电保护器，严禁一个开关直接控制两台及以上用电设备。

箱内开关应有用电设备编号及名称的标签，接线端子应牢固压接，严禁虚接。

4) 电器设备的设置

同一级电箱内，动力和照明线路分路设置，照明线路宜接在动力开关上侧。

配电箱、开关箱应装设在干燥通风及常温的场所，周围应有足够两人同时工作的空间，周围不得堆放任何有碍操作、维修的物品。

配电箱、开关箱内的工作零线，通过接线端子板连接，并与保护零线端子板分设，配电箱的外壳均作保护接零。重复接地电阻值都不得大于 10Ω。

5) 安全电压

隧道、地下工程电源电压不大于 36V。在潮湿和易触及带电体的场所作业电源电压不得大于 24V。金属容器等密闭空间内照明电源电压采用 12V。照明变压器必须采用双绕组式安全隔离变压器，严禁使用自耦变压器。

6) 外电防护

对于外电架空线路，当在其一侧作业时，必须保持安全距离，且随外电线路电压等级的增加，安全距离相应增大。不得在外电架空线路的正下方施工、建造临建、堆放材料及构件等。对于现场内的变压器等设施应用木、竹板及杆件等进行遮拦，并悬挂警示牌等，保证防护设施坚固、稳定。

起重机械吊运物料、构件等不得在外电线路、设施正上方行走，最小安全距离见表 5-1～表 5-4。

工程（含脚手架）的周边与架空线路的边线的最小安全距离　　表 5-1

| 外电线路电压等级（kV） | <1 | 1～10 | 35～110 | 220 | 350～500 |
|---|---|---|---|---|---|
| 最小安全操作距离（m） | 4.0 | 6.0 | 8.0 | 10 | 15 |

施工现场的机动车道与架空线路交叉时的最小垂直距离　　表 5-2

| 外电线路电压等级（kV） | <1 | 1～10 | 35 |
|---|---|---|---|
| 最小垂直距离（m） | 6.0 | 7.0 | 7.0 |

起重机与架空线路边线的最小安全距离  表 5-3

| 安全距离（m）<br>电压（V） | <1 | 10 | 35 | 110 | 220 | 330 | 500 |
| --- | --- | --- | --- | --- | --- | --- | --- |
| 沿垂直方向 | 1.5 | 3.0 | 4.0 | 5.0 | 6.0 | 7.0 | 8.5 |
| 沿水平方向 | 1.5 | 2.0 | 3.5 | 4.0 | 6.0 | 7.0 | 8.5 |

防护设施与外电线路之间的最小安全距离  表 5-4

| 外电线路电压等级（kV） | ≤10 | 35 | 110 | 220 | 330 | 500 |
| --- | --- | --- | --- | --- | --- | --- |
| 最小安全操作距离（m） | 1.7 | 2.0 | 2.5 | 4.0 | 5.0 | 6.0 |

7）日常维护与检查

对现场的用电设备、供电设施、线路等进行经常性巡视、检查。用电设备、电箱等的接线、日常维护检查均须由取得相应执业资格的专职电工进行操作，并作好巡视、维修记录，严禁无证上岗。

定期对用电设备、供电线路、设施等的绝缘进行检测，定期对供电系统接地电阻进行检测，进行维修或更换。大风、雨雪前后对整个施工现场的供电系统及用电设备进行检查，确保无安全隐患后再投入使用。

8）临电系统的验收与档案管理

专项临时用电施工专项方案由电气专业技术人员进行编制，并经主管技术负责人审核、审批后方可施工。

临时用电系统在施工完成后要经过有关负责人及专职电工共同验收合格后方可投入使用。验收要履行签字手续。

建立完善的用电档案，并设专人管理，主要包括：专项临时用电施工组织设计、接地电阻绝缘电阻遥测记录、电工巡视维修记录、临时用电验收记录等。

（8）高处作业安全防范重点

1）高处作业的定义

按照国标规定："凡在坠落高度基准面 2m 以上（含 2m）有可能坠落的高处进行的作业均称为高处作业"。其含义有两个：一个是相对概念。可能坠落的底面高度大于或等于 2m；即使在平地，只要作业处的侧面有可能导致人员坠落的坑、井、洞或空间，其高度达到 2m 及其以上，就属于高处作业；二是高低差距标准为 2m，因为一般情况下，当人在 2m 以上高度坠落时就有可能会造成重伤甚至死亡。

2）高处作业时的安全防护技术措施

① 凡是进行高处作业施工的，应使用脚手架、平台、梯子、防护围栏、挡脚板、安全带和安全网等。作业前应认真检查所用的安全投放是否牢靠。

② 凡从事高处作业人员应接受高处作业安全知识的教育；特殊高处作业人员应持证上岗，上岗前应依据有关规定进行专门的安全技术交底。采用新工艺、新技术、新材料和新设备的要按规定对作业人员进行相关安全技术教育。

③ 高处作业人员应经过体检，合格后方可上岗。施工单位应为作业人员提供合格的安全帽、安全带等必备的个人安全防护用具，作业人员应按规定正确佩戴和使用。

④ 施工单位应按类别、有针对性地将各类安全警示标志悬挂于施工现场各相应部位，

夜间应有照明或设红灯警示。

⑤ 高处作业所用工具、材料严禁投掷，上下主体交叉作业确有需要时，中间需设隔离设施。

⑥ 高处作业应设置可靠扶梯，作业人员应沿着扶梯上下，不得沿着立杆与栏杆攀登。

⑦ 在雨天应采取防滑措施，当风速在 10.8m/s 以上和雷电、暴雨、大雾等气候条件下，不得进行露天高处作业。

⑧ 高处作业前，工程项目部应组织有关部门对安全防护设施进行验收，经验收合格签字后方可作业。需要临时拆除或变动安全设施的，应经项目技术负责人审批签字，并组织有关部门验收，经验收合格签字后方可实施。

### 4. 安全生产保证计划

安全生产保证计划是依据施工现场安全生产保证体系规范要求，围绕项目部的安全目标，经过安全策划，采取措施规定资源和活动顺序的文件。

安全生产保证计划不仅是描述对施工过程的安全控制。同时，也是将施工全过程安全管理的特定要求与本企业现有的安全管理通用程序和行业、政府现行安全法律、法规及标准联系在一起的施工现场安全管理程序文件。

(1) 安全生产保证计划的编制、审核、确认和修改

1) 安全生产保证计划的编制

安全生产保证计划应在施工开始前完成编制。编制安全生产保证计划时，应确定适用的安全活动并形成文件。安全生产保证计划主要就体系各要素，如何实施提出具体方案，并与工程项目的规模、施工难度、施工风险程度等相一致。计划重在实效，不搞形式，既要从总体上满足体系规范和有关法律法规要求，又要在方法上具体控制措施上符合本施工企业、项目部及施工现场实际，突出对危险源和不利环境因素的控制，特别是重大危险源和重大不利环境因素的控制，并以此为主线具体描述项目部的安全生产保证体系，做到简练、明确、易懂、可操作。

安全保证计划是施工组织设计的一个重要组成部分，为了防止总体与局部的脱节，要求二者同步策划，统筹考虑以保证相互协调。视工程具体情况，安全保证计划也可单独编制。

2) 安全生产保证计划的审核和确认

安全生产保证计划纳入施工组织设计时按规定进行审批。单独编时，在施工前，按规定程序经上级主管部门审核确认，并形成书面审批记录。审核确认内容及要求。

3) 安全生产保证计划的修订

当工程设计或施工方案、施工条件发生变化时，往往会引起危险源和不利环境因素的变化，工程项目部应对这些变化可能涉及的危险源和不利环境因素进行补充识别、评价，对原计划是否需要修订做出评审，必要时进行修订，以确保安全生产保证计划的持续适宜性。经更改修订后的安全生产保证计划，应重新进行审核确认。

(2) 安全生产保证计划的主要内容

1) 工程概况：包括工程概况表，危险源与不利环境因素，工程特点、难点分析，工

程的重大危险源与一般危险源的识别、评价、控制清单,以及现行适用法律法规、标准规范清单。

2)安全生产保证体系文件:包括项目安全管理的支持性文件清单,安全保证计划的适用范围和管理要求。

3)实施:包括安全职责(含安全管理目标、安全管理组织、职责和资源),教育和培训,文件控制,安全物资采购和进场验证,分包管理,施工过程控制,事故的应急救援等。

4)检查与改进:包括安全检查的控制,纠正措施和预防措施,内部审核和安全评估等。

5)安全记录。

## (二)施工安全管理制度

### 1. 管理理念与体系

(1)一般规定

1)认真贯彻我国法律确立的"安全第一,预防为主,综合治理"的安全生产方针,正确处理安全与生产的关系。"生产必须安全,安全促进生产",以预防为主,防患于未然。

2)落实企业安全生产管理目标,项目部应制订以伤亡事故控制、现场安全达标、文明施工为主要内容的安全生产管理目标,兑现合同承诺。

3)施工单位必须取得安全行政主管部门颁发的"安全施工许可证"后方可开工。总承包单位和各分包单位均应有"施工企业安全资格审查认可证"。

(2)安全生产管理体系

1)施工单位应当设立安全生产管理机构,配备专职安全生产管理人员。项目部应建立以项目负责人为组长的安全生产管理小组,按工程规模设安全生产管理机构或配置专职安全生产管理人员(以下简称专职安全员)。

工程项目施工实行总承包的,应成立由总承包、专业承包和劳务分包等单位项目负责负责人、技术负责人和专职安全员组成的安全管理领导小组。

2)专业承包和劳务分包单位应服从总承包单位管理,落实总承包企业的安全生产要求。

3)总承包与分包安全管理责任

① 实行总承包的项目,安全控制由总承包方负责,分包方服从总承包方的管理。总承包方对分包方的安全生产责任包括:审查分包方的安全施工资格和安全生产保证体系,不应将工程分包给不具备安全生产条件的分包方;在分包合同中应明确分包方安全生产责任和义务;对分包方提出安全要求,并认真监督、检查;对违反安全规定冒险蛮干的分包方,应令其停工整改;总承包方应统计分包方的伤亡事故,按规定上报,并按分包合同约定协助处理分包方的伤亡事故。

② 分包方安全生产责任应包括:分包方对本施工现场的安全工作负责,认真履行分包合同规定的安全生产责任;遵守总承包方的有关安全生产制度,服从总承包方的安全生产管理,及时向总承包方报告伤亡事故并参与调查,处理善后事宜。

(3) 安全生产责任制

1) 安全生产责任制是规定企业各级领导、各个部门、各类人员在施工生产中应负安全职责的制度。安全生产责任制是各项安全制度中的最基本的一项制度，是保证安全生产的重要组织手段。体现了"管生产必须管安全"、"安全生产人人有责"的原则。

2) 企业安全生产管理机构主要负责落实国家有关安全生产的法律、法规和工程建设强制性标准，监督安全生产措施的落实，组织企业内部的安全生产检查活动，及时整改各种安全事故隐患及日常安全检查。

3) 项目部应建立安全生产责任制，主要包括项目负责人、工长、班组长、分包单位负责人等生产指挥系统及生产、安全、技术、机械、器材、后勤等管理人员。安全生产责任制应由项目部相关责任人签字确认。并把责任目标分解落实到人。

① 项目负责人：是项目工程安全生产第一责任人，对项目生产安全负全面领导责任。

② 项目生产负责人：对项目的安全生产负直接领导责任，协助项目负责人落实各项安全生产法规、规范、标准和项目的各项安全生产管理制度，组织各项安全生产措施的实施。

③ 专职安全员：负责安全生产，并进行现场监督检查；发现安全事故隐患，应当及时向项目负责人和安全生产管理机构报告；对于违章指挥、违章作业的，应当立即制止。

4) 项目技术负责人：对项目的安全生产负技术责任。

5) 施工员（工长）：是所管辖区域范围内安全生产第一负责人，对辖区的安全生产负直接领导责任。向班组、施工队进行书面安全技术交底，履行签字手续；对规程、措施、交底要求的执行情况经常检查，随时纠正违章作业；经常检查辖区内作业环境、设备、安全防护设施以及重点特殊部位施工的安全状况，发现问题及时纠正解决。

6) 分包单位负责人：是本单位安全生产第一责任人，对本单位安全生产负全面领导责任，负责执行总承包单位安全管理规定和法规，组织本单位安全生产。

7) 班组长：是本班组安全生产第一责任人，负责执行安全生产规章制度及安全技术操作规程，合理安排班组人员工作，对本班组人员在施工生产中的安全和健康负直接责任。

(4) 项目部应有各工种安全技术操作规程，按规定配备专职安全员。一般规定如下：土木工程、线路工程、设备安装工程按照合同价配备：5000万元以下的工程不少于1人；5000万～1亿元的工程不少于2人；1亿元及以上的工程不少于3人，且按专业配备专职安全员。

分包单位安全员的配备应符合以下要求：专业分包至少1人；劳务分包的工程50人以下的至少1人；50～200人的至少2人；200人以上的至少3人。

## 2. 施工安全管理制度

(1) 安全教育与培训

1) 安全教育是项目安全管理工作的重要环节，是提高全员安全素质，提高项目安全管理水平，防止事故，实现安全生产的重要手段。项目职业健康安全教育培训率应实现100%。

2) 施工单位的主要负责人、项目负责人、专职安全生产管理人员应当经建设行政主管部门或者其他有关部门考核合格后方可任职。教育与培训对象包括以下人员：

① 施工单位主要负责人和安全生产管理人员初次安全培训时间不得少于32学时。每年再培训时间不得少于12学时。企业法定代表人、项目负责人、专职安全员必须经过当地政府或上级主管部门组织的职业健康安全生产专项培训，经考核合格后持"安全生产资质证书"上岗。

② 施工单位新上岗的从业人员，岗前培训时间不得少于24学时，每年再培训时间不得少于8学时。经考试合格后持证上岗。

③ 劳务队农民工首次岗前培训时间不得少于32学时，每年接受再培训时间不得少于20学时。

④ 分包单位项目负责人、管理人员：接受政府主管部门或总包单位的安全培训，经考试合格后持证上岗。

⑤ 特种作业人员：必须经过专门的职业健康安全理论培训和技术实际操作训练，经理论和实际操作的双重考核，合格后，持"特种作业操作证"上岗作业。

⑥ 操作工人：新入场工人必须经过三级安全教育，考试合格后持证上岗。

3) 教育与培训主要以安全生产思想、安全知识、安全技能和法制教育四个方面内容为主。主要形式有：

① 三级安全教育：对新工人进行公司、项目、作业班组三级安全教育，时间不少于40学时。三级安全教育由企业安全、劳资等部门组织，经考试合格者方可进入生产岗位。

② 转场安全教育：新转入现场的工人接受转场安全教育，教育时间不得少于8学时。

③ 变换工种安全教育：改变工种或调换工作岗位的工人必须接受教育，时间不少于4学时，考核合格后方可上岗。

④ 特种作业安全教育：从事特种作业的人员必须经过专门的安全技术培训，经考试合格取得操作证后方准独立作业。

⑤ 班前安全活动交底：各作业班组长在每班开工前对本班组人员进行班前安全活动交底。将交底内容记录在专用记录本上，各成员签名。

⑥ 季节性施工安全教育：在雨期、冬期施工前，现场施工负责人组织分包队伍管理人员、操作人员进行季节性安全技术教育，时间不少于2学时。

⑦ 节假日安全教育：一般在节假日前进行，以稳定人员思想情绪，预防事故发生。

⑧ 特殊情况安全教育：当实施重大安全技术措施、采用"四新"技术、发生重大伤亡事故、安全生产环境发生重大变化和安全技术操作规程因故发生改变时，由项目负责人（经理）组织有关部门对施工人员进行安全生产教育，时间不少于2学时。

4) 企业应建立安全生产教育培训制度。施工单位应当对管理人员和作业人员每年至少进行一次安全生产教育培训，其教育培训情况记入个人工作档案。安全生产教育培训考核不合格的人员，不得上岗。职工教育与培训档案管理应由企建设单位管部门统一规范，为每位职工建立《职工安全教育卡》。职工的安全教育应实行跟踪管理。职工调动单位或变换工种时应将《职工安全教育卡》转至新单位。三级安全教育，换岗、转岗安全教育应及时做好相应的记录。

5) 持证上岗：从事建筑施工的项目负责人、专职安全员和特种作业人员，必须经行建设单位管部门培训考核合格，取得相应资格证书，方可上岗作业；项目经理、专职安全员和特种作业人员应持证上岗。项目负责人、专职安全员、特种作业人员应进行登记造册，资格证书复印留查，并按规定年限进行延期审核。

(2) 现场施工安全管理制度

现场施工安全管理制度主要包括：安全生产资金保障制度，安全生产值班制度，安全生产例会制度，安全生产检查制度，安全生产验收制度，整顿改进及奖罚制度，安全事故报告制度等内容。

1) 安全生产资金保障制度

指项目部的安全生产资金必须用于施工安全防护用具及设施的采购和更新，安全措施的落实，安全生产条件的改善等。

2) 安全生产值班制度

施工现场必须保证每班有领导值班，专职安全员在现场，值班领导应认真做好安全值班记录。

3) 安全生产例会制度

解决处理施工过程中的安全问题，并进行定期和各项专业安全监督检查，项目负责人应亲自主持例会和定期安全检查，协调、解决生产、安全之间的矛盾和问题。

4) 安全生产检查制度

企业应对安全检查形式、方法、时间、内容、组织的管理要求、职责权限以及对检查中发现的隐患整改、处置和复查的工作程序及要求做出具体规定。项目部应遵照执行。

5) 安全生产验收制度

为保证安全技术方案和安全技术措施的实施和落实，必须严格坚持"验收合格方准使用"的原则，对各项安全技术措施和安全生产设备（如起重机械等设备、临时用电)、设施（如脚手架、模板）和防护用品在使用前进行安全检查，确认合格签字验收，并进行安全交底，方可使用。

6) 整顿改进及奖罚制度

出现安全生产和文明施工缺陷或隐患时，项目部应及时进行整顿和改进：在分析确定原因基础上，制订整改方案，包括完善安全生产管理体系及安全责任制；补充安全生产规章制度；改善作业条件和环境等。分解落实责任目标，对完成责任目标，且成绩显著，对责任人员和有关人员予以通报表彰和奖励。对未完成责任目标者，责令改正并视情节给予罚款处理。发生影响较大的责任事故，视情节对责任人员和有关人员提出处理意见，构成犯罪的移交司法机关。

7) 安全事故报告制度

当施工现场发生生产安全事故时，施工项目部应按规定及时报告，并参与组织调查，对生产安全事故进行分析、处理；制（修）订预防和防范措施；建立事故档案。并应依法为施工作业人员办理保险补偿。重伤以上事故，按国家有关调查处理规定进行登记建档。

(3) 安全技术管理措施

1) 根据工程施工和现场情况危险源辨识与评价，制订安全技术措施；对危险性较大分部分项工程，编制专项安全施工方案进行论证，方案签字审批齐全。

2) 项目负责人、生产负责人、技术负责人和专职安全员应按分工负责安全技术措施和专项方案交底、过程监督、验收、检查、改进等工作内容。

3) 施工负责人在分派施工任务时，应对相关管人员、施工作业人员进行书面安全技术交底。安全技术交底应符合下列规定：

① 安全技术交底应按施工顺序、施工部位、分部分项工程进行。

② 安全技术交底应结合施工作业场所状况、特点、工序，对危险因素、施工方案、规范标准、操作规程和应急措施进行书面和现场讲授交底。

③ 安全技术交底必须在施工作业前进行。安全技术交底应留有书面记录，由交底人、被交底人、专职安全员进行签字确认。

④ 安全技术交底主要包括三个方面：一是按工程部位分部分项进行交底；二是对施工作业相对固定，与工程施工部位没有直接关系的工种，如起重机械、钢筋加工等，应单独进行交底；三是对工程项目的各级管理人员，应进行以安全施工方案为主要内容的交底。

⑤ 安全技术交底应以施工方案为依据，结合设计图纸、国家有关标准将具体要求进一步细化和补充，使交底内容更加详实，更具有针对性、可操作性。方案实施前，编制人员或项目技术分责人应当向现场管理人员和作业人员进行安全技术交底。

⑥ 分包单位应根据每天工作任务的不同特点，对施工作业人员进行班前安全交底。

(4) 安全管理措施

项目安全管理应体现在对施工现场作业和管理活动的控制上，各种安全控制措施围绕着影响施工安全的因素进行。

1) 项目部针对工程特点、环境条件，采取适宜的劳力组织、作业方法、施工机具、供电设施等确保安全施工的管理措施。

2) 施工现场管理人员和操作人员，对其所需的职业资格、上岗资格和任职能力进行检查、核对证书。对进入施工现场的作业人员（含分包方）进行安全教育培训。

3) 对重大危险源、重点部位、过程和活动组织专人进行重点监控。

4) 配置符合施工安全生产和职业健康的机械设备和防护用品。

5) 监督指导各项安全技术操作规程落实与执行的专职安全员和项目检查机构。

6) 及时消除安全隐患，限时整改并制订消除安全隐患措施。

(5) 设备管理

1) 项目部要严格设备进场验收工作。中小型机械设备由施工员会同专业技术管理人员和使用人员共同验收；大型设备、成套设备在项目部自检自查基础上报请企业有关管理部门，由企业主管负责人和有关部门组织验收；塔式或门式起重机、电动吊篮、垂直提升架等重点设备应组织第三方具有相关资质的单位进行验收。检查技术文件包括各种安全保险装置及限位装置说明书、维修保养及运输说明书、产品鉴定及合格证书、安全操作规程等内容，并建立机械设备档案。

2) 项目部应根据现场条件设置相应的管理机构，配备设备管理人员，设备租赁单位应派驻设备管理人员和维修人员。

3) 设备操作和维护人员必须经过专业技术培训，考试合格后取得相应操作证后，持证上岗。机械设备使用实行定机、定人、定岗位责任的"三定"制度。

4）按照安全操作规程要求作业，任何人不得违章指挥和作业。
5）施工过程中项目部要定期检查和不定期巡回检查，确保机械设备正常运行。
(6）安全标志
1）施工现场入口处及主要施工区域、危险部位应设置相应的安全警示标志牌。施工过程中根据工程部位和现场设施的变化，调整安全标志牌设置。
2）按照危险源辨识的情况，施工现场应设置重大危险源公示牌。

## （三）施工现场安全检查

**1. 安全检查内容与形式**

(1）安全检查主要内容

项目部应根据施工过程的特点和安全目标要求，确定安全检查内容，其内容包括：安全生产责任制，安全保证计划，安全组织机构，安全保证措施，安全技术交底，安全教育，安全持证上岗，安全设施，安全标识，操作行为，违规管理，安全记录等。具体如下：

1）安全目标的实现程度；
2）安全生产职责的落实情况；
3）各项安全管理制度的执行情况；
4）施工现场安全隐患排查和安全防护情况；
5）生产安全事故、未遂事故和其他违规违法事件的调查、处理情况；
6）安全生产法律法规、标准规范和其他要求的执行情况。

(2）安全检查的形式

项目部安全检查可分为定期检查、日常性检查、专项检查、季节性检查等多种形式。

1）定期检查

定期检查由项目负责人每周组织专职安全员、相关管理人员对施工现场进行联合检查。总承包工程项目部应组织各分包单位每周进行安全检查，每月对照《建筑施工安全检查标准》，至少进行一次定量检查。

2）日常性检查

日常性检查由项目专职安全员对施工现场进行每日巡检。包括：项目安全员或安全值班人员对工地进行的巡回安全生产检查及班组在班前、班后进行的安全检查等。

3）专项检查

专项检查主要由项目专业人员开展施工机具、临时用电、防护设施、消防设施等专项安全检查。专项检查应结合工程项目进行，如沟槽、基坑土方的开挖、脚手架、施工用电、吊装设备专业分包、劳务用工等安全问题均应进行专项检查，专业性较强的安全问题应由项目负责人组织专业技术人员、专项作业负责人和相关专职部门进行。

企业、项目部每月应对工程项目施工现场安全职责落实情况至少进行一次检查，并针对检查中发现的倾向性问题、安全生产状况较差的工程项目，组织专项检查。

4) 季节性检查

季节性检查是针对施工所在地气候特点，可能给施工带来的危害而组织的安全检查，如雨期的防汛、冬期的防冻等。主要是结合冬期、雨期的施工特点项目开展的安全检查。

## 2. 安全检查标准与方法

（1）安全检查标准

1）可结合工程的类别、特点，依据国家、行业或地方颁布的标准（要求）执行。

2）依据本单位在安全管理及生产中的有关经验，制订本企业的安全生产检查标准。

（2）安全检查方法

1）常规检查

常规检查是常见的一种检查方法。通常是由专职安全员作为检查工作的主体，到作业场所的现场，通过感观或辅助一定的简单工具、仪表等，对作业人员的行为、作业场所的环境条件、生产设备设施等进行的定性检查。安全检查人员通过这一手段，及时发现现场存在的安全隐患并采取措施予以消除，纠正施工人员的不安全行为。

2）安全检查表法

安全检查表（SCL）是事先把系统加以剖析，列出各层次的不安全因素，确定检查项目，并把检查项目按系统的组成顺序编制成表，以便进行检查或评审。安全检查表是进行安全检查，发现和查明各种危险和隐患，监督各项安全规章制度的实施，及时发现事故隐患并制止违章行为的一个有力工具。

安全检查表应列举需查明所有可能会导致事故的不安全因素。每个检查表均需注明检查时间、检查者、直接负责人等，以便分清责任。安全检查表的设计应做到系统、全面，检查项目应明确。

3）仪器检查法

机器、设备内部的缺陷及作业环境条件的真实信息或定量数据，只能通过仪器检查法来进行定量化的检验与测量，才能发现安全隐患，从而为后续整改提供信息。因此，必要时需要实施仪器检查。由于被检查的对象不同，检查所用的仪器和手段也不同。

## 3. 安全检查评价

安全检查后，要进行认真分析，进行安全评价：具体分析哪些项目没有达标，存在哪些需要整改的问题，填写安全检查评分表、事故隐患通知书、违章处罚通知书或停工通知等。

安全管理检查评分分为保证项目和一般项目。保证项目包括：安全生产责任制、施工组织设计或专项施工方案、安全技术交底、安全检查、安全教育、应急救援等。一般项目包括：分包单位安全管理、持证上岗、生产安全事故处理、安全标志等。

存在隐患的单位必须按照检查人员提出的隐患整改意见和要求落实整改。检查人员对整改落实情况进行复查，获得整改效果的信息，以实现安全检查工作的闭环。

对安全检查中发现的问题和隐患，应定人、定时间、定措施组织整改，并跟踪复查。

企业和项目部应依据安全检查结果定期组织实施考核，落实奖罚，以促进安全生产管理。

**4. 安全检查资料与记录**

（1）项目部应设专职安全员负责施工安全生产管理活动必要的记录。

（2）施工现场安全资料应随工程进度同步收集、整理，并保存到工程竣工。

（3）施工现场应保存资料：

1）施工企业的安全生产许可证，项目部专职安全员等安全管理人员的考核合格证，建设工程施工许可证等复印件；

2）施工现场安全监督备案登记表，地上、地下管线及建（构）筑物资料移交单，安全防护、文明施工措施费用支付统计，安全资金投入记录；

3）工程概况表，项目重大危险源识别汇总表，危险性较大的分部分项工程专家论证表和危险性较大的分部分项工程汇总表，项目重大危险源控制措施，生产安全事故应急预案；

4）安全技术交底汇总表，特种作业人员登记表，作业人员安全教育记录表，施工现场检查评分表；

5）违章处理记录等相关资料。

## （四）市政工程施工安全事故的分类与处理

**1. 施工安全事故的分类**

（1）按安全事故伤害程度分类

根据《企业职工伤亡事故分类标准》GB 6441—86 规定，按伤害程度分类为：

1）轻伤，指损失 1 个工作日至 105 个工作日以下的失能伤害；

2）重伤，指损失工作日等于和超过 105 个工作日的失能伤害，重伤的损失工作日最多不超过 6000 工日；

3）死亡，指损失工作日超过 6000 工日，这是根据我国职工的平均退休年龄和平均计算出来的。

（2）按安全事故类别分类

根据《企业职工伤亡事故分类标准》GB 6441—86 中，将事故类别划分为 20 类，即物体打击、车辆伤害、机械伤害、起重伤害、触电、淹溺、灼烫、火灾、高处坠落、坍塌、冒顶片帮、透水、放炮、瓦斯爆炸、火药爆炸、锅炉爆炸、容器爆炸、其他爆炸、中毒和窒息、其他伤害。

（3）按安全事故受伤性质分类

受伤性质是指人体受伤的类型，实质上是从医学的角度给予创伤的具体名称，常见的有：电伤、挫伤、割伤、擦伤、刺伤、撕脱伤、扭伤、倒塌压埋伤、冲击伤等。

（4）按生产安全事故造成的人员伤亡或直接经济损失分类

根据中华人民共和国国务院令第 493 号《生产安全事故报告和调查处理条例》第三条规定：生产安全事故按照造成的人员伤亡或直接经济损失进行分级，见本书四、（四）中内容。

## 2. 发生施工安全事故的主要原因

根据调查和统计分析，施工现场的伤亡事故主要有以下几种：高处坠落，触电事故，物体打击，机械伤害，坍塌，中毒。造成安全事故的主要原因如下：

（1）施工环境的影响，市政工程施工场所一般多发生于露天环境，环境复杂、高空作业、特种设备作业等高危险因素多。自然环境的影响也是安全事故发生产生极为不利的因素，高温、大风、严寒、降雨等恶劣自然气候使安全事故频频发生。工程现场环境如光线不明，视线不畅，通风效果差，物料及器材工具摆放杂乱，道路不通畅等都会造成安全事故的发生。

（2）施工人员操作行为不当引发安全事故。在施工过程中，大量的劳动力聚集，人员素质参差不齐，技术水平、工作能力、安全意识等观念不一；各工种交叉作业，互为干扰，不遵守安全操作守则，任意而为；管理人员的安全意识薄弱，更缺乏有效管理，各级管理人员安全责任分工不明，缺乏责任心，对待事故发生抱有侥幸心理等各种因素都将对安全事故的发生产生极为不利的影响。

（3）缺乏有效管理是造成安全事故发生又一重要原因，事实证明，多数的安全事故发生都存在着或多或少的管理责任，缺乏管理也是事故发生的根源。完善有序的管理是降低安全事故发生的有力武器之一，包括人员管理、设备管理、制度管理等。

（4）机械设备维护不当，处于不安全状态。对机械设备的维护保养不当，缺乏责任意识，设备只用不管，防护装置形同虚设，机件老化不换等等，工地现场防护设施搭建不规范，甚至乱搭乱建现象严重，防护网破损严重等，都将对机械和人员安全产生严重影响。

（5）安全防护经费投入不足也是造成安全事故发生的原因之一。虽然在工程预算时都有一定的安全文明施工费，但是实际上这些费用有的往往被消减，或者克扣，造成安全保护用品质量差，数量少，起不到安全保护的作用。

（6）工地现场临时用电管理不到位，在施工过程中，由于用电发生的事故也在逐年增加，电箱及线路缺少防护装置，电器设备安装不到位，有的未接地接零或缺漏电保护，电线老化、破皮、随意牵扯等都将导致事故的发生。

（7）消防设施器材缺少，作业人员不熟悉正确的消防设施使用方法，管理人员未经过严格的消防安全培训或达不到合格消防安全人员的要求。

（8）赶抢工期也是造成事故频发的原因，有的项目往往只顾赶工期抢进度，最终导致了基层施工人员的安全防护意识降低，导致事故发生。

## 3. 施工安全事故的报告、分析和调查处理

企业发生重伤和重大伤亡事故，应立即将事故概况（包括伤亡人数、发生事故的时间、地点、原因）等，用快速方法分别报告建设单位主管部门、行业安全管理部门和当地公安部门、人民检察院。对于事故的调查处理，应按照下列步骤进行：

（1）迅速抢救伤员并保护好事故现场

事故发生后现场人员不要惊慌失措，要有组织、统一指挥，首先抢救伤员和排除险情，制止事故蔓延扩大。同时为了事故调查分析需要，应该保护好事故现场。确因抢救伤

员和排险而必须移动现场物品时,应做出标识。要求现场各种物件的位置、颜色、形状及其物理、化学性质等尽可能保持事故结束时的原来状态。必须采取一切可能的措施防止人为或自然因素的破坏。

(2) 组织调查组

在接到事故报告后的单位领导,应立即赶赴现场组织抢救,并迅速组织调查组开展调查。轻伤、重伤事故由企业负责人或其指定人员组织生产、技术、安全等部门及工会组成事故调查组进行调查;伤亡事故由企建设单位管部门会同企业所在地区的行政安全部门、公安部门、工会组成事故调查组进行调查。重大死亡事故,按照企业的隶属关系,由省、自治区、直辖市企建设单位管部门或者国务院有关主管部门会同同级行政安全管理部门、公安部门、监察部门、工会组成事故调查组进行调查。死亡和重大死亡事故调查组应邀请人民检察院参加,还可邀请有关专业技术人员参加,但是与发生事故有直接利害关系的人员不得参加调查组。

(3) 现场勘查

在事故发生后,调查组应速到现场进行勘查。现场勘查是技术性很强的工作,涉及广泛的科技知识和实践经验,对事故的现场勘察必须及时、全面、准确、客观。现场勘察的主要内容有:现场笔录、现场拍照、现场绘图等。

(4) 分析事故原因

1) 通过全面的调查来查明事故经过,弄清造成事故的原因包括人、物、生产管理和技术管理等方面的问题,包括从受伤部位、受伤性质、起因物、致害物、伤害方法、不安全状态和不安全行为等7项内容进行分析,确定直接原因、间接原因和事故责任者。

2) 事故性质类别

责任事故就是由于人的过失造成的事故。非责任事故即由于人们不能预见的自然条件变化或不可抗力所造成的事故,或是在技术改造、发明创造、科学试验活动中,由于科学技术条件的限制而发生的无法预料的事故。但是,对于能够预见并可以采取措施加以避免的伤亡事故或没有经过认真研究解决技术问题而造成的事故,不能包括在内。

破坏性事故即为达到既定目的而故意制造的事故。对已确定为破坏性事故的,应由公安机关认真追查破案,依法处理。

(5) 制订预防措施

根据对事故原因分析,制订防止类似事故再次发生的预防措施。同时,根据事故后果和事故责任者应负的责任提出处理意见。对于重大未遂事故不可掉以轻心,也应严肃认真按上述要求查找原因,分清责任严肃处理。

(6) 写出调查报告

调查组应着重把事故发生的经过、原因、责任分析、处理意见以及本次事故的教训和改进工作的建议等写成报告,经调查组全体人员签字后报批。事故调查报告应当包括事故发生单位概况;事故发生经过和事故救援情况;事故造成的人员伤亡和直接经济损失;事故发生的原因和事故性质;事故责任的认定以及对事故责任者的处理建议;事故防范和整改措施。

(7) 事故处理

重大事故、较大事故、一般事故,负责事故调查的人民政府应当自收到事故调查报告之日起 15 日内做出批复；特别重大事故，30 日内做出批复，特殊情况下，批复时间可以适当延长，但延长的时间最长不超过 30 日。事故调查处理结论应经有关机关审批后方可结案。伤亡事故处理工作应当在 90 日内结案，特殊情况不得超过 180 日。

事故案件的审批权限同企业的隶属关系及人事管理权限一致。有关机关应当按照人民政府的批复，依照法律、行政法规规定的权限和程序，对事故发生单位和有关人员进行行政处罚，对负有事故责任的国家工作人员进行处分。

对事故责任者的处理应根据其情节轻重和损失大小来判断。主要责任、次要责任、重要责任、一般责任还是领导责任等按规定给予处分。对负有事故责任的人员涉嫌犯罪的，依法追究刑事责任。

事故处理的情况由负责事故调查的人民政府或者其授权的有关部门、机构向社会公布，依法应当保密的除外。事故调查处理的文件、图纸、照片、资料等应当归档保存。

## （五）文明施工与现场环境保护

### 1. 施工现场文明施工的要求

文明施工是指保持施工现场良好的作业环境、卫生环境和工作秩序。文明施工主要包括：规范施工现场的场容，保持作业环境的整洁卫生；科学组织施工，使生产有序进行，减少施工对周围居民和环境的影响。

（1）有整套的施工组织设计或施工方案，施工总平面图布置紧凑，施工场地规划合理，符合环保、市容、卫生的要求。

（2）有健全的施工组织管理机构和指挥系统，岗位分工明确；工序交叉合理，交接责任明确。

（3）有严格的成品保护措施和制度，大小临时设施和各种材料构件、半成品按平面布置堆放整齐。

（4）施工场地平整，道路畅通，排水设施得当，水电线路整齐，机具设备状况良好，施工作业符合消防和安全要求。

（5）搞好环境卫生管理，包括施工区、生活区环境卫生和食堂卫生管理。

（6）文明施工应贯穿施工竣工后的清场。

文明施工不仅要抓好现场的平面布置、场容管理，而且还要做好现场材料、机械、安全、技术、保卫、消防和生活卫生等方面的工作。

### 2. 施工现场文明施工的措施

建设工程工地在施工过程中应按《建筑施工安全检查标准》JGJ 59—2011 的具体规定采取以下措施，主要包括：现场围挡、封闭管理、施工场地、材料管理、现场办公与住宿、现场防火、综合治理、公示标牌、生活设施、社区服务 10 项内容。

（1）现场围挡

施工现场设置施工围挡，是为了将施工现场与外界实行严格的隔离，减少工程施工生产对城市正常运行、市民正常出行、生活的影响。也是为了同时保护施工现场周边市容环境，并能与周边市容环境相协调。

1）现场施工必须按规定沿工地四周设置连续、密闭的围挡，在市区主要路段和其他涉及市容景观路段及机场、码头、车站广场的工地设置的围挡，其高度不得低于2.5m，其他一般路段的工地设置的围挡，其高度不提低于1.8m。

2）围挡使用的材料应保证围挡稳固、整洁、美观。市政基础设施的小型工程因特殊情况不能进行围挡的，必须采用移动式路栏进行围挡，并设置安全警示标志，并在工程险要处采取安全隔离措施。

3）不得在工地的围挡外堆放建筑材料、垃圾和工程渣土。在经批准临时占用的区域，应严格按批准的占地范围和使用性质存放、堆卸建筑材料或机具设备，临时区域四周应设置高于1m的移动式路栏进行围挡。有条件的工地，四周围墙、宿舍外墙等地方，应当开展宣传企业精神、时代风貌的醒目宣传画、标语等。

（2）封闭管理

施工现场的作业条件差，点多面广，不安全因素多，管理难度大。为了能够形成相对独立工程施工现场环境；同时也是为了减少对城市运行和市民生产、生活的影响，施工现场必须实施封闭式管理。

1）施工现场的进出口必须设置大门、门头按规定设置悬挂企业标志（工程项目部名称标牌）。

2）门口要安排工地门卫人员，并制订门卫制度和岗位责任制，严格执行工地的门卫制度，严格控制与施工无关的外来人员进入施工现场。

3）对进入现场的施工作业人员或获准允许其他人员，应当配发统一的安全帽、工作服或胸前挂牌加以识别。

（3）施工场地

施工现场主要是：对施工现场平面布置，以及环境保护和场容场貌的基本要求。施工前必须认真依据施工现场实际情况进行规划，绘制出科学合理施工现场平面布置图；施工实施阶段按照施工总平面图要求，设置道路、组织排水、搭建临时设施、堆放物料和设置机械设备存放点等，也是落实施工组织设计的重要组成部分。

1）施工现场的主要道路以及材料、机具存放场地等应按规定用混凝土或道渣等进行硬化处理，道路应保持畅通。

2）施工场地应设置排水沟或下水道，排水必须保持畅通。

3）施工场地应有循环干道，并且应保持畅通，不准堆放构件、材料，道路应平整坚实，无坑塘、积水。

4）制订防止泥浆、污水、废水外流以及堵塞下水道和排水河道的措施。工程施工的废水、泥浆应经流水槽或管道流到工地集水池统一沉淀处理，不得随意排放和污染施工区域以外的河道、路面。工程泥浆实行三级沉淀，二级排放。施工现场的管道不能有跑、冒、滴、漏或大面积积水现象。

5）现场应该禁止吸烟，以防止发生危险。应该按照工程情况设置固定的吸烟处，要求有烟缸或水盘。吸烟处应当远离危险区域并设必要的灭火器材。施工现场严禁流动吸烟。

6）市区主要路段的工地，南方地区四季要有绿化布置，北方地区温暖季节要有绿化布置，绿化实行地栽为宜。

（4）材料管理

材料管理规范是否反映了对施工过程中的工程质量、安全生产、文明施工等方面的管理和控制的情况，也反映了施工现场的科学管理水平和施工组织能力。

1）施工现场建筑材料、构配件、料具必须按照总平面图位置放置。

2）料堆要堆放整齐，并按规定挂置名称、品种、规格、数量、进货日期等标牌，以及状态标识：已检验合格、待检和不合格。

3）各种物料堆放必须整齐，砖成丁，砂、石等材料成方，大型工具应一头齐，钢筋、构件、钢模板应堆放整齐用木方垫起。

4）工作面每日应做到工完料尽场地清。现浇混凝土拆除模板时应当随拆模随时清理运走，不能马上运走的必须码放整齐。

5）建筑垃圾应在指定场所堆放整齐并标出名称、品种，做到及时清运。

6）易燃易爆物品不能混放，除现场设置危险品存放处外，班组使用的零散的各种易燃易爆物品，必须按有关规定存放。

（5）现场办公与住宿

施工现场生产区域与生活区域必须严格分区管理，现场生活区域必须坚持"以人为本"，为作业人员提供安全、舒适、方便的现场住宿和活动区。住宿区域内应当设置有宿舍、食堂、厕所、浴室、医务室（或医药箱），以及相应的生活和业余活动设施，并加强管理做到场容场貌整齐、整洁、有序、文明。

1）施工现场必须将施工作业区与生活区严格分开不能混用。在建工程内不得兼作宿舍，因为地施工区内住宿会带来各种危险，如落物伤人，触电或洞口、临边防护不严而造成事故；分班作业时，施工噪声影响工人的休息。

2）施工作业区域与非施工区域（办公区、生活区）严格分隔，应有明显划分，有隔离和安全防护措施，防止发生事故。施工区域或吊装、禁火等危险区域有醒目的警示标志，并采取安全防护措施。

3）冬季北方严寒地区的住宿应有保暖和防止煤气中毒措施。炉火应统一设置，有专人管理并有岗位责任。

4）炎热季节宿舍应有消暑和防蚊虫叮咬措施，保证作业工人有充足睡眠。

5）宿舍内床铺及各种生活用品力求统一并放置整齐，室内应限定人数，有安全通道。室内要保持通风、明亮、清洁。二楼以上的宿舍应设水源和倒水斗以及废弃物箱，并做到每天倾倒。

6）宿舍内应设置生活用品专柜，有条件的宿舍宜设置生活用品储藏室；宿舍内严禁存放施工材料、施工机具和其他杂物；

7）宿舍内外周围环境卫生整洁，屋外应道路平整，应设置垃圾桶，生活区内应为作业人员提供盥洗池和晾晒衣物的场地，晚间有充足的照明。

8）应当制订宿舍管理使用责任制，安排轮流负责卫生和使用管理或安排专人管理。

(6) 现场防火

现场防火的具体要求，应按《建设工程施工现场消防安全技术规范》GB 50720—2011内容执行。

1) 施工现场应根据施工作业条件制订防火安全措施及管理制度，并记录落实情况。

2) 按照不同作业条件，在不同场所合理配置种类合适的灭火器材，如电气设备附近应设置干粉类不导电的灭火器材，对于设置的泡沫灭火器应有换药日期并作防晒措施。灭火器材设置的位置和数量等均应符合有关消防规定。

3) 现场可燃材料堆场及其加工场与周围临时设施防火间距为17m；易燃易爆危险品库房与周围临时设施防火间距为12m，并必须配置与场所可能发生火灾类型相匹配的灭火器材。易燃易爆危险品必须设置专门的危险品仓库进行分类分隔存放。

4) 施工现场应建立动火审批制度。凡需运用明火作业的，如电焊、气焊熬制沥青等明火作业的，必须经工地消防主管部门审批（审批时应写明要求和注意事项），并落实动火监护和防火措施。按施工区域、部位划分动火级别，动火必须具有"二证一器一监护"即焊工证、动火证、灭火器、监护人。作业后，必须确认无火源危险时方可离开。

5) 在消防安全工作中，建立防火安全管理组织，建立义务消防队和防火档案，明确项目消防负责人、管理人员及各操作岗位的防火安全职责。

(7) 综合治理

综合治理工作是一项直接影响施工现场的安全与稳定与否的重要工作，同时也是关系到社会和谐稳定所必需，应该采取有力措施，进行综合治理。

1) 施工现场应在生活区按精神文明建设的要求适当设置业余学习和娱乐场所、阅读栏黑板报等设施，使劳动后的工人能有合理的休息方式，并及时反映工地内外各类动态。

2) 按文明施工的要求，宣传教育用字须规范，不使用繁体字、不规范的词。大力宣传和倡导施工人员应当遵守社会公德。

3) 施工现场应建立健全治安保卫制度，进行责任分工，并有专人负责进行检查落实情况。

4) 施工现场治安防范措施有力，重要要害部位防范设施到位。杜绝失窃偷盗、斗殴等违法乱纪事件。

5) 施工现场要加强治安综合治理，做到目标管理，制度落实、责任到人。并与施工现场的分包队伍签订治综合治理协议书，加强法制教育。

(8) 公示标牌

施工现场公示标牌是施工企业在施工现场的重要标志，也是文明施工一项重要内容，同时也起到安民告示的作用。施工现场标牌制作、标志应当规范整齐，字体工整，一般各大建筑施工企业集团都有形象标识方面的统一规定。

1) 施工现场必须设置文明施工铭牌。分别设置在施工现场的大门外侧的围挡上、施工路段起始点、终点处，以及施工路段的重要路口处。文明施工铭牌内容一般包括：工程名称、施工范围、工程类别、建设单位、设计单位、监理单位、施工总承包单位、开工日期、竣工日期、项目负责人及联系电话、文明施工员及联系电话、工程监督单位、监督单位投诉电话。进行夜间施工的，还应有安民告示牌。

2）施工现场的进口处的内侧应设置整齐明显的"五牌一图"。五牌一图指：工程概况牌、项目主要管理人员名单牌、安全生产无重大事故计数牌、安全生产纪律牌、防火安全须知牌；一图指：施工现场总平面图。

五牌内容没有作具体规定，可结合本地区、本企业及本工程特点进行要求，如有的地区认为内容不应再增加，可按地区要求增加，如消防保卫牌、安全生产牌、文明施工牌、卫生须知牌、十项安全技术措施牌，现场卫生包干图等。

安全生产无重大事故计数牌：安全生产和管线、设备、防火方面无重大事故的统计。

3）施工标牌是施工现场重要标志的一项内容，所以要求不但内容应有针对性，同时施工现场标牌制作、标志应当规范整齐，字体工整。

4）对员工做好安全宣传工作，要求施工现场在明显处，应有必要的安全生产、文明施工内容的宣传画、标语、横幅等。

5）施工现场应设置读报栏、黑板报等宣传园地，丰富学习内容，表扬好人好事。

（9）生活设施

1）工地厕所应符合环卫部门的卫生要求，有条件的应设冲水式厕所，厕所应有专人负责管理。

2）施工现场应保持卫生，不准随地大小便。在如厕不方便的施工作业区域，可设置移动式厕所，以切实解决施工人员的实际问题。

3）食堂建筑、食堂卫生必须符合有关卫生要求，如：申办食堂的"餐饮卫生许可证"，炊事人员必须持有卫生防疫部门颁发的体检合格证，厨房内食品（生熟）加工一条龙，生熟食品应分别存放，食堂炊事人员穿白色工作服，食堂卫生定期检查等。

4）食堂应在明显处张挂食堂"餐饮卫生许可证"、炊事人员的"体检合格证"、卫生责任制，并落实到人。

5）施工现场必须保证施工作业人员能喝到符合卫生要求的茶水。有固定的盛水容器和有专人管理。主要施工作业区域应有茶水供应点，茶水桶、茶具应有消毒措施。

6）施工作业应按作业人员的数量设置足够使用的淋浴设施。淋浴室在寒冷季节应有暖气、热水，淋浴室应有管理制度和专人管理。

7）生活垃圾应盛放在有盖的容器内，做到及时清运，不能与施工垃圾混放，并由专人管理。

（10）防止扰民措施

1）施工现场应对施工工艺制订防止粉尘飞扬和降低噪声措施，做到不超标（施工现场噪声规定不超过85dB）。

2）施工现场有夜间施工作业的除张挂安民告示外，还应按当地有关部门的规定，执行夜间施工许可证制度或备案制度（如：有的城市由环保部门制订夜间施工的规定）。

3）施工现场严禁焚烧有毒有害物质，应当按照有关规定进行处理。

4）切实落实各类施工不扰民措施，减少并消除施工泥浆、噪声、粉尘等影响周边环境的因素，并有责任人进行管理和检查。

5）与社区开展共建文明活动，为民着想，采取各种措施，努力做到施工不扰民。定期联系听取意见，对合理意见应处理及时，工作应有记载。

**3. 施工现场环境保护的措施**

(1) 防治大气污染

1) 施工现场宜采取降尘措施,主要道路、料场、生活办公区域应进行硬化处理。

2) 施工现场的材料、半成品、模板等堆放区域的场地必须平整坚实。

3) 水泥和易飞扬的细颗粒建筑材料应密闭存放或采取覆盖等措施,如露天存放时采用严密遮盖;运输和卸运时防止遗洒飞扬。

4) 施工现场土方作业时,应采取防止扬尘措施。土方应集中堆放。裸露的场地和集中堆放的土方应采取覆盖、固化或绿化等措施。

5) 从事土方、渣土和施工垃圾运输应采用密闭式运输车辆或采取覆盖措施;施工现场出入口处设置冲洗水设施,做到施工车辆干净车出场。

6) 施工现场混凝土搅拌场所应设置封闭的搅拌机棚,在搅拌机上料处设置喷淋装置。有条件的地区应当推行使用商品混凝土和预拌砂浆,以降低和减少施工扬尘。

7) 清运施工垃圾的必须采取相应措施控制散落,或采用容器或袋装进行清运。施工作业时严禁随意凌空抛撒造成扬尘,施工垃圾及时清运,清运时,适量洒水减少扬尘。

8) 拆除建筑物、构筑物时,应采用隔离、洒水等措施,并应在规定期限内将废弃物清理完毕。

9) 施工现场应设置密闭式垃圾站,施工垃圾、生产垃圾应类存放,并应及时清运出场。

10) 施工现场的机械设备、车辆的尾气排放应符合国家环保排放标准的要求。

11) 施工现场严禁焚烧各类废弃物。

(2) 防治水土污染

1) 办公区、生活区、施工区应合理设置排水明沟、排水管,道路及场地适当放坡,场内平整、无积水,并做到污水不外流。

2) 施工现场应设置排水沟及沉淀池,现场未经处理的废水不得直接排入市政雨污水管网和河流,所有排水均要求达到国家排放标准。

3) 在搅拌机前台及运输车清洗处设置沉淀池。排放的废水先排入沉淀地,经三次沉淀后,方可排入城市排水管网或回收用于洒水降尘。

4) 施工现场存放的油料和化学溶剂等物品应设有专门的库房,地面应做防渗漏处理。废弃的油料和化学溶剂应集中处理,不得随意倾倒。

5) 临时食堂附近设置简易有效的隔油池,产生的污水先经过隔油池,平时加强管理,定期清掏,防止污染。

6) 在厕所附近设置砖砌化粪池,污水均排入化粪池,当化粪池满后,应及时通知环卫部门进行清运。

7) 禁止将有毒有害废弃物用做土方回填,以免污染地下水和环境。

(3) 防治施工噪声污染

1) 施工现场应按照现行国家标准《建筑施工场界环境噪声排放标准》GB 12523—2011 制订降噪措施,使噪声排放达标:昼间 70dB、夜间 55dB。

加强施工现场的噪声监测,由专人管理对施工现场的噪声进行监测和记录。

2）根据环保噪声排放限值标准（分贝）昼夜要求的不同，合理安排作业时间，将容易产生噪声污染的分项工程（如混凝土搅拌作业等）安排在白天施工，避免噪声扰民。

3）作业时尽量控制噪声影响，对噪声过大的施工设备尽可能不用或少用。在施工中采取防护等措施，把噪声降低到最低限度。

4）对强噪声机械（如搅拌机、电锯、电刨、砂轮机等）应设置封闭的机械操作棚，以减少机械噪声的扩散。

5）在施工现场倡导文明施工，尽量减少人为的大声喧哗，不使用高音喇叭或怪音喇叭，增强全体施工作业人员防噪声扰民的自觉意识。

6）对产生较大噪声和振动的施工机械、机具的使用，应当采取消声、吸声、隔声等有效控制和降低噪声。

7）严格控制作业时间，晚间作业不超过22时，早晨作业不早于6时，特殊情况需连续作业（或夜间作业）的，应尽量采取降噪措施，事先做好周围群众的工作，并报有关主管部门备案后方可施工。

8）运输材料的车辆进入施工现场严禁鸣笛，装卸材料应做到轻拿轻放。

(4) 防治施工的光污染

1）夜间施工的照明灯具应采用既能满足施工照明要求又不刺眼的新型灯具。

2）采取措施使夜间照明只照射工地，而不影响周边的居民生活。

3）应当避免夜间进行电焊作业，夜间电焊作业的应采取遮蔽措施。

(5) 防治施工固体废弃物污染

1）施工现场应设置专门的废弃物临时贮存场地，废弃物应分类存放，对能造成再次污染废弃物必须单独贮存，设置安全防范措施且有醒目标识。

2）施工车辆运输砂石、土方、渣土和建筑垃圾，采取密封、覆盖措施，避免泄露、遗撒，并按指定地点倾卸，防止固体废物污染环境。

3）对可回收的废弃物做到再回收利用。

# 六、项目成本管理

## （一）施工项目成本管理概述

**1. 施工项目成本管理目的与意义**

（1）施工项目成本管理的目的

施工项目成本管理目的是在保证工程质量、安全、工期等合同要求的前提下，为企业获得应有的经济利益。施工企业只有使收益大于成本才能盈利，而只有盈利才能够保证满足企业发展的需要，才是企业扩大再生产的主要源泉。

施工项目成本管理是通过预测、计划、控制调整、核算、分析和考核等手段对项目实施过程的物化劳动和活劳动消耗进行严格管理和控制的一个系统过程。实现预定的成本目标，并尽可能地降低成本费用，体现了企业经营管理水平和项目管理水平。

（2）施工项目成本管理的意义

1）施工项目成本管理是施工项目工作质量的综合反映。施工项目成本的降低，表明在施工过程中物化劳动和活劳动消耗的节约，劳动的节约，表明劳动生产率提高；物化劳动节约，说明固定资产利用率提高和材料消耗率降低。所以，抓住施工项目成本管理这一关键，可以及时发现施工项目生产管理中存在的问题和缺陷，以便采取措施，充分利用人力和物力、降低施工项目成本，达到利润最大化。

2）施工项目成本管理是增加企业利润、扩大社会积累的最主要的途径。在施工项目价格一定的前提下，成本越低，盈利越高。施工企业以施工为主业，因此其施工利润是企业经营利润的主要来源，是企业盈利总额的主体，也是企业经营的动力。所以，降低施工项目成本就成为施工企业盈利的关键。

3）施工项目成本管理是推行项目负责人项目承包责任制的动力。项目负责人项目承包责任制中，项目成本、质量、工期是约束项目负责人的三大指标，成本目标是经济承包目标的综合体现。项目负责人要实现其经济承包责任，就必须充分利用生产要素市场机制，管好项目，控制投入，降低消耗，提高效率，将成本、质量和工期三大相关目标结合起来进行综合控制。这样，即实现了成本管理，又带动了施工项目的全面管理。

**2. 施工项目成本管理程序与要求**

（1）施工项目成本管理程序

项目部在工程项目实施全过程中，通过对所发生的各种成本信息收集、分析和利用，有组织、有系统地进行成本预测、成本计划、成本控制、成本核算、成本分析和成本考核等一系列的工作，在企业指导协调下，使施工项目管理系统内的各种生产要素，按照一定的目标运行，使施工项目的实际成本能够控制在预定的计划成本范围内。

(2) 施工项目成本管理要求

1) 成本预测

施工项目成本预测是根据成本信息和施工项目的具体情况，运用一定的专门方法，对未来的成本水平及其可能发展趋势作出科学的估计，其实质就是工程项目在施工以前对成本进行估算。成本预测工作通常由企业和项目部共同完成，属于企业与项目部经营指标签约的基础工作。通过成本预测，可以使项目部在满足建设单位和企业要求的前提下，选择成本低、效益好的最佳施工方案，并能够在施工项目成本形成过程中，针对薄弱环节，加强成本控制，克服盲目性，提高预见性。由此可见，施工项目成本预测也是项目部成本决策与编制计划的依据。

施工项目成本预测，通常是对施工项目实施的全过程中影响其成本变化的各个因素进行分析，比照以往施工项目的单位成本，预测这些因素对施工成本中有关项目（成本项目）的影响程度，预测出施工项目的单位成本或总成本。

2) 成本计划

施工项目成本计划是项目部对施工项目成本进行计划管理的工具。它是以货币形式编制施工项目在计划期内的生产费用、成本水平、成本降低率以及为降低成本所采取的主要措施和规划的书面方案，它是建立施工项目成本管理责任制、开展成本控制和核算的基础。一般来讲，一个施工项目成本计划应该包括从开工到竣工所必需的施工成本，它是该施工项目降低成本的指导文件，是设立目标成本的依据。可以说，成本计划是目标成本的一种形式。

施工项目成本计划应该在项目施工组织设计优化和确定的前提下进行编制，因为不同的施工方案将导致项目直接费、措施费和管理费的差异。成本计划的编制是施工项目成本预控的重要手段，因此，应在工程开工前编制完成。

3) 成本控制与调整

项目成本控制应贯穿于施工项目从招投标阶段开始直至竣工验收的全过程，施工成本控制可分为事先控制、事中控制（过程控制）和事后控制，是由企业和项目部共同完成的。

本节的成本控制指的是项目实施过程中的成本控制，是在企业指导协调下由项目部实现的。项目成本控制必须明确项目部各级管理组织和人员的责任和权限，按动态控制原理对实际施工项目成本的发生过程进行有效控制。

施工项目成本控制是指项目的施工过程中，对影响施工项目成本的各种因素加强管理，并采取各种有效措施，将施工中实际发生的各种消耗和支出严格控制在成本计划范围内，随时揭示并及时反馈，严格审查各项费用是否符合标准，计算实际成本和计划成本之间的差异并进行分析，及时采取各种措施消除施工中的损失浪费现象，发现和总结先进经验。通过成本控制，使之最终实现甚至超过预期的成本目标。

施工项目成本控制应贯穿于施工项目从招投标阶段开始直至竣工验收的全过程，施工成本控制可分为事先控制、事中控制（过程控制）和事后控制。在项目的施工过程中，必须明确各级管理组织和人员的责任和权限，按动态控制原理对实际施工项目成本的发生过程进行有效控制。

4）成本核算

施工项目成本核算包括两个基本环节：一是按照规定的成本开支范围对项目施工费用进行归集和分配，计算出项目施工费用的实际发生额；二是根据成本核算对象，采用适当的方法，计算出该施工项目的总成本和单位成本。施工项目成本管理需要正确及时地核算施工过程中发生的各种费用，计算施工项目的实际成本。施工项目成本核算所提供的各种成本信息，是成本预测、成本计划、成本控制、成本分析和成本考核等各个环节的依据。

施工项目成本核算一般以单位工程为核算对象。成本核算要求形象进度、产值统计、实际成本归集做到三同步，即三者的取值范围应该一致。形象进度表达的实物工程量统计、施工产值的货币工程量和实际成本归集所依据的工程量均应是相同的数值。加强施工项目成本核算工作，对降低项目成本、提高项目的经济效益具有积极的作用。

5）成本分析

施工项目成本分析是在施工项目成本核算的基础上，对成本的形成过程和影响成本的因素进行评价、剖析和总结工作。施工项目成本分析贯穿于施工项目成本管理的全过程，它是在成本的形成过程中，主要利用施工项目的成本核算资料（成本信息），与目标成本、预算成本以及类似的施工项目的实际成本等进行比较，了解成本的变动情况；同时也要分析主要技术经济指标对成本的影响，系统地研究成本变动的因素，检查成本计划的合理性。并通过成本分析，深入揭示成本变动的规律，寻找降低施工项目成本的途径，以便有效地进行成本控制，促使项目部遵守成本计划和财务制度，加强施工项目的全员、全过程的成本管理。

项目部应按照企业有关规定按时上报项目的成本控制状态和成本分析，并提出成本控制意见。

6）成本考核

成本考核分为过程考核和项目完成后考核。施工项目完成后，对施工项目成本形成中的各责任者，按施工项目成本责任制的有关规定，将成本的实际指标与计划、定额、预算进行对比和考评，评定施工项目成本计划的完成情况和各责任者的业绩，并以此给以相应的奖励和处罚。

过程考核属于项目部成本控制的一种手段。通过成本考核，做到有奖有罚，赏罚分明，才能有效地调动每一个员工在各自的岗位上努力完成目标成本的积极性，为降低施工项目成本和增加企业的积累，做出自己的贡献。

施工项目成本考核是衡量成本降低的实际成果，对成本指标完成情况的总结和评价。

施工项目成本管理中的每一个环节都是相互联系和相互作用的。成本预测是成本计划的前提；成本控制则是对成本计划的实施进行监督，保证成本目标的实现，是关键环节；而成本核算既是对成本计划是否实现的检验，又是成本分析的基础；成本核算和成本分析所提供的成本信息为下一个项目成本预测和成本计划提供基础资料。

### 3. 施工项目成本的构成

施工项目成本是指在工程项目的施工过程中所发生的全部生产费用的总和,主要由直接成本、间接成本和税金构成,其中间接成本和税金分配取决于企业与项目部具体约定。

(1) 直接成本

直接成本是指施工过程中耗费的构成工程实体或有助于工程实体形成的各项费用支出,是可以直接计入工程对象的费用。包括:

1) 人工费:即直接从事施工作业人员的工资、奖金、工资性津贴、工资附加费、社会保险费等。

2) 材料费:即施工过程中耗用的构成工程实体的各种材料费用,如原材料、辅助材料、构配件、零件、半成品、周转材料等。

3) 机械使用费:即施工过程中使用机械所发生的费用,包括自有机械台班费、外租机械租赁费、施工机械的安装、拆卸和进出场费用等。

4) 其他直接费:其他直接用于施工过程的费用,包括临时设施费、检测试验费、二次搬运费、安全、文明施工及环境保护措施费、夜间施工费、冬雨期施工措施费、施工排水降水费、工程保险费、生产用水电费、已完工程保护费等。

(2) 间接成本

间接成本是指为施工准备、组织和管理施工生产的全部费用的支出,是非直接用于也无法直接计入工程对象,但为工程施工所必须发生的费用。包括:

1) 项目部管理人员的工资、奖金、工资性津贴、劳动保护费等。

2) 项目部办公费:包括办公设施、办公用品、书报、生活用水电、燃料等。

3) 固定资产使用费:现场项目管理所需的固定资产租赁、折旧、修理、检测等费用,如测量仪器、试验仪器等。

4) 交通差旅费:指因工作需要所发生的交通、出差、住宿等费用。

5) 劳动保险费:按规定用于项目部员工的劳动保险费用。

6) 通信费:在项目施工过程中所发生的电话、传真、邮件、上网等费用。

7) 其他间接费:工程排污费、社会保障费、工会经费、职工教育经费、咨询费、业务招待费、职工福利费、广告费、审计费、技术转让费、车船税、印花税、项目财务费用等。

(3) 税金

税金是指国家税法规定的应计入施工项目成本的营业税等税负支出。

### 4. 影响施工项目成本的主要因素

(1) 主要因素分析与构成

影响施工项目成本的因素很多,有社会环境因素、企业经营管理因素、项目管理因素等。本节内容主要分析施工项目部管理因素,以便采用适当的对策。

分析施工项目成本主要的影响因素，对提高施工项目成本管理具有直接作用，是项目部成本管理的日常工作，也是企业经营管理重要工作。

（2）影响施工项目成本的主要因素

1）项目部成本管理体系有效性

建立健全项目部施工项目成本管理体系，且保持有效运行，是保证目标成本实现的前提和基础。施工项目成本管理是一个全员、全过程的控制过程，需要每一个部门和每一位员工的参与。从项目管理角度，项目部首先要选择一位合格的项目负责人，其次要有一个高效率的工作团队，制订一套严密有效的工作制度。职责分明，责任到人，协作配合，奖罚有度，形成一个施工项目成本管理的责任网络，保证施工项目成本得到有效控制。

2）施工组织设计科学合理性

施工组织设计是指导施工全过程的技术、经济和管理的综合性文件，也是施工实施的重要依据；施工组织设计体现了企业和项目管理水平以及技术能力。市政工程施工组织设计对施工成本影响主要是施工方法选择、施工机械确定、施工作业组织安排等。

施工组织设计必须依据合同约定，满足设计要求和规范规定，符合工程实际情况，在保证质量、安全、进度前提下尽可能降低施工成本。

3）工程材料与机械采购适合度

在施工项目成本的构成中，材料设备成本占项目成本的比例最大，一般情况下达到60%～70%左右，因此，材料设备采购适合度和消耗管理是项目成本管理的重点。材料设备采购应满足设计要求和规范规定，在保证质量前提下应尽可能降低采购成本。材料损耗要严格控制，有定量、有定额，不得造成浪费；租用施工机械要提高机械完好率和利用率，避免闲置和窝工现象。这些管理的成效是影响施工项目成本的主要关键。

4）质量、安全与进度有机结合

近年来，建筑市场对质量、安全管理的要求越来越高；市政工程对进度要求层层加码现象越来越突出；企业间过度竞争日益严重，极大的压缩了施工项目利润空间，从而影响到企业的生存和发展。

对于建设工程项目来讲，应在保证质量合格的前提下控制质量成本；严格控制质量、安全和进度，降低返工率和停工受罚，杜绝质量事故与安全事故；这些因素都将影响施工项目成本。

5）合同的影响

施工合同是施工项目成本管理的重要依据，是发包人和承包人必须共同遵守的法律文件，也是双方必须履行的技术经济文件。因此，施工合同的签订，合同条款的内容，对施工过程中的项目变更索赔及工程竣工决算具有重大影响，从而也将影响施工项目成本控制。

6）市场因素的影响

建筑市场竞争日益激烈，为了生存，许多工程是压低标价竞争。结果低价中标后给项目部留下隐患，影响了施工项目成本的盈亏。

建筑材料市场价格的频繁波动给项目部的材料采购工作带来很大的影响，从而给施工项目成本控制带来不稳定性。

建设工程项目施工是一个复杂的、动态的过程，受到环境、物资、人为等方方面面的因素影响，这些影响因素需要随时分析、评价、采取纠正措施。

## 5. 工程量计算及工程量清单计价

(1) 市政工程工程量计算的依据

1)《建设工程工程量清单计价规范》GB 50500—2013 中有关的工程量计算规则；

2)《市政工程计量规范》GB 500857—2013 中有关规定。

3) 招标文件和施工合同；

4) 设计文件；

5) 有关的工程施工规范与工程验收规范；

6) 拟采用的施工组织设计和施工技术方案。

(2) 市政工程工程量一般规定

1) 土（石）方工程

① 挖方按设计图示尺寸以体积计算，填方按压实后体积计算。

② 基坑挖土深度按底面标高至地面平均标高或自然地面标高确定，以体积计算。

③ 基坑支护按照所用的支护方式和设计图示，以面积或体积计算。

④ 沟槽、基坑、一般土方的划分：

A. 底宽 7m 以内，底长大于底宽 3 倍以上按沟槽计算。

B. 底长小于底宽 3 倍以下，底面积在 150m² 以内按基坑计算。

C. 超过上述范围，按一般土方计算。

⑤ 挖淤泥工程量按设计图示位置、界限以体积计算。

⑥ 挖流砂工程量按设计图示位置、界限以体积计算。

⑦ 土方场内运距按挖方中心至填方中心的距离计算。

⑧ 填土土方指可利用的土方，不包括耕植土、流砂、淤泥等。

2) 道路工程

① 铺设排水板按设计图示尺寸，以长度计算。

② 石灰砂桩同上。

③ 喷粉桩设计图示尺寸以长度计算。

④ 双轴水泥土搅拌桩按设计图尺寸，以体积计算。

⑤ 道路基层及垫层按设计道路底基层图示尺寸，以面积计算，不扣除各种井所占面积；当路槽施工时，按路缘石内侧宽度计算；当路堤施工时，按路缘石内侧宽度每侧增加 15cm 计算。

⑥ 道路基层及垫层按设计道路底基层图示尺寸，以面积计算，不扣除各种井所占面积；

⑦ 道路面层铺筑按设计图示尺寸，以面积计算，带路缘石的面层应扣除路缘石面积计算，面层不扣除各类井位所占面积。带平石的面层应扣除平石所占面积。

⑧ 人行道铺筑按设计图示尺寸，以面积计算，不扣除各类井位所占面积，但应扣除

种植树穴面积。

⑨ 路缘石按设计长度计算，不扣除侧向进水口长度。

⑩ 路幅宽按车行道、人行道和隔离带的宽度之和计算。

3）桥梁工程

① 桩基：钢筋混凝土板桩按设计图示截面积，以体积计算；机械成孔、泥浆护壁灌注桩以根数计算时，按设计图示数量计算；以米计算时，按设计图示尺寸，以桩长（包括桩尖计算；以立方米计时，按不同截面在桩上范围，以体积计算。

② 现浇混凝土：除桥面铺装以面积计算外，其余均按设计图示尺寸，以体积计算。

③ 预制混凝土：除预制混凝土花板栏杆以长度计算外，其余均按设计图示尺寸，以体积计算。

④ 砌筑：按设计图示尺寸，以体积计算。

⑤ 挡墙：按设计图示尺寸，以体积计算。

⑥ 支座：按设计图示数量计算。

⑦ 栏杆：混凝土防撞护栏按设计图示尺寸，以长度计算；金属栏杆以延米计算。

4）城市管道工程

① 开槽施工成品管道按设计图示中心线，以延米计算；开槽施工现浇、砌筑管道（沟）按设计图示尺寸，以延米计算。

② 开槽施工深度为自然地面标高至沟槽底标高的距离。

③ 开槽施工管道基础分为按碎石基础、混凝土基础和钢筋混凝土基础，按照设计图示，分别以体积计算。

④ 检查井深度为设计检查井顶面至沟管内底面的距离。检查井的计量单位统一按"座"计算。

⑤ 盾构掘进、管片拼装，按设计图示掘进长度，以延米计算。

⑥ 顶管施工管道，按设计图示中心线，以延米计算。

⑦ 水平钻机施工管道，按设计图示中心线，以延米计算。

⑧ 夯管施工管道，按设计图示中心线，以延米计算。

⑨ 架空管道，按设计图示中心线，长度以延米计，不扣管件和阀门长度。

5）混凝土结构工程

① 现浇混凝土垫层、底板、柱、墙、平台、顶板等结构，按设计图示尺寸，以体积计算。

② 模板工程按混凝土与模板接触面积计算。

③ 支架（脚手架）工程以立方米计算时，按照支架搭设空间体积计算；以米计算时，按支架搭设长度计算。

(3) 工程量清单计价

工程量清单计价应按招标文件或施工合同规定，完成工程量清单所列项目的全部费用，包括分部分项工程费、措施项目费、其他项目费、规费和税金。

分部分项工程费是指为完成分部分项工程量所需的实体项目费用。分部分项工程量清单与计价表见表 6-1。

## 六、项目成本管理

**分部分项工程量清单计价表**　　　　　　　　　　表 6-1

工程名称：　　　　　　　　　　　　　　　　　　　　第　页　共　页

| 序号 | 项目编码 | 项目名称 | 计量单位 | 工程数量 | 金额（元） ||
|---|---|---|---|---|---|---|
| | | | | | 综合单价 | 合价 |
| | | | | | | |
| | | | | | | |
| | | | | | | |
| | | | | 本页小计 | | |
| | | | | 合计 | | |

填表人：

措施项目费是指分部分项工程费用以外，为完成该工程项目施工，发生于该工程施工前和施工过程中技术、生活、安全等方面的非工程实体项目所需的费用。措施项目清单与计价表见表 6-2。

**措施项目清单计价表**　　　　　　　　　　　表 6-2

工程名称：　　　　　　　　　　　　　　　　　　　　第　页　共　页

| 序　号 | 项目名称 | 金额（元） |
|---|---|---|
| | | |
| | | |
| | | |
| 合计 | | |

填表人：

其他项目费是指分部分项工程费和措施项目费以外，该工程项目施工中发生的其他费用。规费和税金是政府部门和国家税法规定必须缴纳的费用。其他项目清单与计价表见表 6-3。

**其他项目清单计价表**　　　　　　　　　　　表 6-3

工程名称：　　　　　　　　　　　　　　　　　　　　第　页　共　页

| 序　号 | 项目名称 | 金额（元） |
|---|---|---|
| | | |
| | | |
| | | |
| 合计 | | |

填表人：

工程量清单应采用综合单价计价。综合单价是指完成工程量清单中一个规定计量单位项目所需的人工费、材料费、机械使用费、管理费和利润，并考虑风险因素后得出的综合性价格。工程量乘以综合单价就直接可以得到一个规定计量单位项目的费用，把这些费用累计起来就可以得到分部分项工程费用，再将各个分部分项工程的费用与措施项目费、其他项目费、规费和税金加以汇总，就得到整个工程的总造价。

## （二）施工成本控制的基本要求与内容

### 1. 施工成本控制的基本要求

（1）施工成本控制的依据

施工成本控制的依据包括以下内容：

1）工程承包合同

施工成本控制应以工程承包合同为依据，围绕降低工程成本这个目标，从预算收入和实际成本两方面，努力挖掘增收节支潜力、开源节流，以求获得最大的经济效益。

2）施工成本计划

施工成本计划实际上就是根据施工项目的具体情况而制订的施工成本控制方案，既包括了预定的具体成本控制目标，又包括了实现控制目标的措施和规划，是施工成本控制的指导文件。

3）进度和施工统计报告

进度报告和施工统计报告提供了每一时段工程的实际完成量，以及工程施工成本实际支付情况等重要信息。施工成本控制正是通过这些实际情况与施工成本计划相比较，找出二者之间的偏差，分析偏差产生的原因，从而采取措施纠正这些偏差。进度和施工统计报告还有助于项目负责人及时发现工程实施过程中存在的隐患，进而采取有效措施，避免造成重大损失。

4）工程变更

工程项目施工是一个复杂的、动态的过程，由于受方方面面因素的影响，工程变更在所难免。工程变更一般包括设计变更、进度计划变更、施工条件变更、施工方法变更、施工顺序变更、工程数量变更等。一旦发生变更，工程量、工期和成本都将随之而发生变化，从而使施工成本控制工作变得更加复杂和困难。因此，施工项目成本管理人员必须通过对变更内容当中各类数据的计算、分析，及时掌握变更情况，包括已发生的工程量、将要发生的工程量、工期的影响、资源的供应、工程款的支付等重要信息，判断变更可能带来的索赔额度和变更对目标成本的影响。

此外，有关的施工组织设计、分包合同等也都是施工成本控制的依据。

（2）施工成本控制的原则

施工成本控制的原则是管理的基础和核心，因此，项目部在实施施工成本控制时必须遵循以下原则。

1）成本最低化原则

施工项目成本控制的根本目的，就是要通过成本管理的各种手段，促进不断地降低施工项目成本，以达到可能实现最低的目标成本的要求。

2）全面成本控制原则

施工成本是一项综合性很强的指标，它涉及企业的各个部门和项目部的每一位管理人员，同时又贯穿于从开工到竣工交付使用的全过程。因此说，全面成本管理是全企业、全员、全过程的管理，它不是一个抽象的概念，而应该有一个系统的实质性内容，其中包括责任网络的完善和作业班组的经济核算等，防止成本控制人人有责，人人不管。

3) 动态控制原则

对于具有一次性特点的施工项目成本来说，必须特别强调施工成本的中间控制。因为施工准备阶段的成本控制，只是根据上级要求和施工组织设计的具体内容确定成本目标，编制成本计划，制订成本控制方案，为今后的成本控制做好准备。而竣工阶段的成本控制，由于成本盈亏已成事实，即使发生了偏差，纠正也已困难。因此，唯有加强中间控制、动态控制，把成本控制的重点放在主要施工阶段上，随时纠偏，则尤为重要。

4) 目标管理原则

目标管理的内容包括：目标的设定和分解，目标的责任到位和执行，检查目标的执行结果，评价目标和修正目标，形成目标管理的 P（计划）D（实施）C（检查）A（处理）循环。

5) 责、权、利相结合原则

要使成本控制真正发挥及时有效的作用，必须严格按照经济责任制的要求，做到责、权、利相结合。

在项目施工过程中，从项目负责人到每一个作业班组都负有一定的成本控制责任，从而形成整个施工项目的成本控制责任网络。同时，他们还享有成本控制的权力，以行使对项目施工成本的实质性控制。最后，项目负责人还要对各部门、各班组在施工成本控制中的工作业绩进行定期的检查和考评，做到有奖有罚。只有责权利相结合的成本控制，才是名副其实的施工成本控制。

(3) 施工成本控制的组织和分工

施工项目的成本控制，不仅仅是专业成本员的责任，所有的项目管理人员，特别是项目负责人，都要按照自己的业务分工各负其责，所以要如此强调成本控制，一方面，是因为成本指标的重要性，是诸多经济指标中的主要指标之一；另一方面，还在于成本指标的综合性和群众性，既要依靠各部门、各单位的共同努力，又要由各部门、各单位共享降低成本的结果。为了保证项目成本控制工作的顺利进行，需要把所有参加项目建设的人员组织起来，并按照各自的分工开展工作。

1) 建立以项目负责人为核心的项目成本控制体系

项目负责人负责制，是项目管理的特征之一。实行项目负责人负责制，就是要求项目负责人对项目建设的进度、质量、成本、安全和现场管理标准化等全面负责，特别要把成本控制放在首位，因为成本失控，必然影响项目的经济效益，难以完成预期的成本目标，更无法向职工交代。

2) 建立项目成本管理责任制

项目管理人员的成本责任，不同于工作责任。有时工作责任已经完成，甚至还完成得相当出色，但成本责任却没有完成。例如：项目工程师贯彻工程技术规范认真负责，对保证工程质量起到了积极的作用，但往往强调了质量，忽视了节约，影响了成本。又如：材料员采购及时，供应到位，配合施工得力，值得赞扬，但在材料采购时就远不就近，就高未就低，既增加了采购成本，又不利于工程质量。因此，应该在原有职责分工的基础上，还要进一步明确成本管理责任，使每一个项目管理人员都有这样的认识：在完成工作责任的同时还要为降低成本精打细算，为节约成本开支严格把关。

3) 实行分包成本的控制

对分包成本的控制，应由项目部与分包单位之间通过分包合同建立承发包关系。在合同履行过程中，项目部有权对分包单位的进度、质量、安全、劳动力、材料、机械及现场管理标准进行管理。同时，按月份计量工程量，按合同规定及时支付工程款。

**2. 施工成本控制的基本内容**

施工成本控制的内容应该是做到既开源又节流，既增收又节支，这样才能达到施工成本控制的目的。施工成本控制的基本内容主要有：

（1）认真会审图纸，积极提出修改意见

施工单位应该在满足用户要求和保证工程质量的前提下，联系项目施工的主客观条件，对设计图纸进行认真的会审，并提出修改意见。对于结构复杂，施工难度高的项目，更要加倍认真。并且要从方便施工，有利于加快工程进度和保证工程质量，又能降低资源消耗，增加工程收入等方面综合考虑，提出有科学根据的合理化建议，争取建设单位和设计单位的认同。

（2）加强合同预算管理，增创工程预算收入

深入研究招标文件、合同内容，正确编制施工图预算。在编制施工图预算的时候，要充分考虑可能发生的成本费用，包括合同规定的属于包干性质的各项定额补贴，并将其全部列入施工图预算，即凡是政策允许的，要做到该纳入收入的点滴不漏，以保证项目的预算收入。合同规定的"开口"项目，应作为增加预算收入的重要方面。"开口"项目的取费则有比较大的潜力，是项目创收的关键。根据工程变更资料，及时办理增减账。由于设计、施工和建设单位使用要求等种种原因，工程变更是项目施工过程中不可避免的事情。随着工程的变更，必然会带来的工程内容的增减和施工工序的改变，从而也必然会影响成本费用的支出。因此，项目承包方应就工程变更对既定施工方法、机械设备使用、材料供应、劳动力调配和工期目标等的影响程度，以及为实施变更内容所需要的各种资源进行合理估价，及时办理增减账手续，并通过工程款结算从建设单位方取得补偿。

（3）制订先进的、经济合理的施工方案

施工方案的不同、工期就会不同，所需机械设备也不同，因而发生的费用也就不同。因此，选择先进的、经济合理的施工方案是成本控制的关键所在。

制订施工方案要以合同和上级要求为依据，联系项目的规模、性质、复杂程度、现场条件、装备情况、人员素质等因素综合考虑。但必须强调，施工方案应该同时具备先进性和可行性，如果只先进不可行，不能在施工中发挥有效的指导作用，那就不是好的施工方案。

（4）落实技术组织措施

落实技术组织措施，走技术与经济相结合的道路，以技术优势来促进经济效益，是施工成本控制的又一个关键。一般情况下，项目部应在开工前根据工程情况制订技术组织措施，作为施工成本控制的内容列入施工组织设计。在编制月度施工进度计划时，也可按照

作业计划的内容，编制月度技术组织措施计划。

为了保证技术组织措施计划的落实，并取得预期效果，应在项目负责人的领导下明确分工，由技术人员订措施，材料人员供材料，现场管理人员和作业班组负责执行，财务成本员结算节约效果，最后由项目负责人按工作业绩实行奖罚，形成技术组织措施的执行网络，也就是施工成本控制的工作网络。

（5）组织均衡施工、加快施工进度

凡是按时间计算的成本费用，如项目管理人员的工资、办公费、临时设施、水电费、施工机械和周转材料的租赁费等等，在加快施工进度，缩短施工周期的情况下，都会有明显的节约。因此，加快施工进度也是施工成本控制的内容之一。

（6）材料、机械、人工费的控制

材料、机械、人工三项费用占施工项目成本的比例较大，仅材料费用就达到65%～70%左右。因此，降低材料的采购价格和施工消耗，提高施工机械的使用效率，控制用工数量是施工成本控制的主要内容，对实现目标成本具有决定性的作用。

（7）质量和安全控制

严格按照施工技术规范和安全技术规范施工，加强施工全过程中的质量、安全管理和监控，降低和杜绝质量问题和安全事故的发生，减少施工项目的直接损失和质量、安全成本，为施工成本控制提供保障。

其他如财务方面、行政管理方面等也应是施工成本控制的内容。

## （三）施工成本控制的步骤与措施

### 1. 施工成本控制的步骤

在确定了施工成本计划之后，必须定期地进行施工成本计划值与实际值的比较，当实际值偏离计划值时，分析产生偏差的原因，采取适当的纠偏措施，以确保施工成本控制目标的实现。其步骤如下。

（1）比较

按确定的方式将施工成本计划值与实际值逐项进行比较，检查施工成本是否超支。

（2）分析

在比较的基础上，对比较的结果进行分析，以确定偏差的严重性及偏差产生的原因。分析是施工成本控制工作的核心，其主要目的在于找出产生偏差的原因，从而采取有针对性的纠偏措施，减少或避免同一原因的重复发生，并减少由此造成的损失。

（3）预测

依据完成情况估算完成项目所需的总费用。

（4）纠偏

当工程项目的实际施工成本出现了偏差，应根据工程的具体情况、偏差分析和费用预测的结果，采取适当的措施，努力达到使施工成本偏差尽可能小的目的。纠偏是施工成本控制中最具有实质性的步骤。只有通过纠偏，才能最终达到有效控制施工成本的目的。

对偏差原因进行分析的目的就是为了有针对性地采取纠偏措施，从而实现成本的动态控制和主动控制。纠偏首先要确定纠偏的主要对象，偏差原因有些是无法避免和控制的，如客观原因，充其量只能对其中少数原因做到隐患于未然，力求减少该原因所造成的经济损失。在确定了纠偏的主要对象之后，就需要采取有针对性的纠偏措施。纠偏可采用组织措施、经济措施、技术措施和合同措施等。

（5）检查

检查是指对工程的进展进行跟踪和检查，及时了解工程进展状况以及纠偏措施的执行情况和效果，为今后的工作积累经验。

## 2. 施工成本控制的措施

施工阶段是控制建设工程项目成本发生的主要阶段，它是通过确定成本目标并按计划成本进行施工，配置资源，并通过成本核算和成本分析发现偏差，找出原因，进而采取成本控制措施，纠正偏差，实施有效控制。施工成本控制的措施归纳起来有以下几个方面。

（1）组织措施

1）项目负责人是项目成本管理的第一责任人，全面组织项目部的成本管理工作，应及时掌握和分析盈亏情况，并迅速采取有效措施。

2）按照全面成本控制原则，组织项目部各部门、各岗位人人参与成本控制，真正做到全员、全过程的管理，建立健全项目成本管理体系。

3）建立项目成本管理责任制。在岗位职责分工的基础上，进一步落实成本管理责任，加强成本管理意识，人人有责，人人把关。把成本管理工作的考核，列入每个管理人员或部门的工作业绩。

（2）技术措施

1）制订先进的、经济合理的施工方案，以达到加快进度、提高质量、保证安全、降低成本的目的。

2）在施工过程中不断地推陈出新，采用新技术、新工艺、新材料和新设备，努力寻求各种节能降耗、提高工效、降低成本的技术措施。

3）严把质量、安全关。加强工程项目自身的质量、安全管理，缩短工序验收时间。减少和杜绝质量问题和安全事故。控制返工率，降低质量安全成本，尽可能地减少因质量、安全方面存在的问题而造成工程项目成本的直接损失。

（3）经济措施

1）人工费控制：主要是改善劳动组织，减少窝工浪费；实行合理的奖罚制度；加强技术教育和培训工作，加强劳动纪律，压缩非生产用工和辅助用工，严格控制非生产人员比例。

2）材料费控制：主要是改进材料的采购、运输、收发、保管等方面的工作，减少各个环节的损耗，降低采购费用；合理布置材料的现场堆放和保管，避免和减少二次搬运；严格材料的进场验收检验，严格施工限额领料制度；制订并落实节约材料的技术措施，制订节约奖励制度；提高周转材料的使用周期，合理使用材料，综合利用一切资源。

3）机械费控制：主要是正确选配和合理利用机械设备，抓好机械设备的维修保养，提高机械设备的完好率和利用率,提高施工效率,加快施工进度,从而降低机械使用费。

4)间接费及其他直接费控制:主要是精简管理机构和人员,合理确定管理跨度,减少管理层次,节约施工管理费用等。

(4)合同措施

1)深入研究工程合同的内容和条款,合理利用有利条款,规避不利条款,控制风险条款,严格执行和遵守合同条款。随时注意设计变更、工程量增减、质量及特性的变更、工程标高与基线及尺寸的改变、施工顺序的改变等情况,及时办理合同变更。

2)正确编制施工图预算,在合同范围之内,只要不违反政策,尽可能做到不遗不漏,以保证工程项目的预算收入。要合理利用动态造价的可变性,在"开口"项目上挖潜力,为工程项目创造预算收入。

3)工程变更是随着项目施工过程的发展而发生的,每一个工程项目都会或多或少地发生工程变更,无一例外。随着工程的变更,施工内容、工程量、施工顺序和施工费用都会随之发生变化。因此,项目部应及时掌握工程变更情况,评价和分析工程变更对原定施工方案、资源供应和工期进度的影响程度,测算工程变更所带来的项目成本费用的增减,及时办理增减账手续,保证施工成本控制的正确性。

施工成本控制的组织措施、技术措施、经济措施和合同措施是融为一体、相互作用的。项目部在施工成本控制中应统筹考虑,综合采用。

# 七、市政工程预算基本知识

## （一）市政工程造价基本知识

### 1. 市政工程造价基本知识

（1）市政工程建设的项目组成

市政工程按照专业不同，主要分为给水排水工程，城镇道路工程，城市桥梁、隧道工程，城市防洪工程，城市燃气、供热工程，城市轨道交通工程，园林绿化、公共照明工程等。市政工程建设项目内容如下：

1）城镇道路工程

城镇道路工程建设项目包括城（镇）市中的快速路、主干道、次干道、广场、停车场、人行地道交通设施、路边的绿化和美化工程等。

2）城市桥梁工程

城市桥梁工程建设项目包括不同造型和结构的桥梁、涵洞、通道，如立交桥、高架桥、跨线桥、地下通道及箱涵、板涵、拱涵，人行街道桥等。

3）给水排水工程

城市给水排水工程建设项目包括城市污水处理、污泥处理；地面和地下水源取水及配水场、净水厂等工程；输送排放主干线、次干线网，郊区、开发区的规划线，大型建筑群、社区的给水排水系统；城市水环境综合整治工程。

4）城市燃气工程

城市燃气工程建设项目包括燃气输配干、支线网，天然气加压站、减压站，储存输配站，煤气厂，煤气管站，驻配气站，煤气调研站。

5）城镇供热工程

城市供热工程建设项目包括热源工程、供热管网工程和热交换站工程。

6）城市轨道交通工程

城市轨道交通工程建设项目含地下铁车站、区间隧道、车辆段、停车场、控制中心和轻轨交通地面线、高架桥梁（通道）车辆段、停车场、控制中心等。

7）城市垃圾处理工程

城市垃圾处理工程建设项目包括垃圾处理站、垃圾填埋场、垃圾焚烧厂等。

8）园林绿化工程

城市园林绿化工程建设项目包括园林庭院、城市绿化等工程。

(2) 市政工程施工造价费用构成

市政工程施工造价费用主要由直接费、间接费、利润和税金等项目组成,见表7-1。

**市政工程施工费用项目组成表** 表7-1

| | | | | |
|---|---|---|---|---|
| 市政工程施工造价费 | 直接费 | 直接工程费 | 1. 人工费 | |
| | | | 2. 材料费 | |
| | | | 3. 施工机械使用费 | |
| | | 措施费 | 1. 环境保护 | |
| | | | 2. 文明施工 | |
| | | | 3. 安全施工 | |
| | | | 4. 临时设施 | |
| | | | 5. 夜间施工 | |
| | | | 6. 二次搬运 | |
| | | | 7. 大型机械设备进出场及安拆 | |
| | | | 8. 混凝土、钢筋混凝土模板及支架 | |
| | | | 9. 脚手架 | |
| | | | 10. 已完工程及设备保护 | |
| | | | 11. 施工排水、降水 | |
| | 间接费 | 规费 | 1. 社会保险费 | 1.1 养老保险费 |
| | | | | 1.2 失业保险费 |
| | | | | 1.3 医疗保险费 |
| | | | | 1.4 工伤保险费 |
| | | | | 1.5 生育保险费 |
| | | | 2. 住房公积金 | |
| | | | 3. 工程排污费 | |
| | | 企业管理费 | 1. 管理人员工资 | |
| | | | 2. 办公费 | |
| | | | 3. 差旅交通费 | |
| | | | 4. 固定资产使用费 | |
| | | | 5. 工具用具使用费 | |
| | | | 6. 劳动保险费 | |
| | | | 7. 工会经费 | |
| | | | 8. 职工教育经费 | |
| | | | 9. 财产保险费 | |
| | | | 10. 财务费 | |
| | | | 11. 税金 | |
| | | | 12. 其他 | |
| | 利润 | | | |
| | 税金 | | | |

1) 直接费

直接费由直接工程费和措施费组成。

直接工程费是指施工过程中耗费构成工程实体的各项费用,包括人工费、材料费和施工机械使用费。

$$直接工程费 = 人工费 + 材料费 + 施工机械施工费$$

① 直接人工费：是指直接从事建筑安装工程施工的生产工人开支的各项费用，计算如下：

$$人工费 = \Sigma(工日消耗量 \times 日工资单价)$$

其中，日工资单价包括：基本工资、工资性补贴、生产工人辅助工资、职工福利费和生产工人劳动保护费等。

A. 基本工资：是指发放给生产工人的基本工资。

B. 工资性补贴：是指按规定标准发放的物资补贴，如：煤、燃气补贴，交通补贴，住房补贴及流动施工津贴等。

C. 生产工人辅导工资：是指生产工人年有效施工天数以外非作业天数的工资，主要包括职工学习、培训期间的工资，调动工作、探亲、休假期间的工资，因气候影响的停工工资，女工哺乳时间的工资，病假在六个月以内的工资及产、婚、丧假期的工资。

D. 职工福利费：是指按照规定标准计提的职工福利费。

E. 生产工人劳动保护费：是指按照规定标准发放的劳动保护用品的购置费及修理费，职工服装补贴，防暑降温费，在有碍身体健康环境中施工的保健费用等。

② 材料费：是指施工过程中耗费构成工程实体的原材料、辅助材料、构配件、零件和半成品的费用，计算如下：

$$材料费 = \Sigma(材料消耗量 \times 材料基价) + 检验试验费$$

③ 施工机械使用费：是指施工机械作业所发生的机械使用费、机械安拆费和场外运费。计算如下：

$$施工机械使用费 = \Sigma(施工机械台班消耗量 \times 机械台班单价)$$

$$机械台班单价 = 台班折旧费 + 台班大修费 + 台班经常修理费 + 台班安拆费及场外运费 + 台班人工费 + 台班燃料动力费 + 台班养路费及车船使用税$$

④ 措施费：是指为完成工程项目施工，发生于该工程施工前和施工过程中非工程实体项目的费用，它包括以下内容：

A. 环境保护费：是指施工现场为达到环保部门要求所需的各项费用。

$$环境保护费 = 直接工程费 \times 环境保护费费率(\%)$$

B. 文明施工费：是指施工现场文明施工所需的各项费用。

$$文明施工费 = 直接工程费 \times 文明施工费费率(\%)$$

C. 安全施工费：是指施工现场安全施工所需的各项费用。

$$安全施工费 = 直接工程费 \times 文明施工费费率(\%)$$

D. 临时施工费：是指施工企业为进行施工所必须搭设的生活、生产用的临时建（构）筑物和其他临时设施费用等。

E. 夜间施工费：是指因夜间施工所发生的夜班补助费、夜间施工降效、夜间施工照明设备摊销及照明用电等费用。

F. 二次搬运费：是指由于施工场地狭小等特殊情况而发生的二次搬运费用。

$$二次搬运费 = 直接工程费 \times 二次搬运费费率(\%)$$

G. 大型机械设备进出场及安拆费：是指机械整体或分体自停放场地运至施工现场或

由一个施工地点运至另一个施工地点，所发生的机械进出场运输及转移费用，及机械在施工现场进行安装、拆卸所需的人工费、材料费、机械费、试运转费，安装所需的辅助设施的费用。

H. 混凝土、钢筋混凝土模板及支架费：是指混凝土施工过程中所需的各种模板、支架等的支、拆、运输费用及模板、支架的摊销（或租赁）费用。

I. 脚手架费：是指施工需要的各种脚手架搭、拆、运输费用及脚手架的摊销（或租赁）费用。

J. 已完工程及设备保护费：是指竣工验收前，对已完工程及设备进行保护所需费用。

K. 施工排水、降水费。它是指为确保工程在正常条件下施工，采取各种排水、降水措施所发生的各种费用。

2）间接费

间接费由规费、企业管理费组成。

① 规费

规费是指政府和有关权力部门规定必须缴纳的费用，它包括：社会保险费、养老保险费、失业保险费、医疗保险费、工伤保险费、生育保险费、住房公积金、工程排污费。

② 企业管理费

企业管理费是指建筑安装企业组织施工生产和经营管理所需的费用，包括以下内容。

A. 管理人员工资：是指管理人员的基本工资、工资性补贴、职工福利费和劳动保护费等。

B. 办公费：是指企业管理办公用的文具、纸张、账表、印刷、邮电、书报、会议、水电、烧水和集体取暖（包括现场临时宿舍取暖）用煤等费用。

C. 差旅交通费：是指职工因公出差、调动工作的差旅费、住勤补助费，室内交通费和误餐补助费，职工探亲路费，劳动力招募费，职工离退休、退职一次性路费，工伤人员就医路费，工地转移费及管理部门使用的交通工具的油料、燃料、养路费及牌照费。

D. 固定资产使用费：是指管理和实验部门及附属生产单位使用的属于固定资产的房屋、设备仪器等的折旧、大修、维修或租赁费。

E. 工具用具使用费：是指管理使用的不属于固定资产的生产工具、器具、家具、交通工具和检验、试验、测绘、消防用具等的购置、维修和摊销费。

F. 劳动保险费：是指由企业支付离退休职工的易地安家补助费，职工退职金，6个月以上的病假人员工资，职工死亡丧葬补助费，抚恤费，按规定支付给离休干部的各项经费。

G. 工会经费：是指企业按职工工资总额计提的工会经费。

H. 职工教育经费：是指企业为职工学习先进技术和提高文化水平，按职工工资总额计提的费用。

I. 财产保险费：是指施工管理用财产、车辆保险。

J. 财务费：是指企业为筹集资金而发生的各种费用。

K. 税金：是指企业按规定缴纳的房产税、车船使用税、土地使用税、印花税等。

L. 其他：包括技术转让费、技术开发费、业务招待费、绿化费、广告费、公证费、法律顾问费、审计费和咨询费等。

③ 间接费的计算

间接费的计算方法按取费基数的不同分为以下三种：

A. 以直接费为计算基础

$$间接费 = 直接费合计 \times 间接费费率(\%)$$

B. 以人工费和机械费合计为计算基础

$$间接费 = 人工费和机械费合计 \times 间接费费率(\%)$$
$$间接费费率(\%) = 规费费率(\%) + 企业管理费费率(\%)$$

C. 以人工费为计算基础

$$间接费 = 人工费合计 \times 间接费费率(\%)$$

3）利润和税金

① 利润

是指施工企业完成所承包工程获得的盈利。

② 税金

是指国家税法规定的应计入建筑安装工程造价内的营业税、城市维护建设税、教育费附加和地方教育费附加。

$$税金 = (税前造价 + 利润) \times 税率(\%)$$

(3) 市政工程造价管理

1) 市政工程造价的概念

市政建设工程造价就是市政建设工程的建造价格，它具有两种含义。其一是指建设一项工程预期开支或实际开支的全部固定资产投资费用，是一项市政工程通过策划、决策、立项、施工等一系列生产经营活动所形成相应的固定资产、无形资产所需用的一次性费用的总和；其二是指为建成一项市政工程，预计或实际在土地市场、设备市场、技术劳务市场及工程承包市场等交易活动中所形成的市政建筑安装工程的价格和市政建设项目的总价格。

市政建设工程造价的两种含义是从不同角度把握同一事物的本质。从管理性质来看，前者属于投资管理范畴，后者属于价格管理范畴。

长期以来，市政工程的发包与承包价的计算价格式多采用定额价法，由国家制定统一的预算和概算定额。随着市场经济发展，近些年，住房和城乡建设部在建筑工程和市政工程逐步推行工程量清单计价方式。

2) 市政工程造价的计价特征

市政工程造价主要具有以下计价特征：

① 单件性计价

每项市政工程都有其专门的功能和用途，都是按不同的使用要求、不同的建设规模、标准和造型等，单独设计、单独生产的。即使用途相同，按同一标准设计和生产的产品，也会因其具体建设地点的水文地址及气候等条件的不同，引起结构及其他方面的变化，这就是造价工程项目在建造过程中，所消耗的活劳动和物化劳动差别很大，其价值也必然不同。为衡量其投资效果，就需要对每项工程产品进行单独定价。

不同的工程建设地点，因当地的自然条件和技术经济条件不同，导致构成工程产品价格的各种要素（例如地区材料价格、工人工资标准和运输条件等）变化很大。

工程项目建设周期长，程序复杂、环节多、涉及面广，在项目建设周期的不同阶段构成产品价格的各种要素差异较大，最终导致工程造价的千差万别。

工程项目在实物形态上的差别和产品价格要素的变化，使得工程产品不同于一般产品，不能统一定价，只能就各个项目，通过特殊的程序和方法单件计价。

② 多次性计价

市政建设工程周期长、规模大、价格高，所以按建设程序要分阶段进行，相应的在不同阶段多次性计价，以保证工程造价确定和控制的科学性。多次性计价是个逐步深化、逐步细化和逐步接近实际造价的过程。其过程如图 7-1 所示。

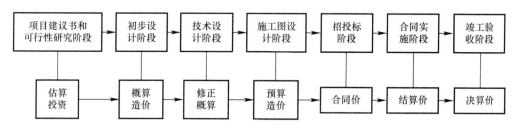

图 7-1 工程多次性计价过程示意图

③ 综合性计价

市政工程造价的计算是分布组合而成的，该特征和建设项目的组合性有关。一个建设项目是一个工程综合体。它可以分解为许多有内在联系的独立使用和不能独立使用的工程。建设项目的这种组合性决定了计价的过程是一个逐步组合的过程。此特征在计算概算造价和预算造价时尤为明显，所以也反映到合同价和结算价其计算过程如下：

A. 计价方法的多样性

市政工程为适应多次性计价有各不同的计价依据，及对造价的不同精确度要求，计价方法具有多样性特征。计算和确定概、预算造价的方法包括单价法和实物法，计算和确定投资估算造价的方法包括设备系数法、资金周转率法和系数估算法等。不同的方法利弊不同，适应条件也不同，所以计价时要综合具体情况加以选择。

B. 计价依据的复杂性

由于影响造价的因素多，计价依据复杂，种类较多，除《建设工程工程量清单计价规范》GB 50500—2013 规定的依据外，其他依据还有：

(A) 计算设备和工程量依据，包括项目建议书、可行性研究报告和设计文件等。

(B) 计算人工材料机械等实物消耗量依据，包括投资估算指标、概算定额、预算定额、预算定额和工程量消耗定额。

(C) 计算工程量单价的价格依据，包括人工单价、材料价格、材料运杂费和机械台办费等。

(D) 计算设备单价依据，包括设备原价、设备运杂费和进口设备关费等。

(E) 计算间接费和工程建设其他费用的依据，主要是相关的费用定额和费率。

(F) 政府规定的税费。

(G) 物价指数和工程造价指数、造价指标。

## （二）市政工程定额计价

### 1. 市政工程施工定额

施工定额是以同一性质的施工过程或工序为测定对象，确定工人在正常施工条件下，为完成单位合格产品所需劳动、机械和材料消耗的数量标准。市政工程施工企业定额通常称为施工定额。它是施工企业直接用于市政工程施工管理的一种定额，由劳动定额、材料消耗定额和机械台班定额组成，是最基本的定额。

（1）施工定额的作用

施工定额是施工企业进行科学管理的基础，它的作用如下。

① 它是施工企业编制施工预算、进行工料分析和"两算对比"的基础。

② 它是编制施工组织设计、施工作业设计和确定人工、材料及机械台班需要量计划的基础。

③ 它是施工企业向工作班（组）签发任务单、限额领料的依据。

④ 它是组织工人班（组）开展劳动竞赛、实施内部经济核算、承发包、计取劳动报酬和奖励工作的依据。

⑤ 它是编制预算定额和企业补充定额的基础。

（2）劳动定额

劳动定额又称人工定额，它是工人在正常的施工条件下，在一定的生产技术和生产组织条件下，在平均先进水平的基础上制订的。它体现了每个工人生产单位合格产品所必需的消耗的劳动时间，或在单位时间生产的合格产品的数量。

（3）机械台班使用定额

机械台班使用定额又称机械台班消耗定额，是指在正常施工条件下，合理的劳动组合和使用机械，完成单位合格产品或某项工作所必需的机械工作时间，它包括准备和结束时间、基本工作时间、辅助工作时间、不可避免的中断时间及使用机械的工人生理需要与休息时间。

（4）材料消耗定额

材料消耗定额是指在正常的施工条件下，在节约和合理地使用材料的情况下，生产单位合格产品所必需消耗的一定品种、规格的材料、半成品、配件等数量标准。

材料消耗定额是编制材料需要量计划、运输计划、供应计划、计算仓库面积、签发限额领料单和经济核算的依据。制订合理的材料消耗定额，是组织材料的正常供应，保证生产顺利进行，以及合理利用资源、减少积压、浪费的必要前提。

### 2. 市政工程预算定额

预算定额是指在合理的施工组织设计、正常的施工条件下，生产一个规定计量单位合格产品所需要的人工、材料和机械台班的社会平均消耗量标准，它是计算市政工程产品价格的基础。

预算定额是工程建设中一项重要的技术经济规划。其各项指标反映出完成规定计量单位符合设计标准和施工及验收规范要求的分项工程消耗的活劳动和物化劳动的数量限度。该限度最终决定着单项工程和单位工程的成本和造价。

(1) 预算定额的作用

① 预算定额是确定建筑安装工程造价的基础。施工图设计一经确定，工程预算造价就取决于预算定额水平及人工、材料和机械台班的价格，预算定额起着控制劳动消耗、材料消耗和机械台班使用的作用，起着控制市政工程产品价格的作用。

② 预算定额是编制施工组织设计的依据。施工组织设计的重要任务之一是确定施工中所需要人力、物力的供求量，并且做出最佳安排。施工单位在缺乏本企业的施工定额的情况下，根据预算定额，也能比较准确地计算出施工中各项资料的需要量，为有计划地组织材料采购、预制件加工、劳动力和施工机械的调配，提供了可靠的计算依据。

③ 预算定额是工程结算的依据。工程结算是指建设单位和施工单位按照工程进度对已完成的分部分项工程实现货币支付的行为。按进度支付工程款，需要根据预算定额将已完的分项工程的相应费用计算出来。单位工程验收后，再按竣工工程量和预算定额计算出完整的工程造价，并且结合施工合同的规定进行结算，以保证建设单位建设资金的合理使用和施工单位的经济收入。

④ 预算定额是施工单位进行经济活动分析的依据。预算定额规定的物化劳动和劳动消耗指标，是施工单位在生产经营中允许的最高标准。施工单位必须把预算价格作为评价企业工作的重要标准，作为努力实现的目标。施工单位应根据预算定额对施工中的劳动、材料和机械的消耗情况进行具体的分析，以便找出并且克服低功效、高消耗的薄弱环节，提高竞争能力。只有在施工中尽量降低劳动消耗，采用新技术，提高劳动者的素质，提高劳动生产率，才能取得较好的经济效益。

⑤ 预算定额是编制概算定额的基础。概算定额是在预算定额的基础上综合扩大编制的。以预算定额为编制依据，不仅可以节省编制工作的大量人力、物力和时间，收到事半功倍的效果，还可以是概算定额在水平上同预算定额保持一致，以免造成执行中的不一致。

⑥ 预算定额是合理地编制招标标底和投标报价的基础。随着建设市场的发展，预算定额的指令性作用将日益削弱，而施工单位按照工程个别成本报价的指导性作用依然存在，所以预算定额作为编制标底的依据和施工企业报价的基础性作用仍将存在，这是由预算定额本身的科学性和权威性决定的。

(2) 预算定额的种类

① 按专业性质分，预算定额包括建筑工程定额和安装工程定额。

建设工程定额按专业对象分为建筑工程预算定额、市政工程预算定额、铁路工程预算定额、公路工程预算定额、房屋修缮工程预算定额和矿山井巷工程预算定额等。就市政工程预算定额而言，按照工种的不同，可分为通用项目、道路工程、桥涵工程、隧道工程、给水工程、排水工程、燃气与集中供热工程、路灯工程和地铁工程等九种定额。

安装工程预算定额按专业对象分为电气设备、机械设备、热力设备、消防及安全防范设备、工业管道、工艺金属结构制作和自动化控制仪表等安装工程预算定额等。

② 从管理权限和执行分，预算定额可分为全国统一定额、行业统一定额和地区统一

定额等。

③ 预算定额按物质要素分为劳动定额、机械定额和材料消耗定额，但是他们相互依存并且形成一个整体，作为编制预算定额的依据，各自不具有独立性。

(3) 市政工程预算定额编制的方法

市政工程预算定额编制方法包括调查研究法、统计分析法、技术测定法和计算分析法等。

### 3. 市政工程施工图预算

(1) 施工图预算的概念

施工图预算是指在施工图设计完成之后，根据施工图设计要求所计算的工程量、施工组织设计、现行预算定额、取费标准及地区人工、材料和机械台班的预算价格进行编制的单位工程或单项工程的预算造价。

施工图预算是由单位工程预算、单项工程综合预算和建设项目总预算三级预算逐级汇总组成的。因为施工图预算是以单位工程为单位编制，按照单项工程综合而成的，所以施工图预算编制的关键在于编好单位工程施工图预算。

(2) 施工图预算的编制程序

编制施工图预算应在设计交底及会审图纸的基础上按照以下步骤进行：

1) 熟悉施工图纸和施工说明。熟悉施工图纸和施工说明是编制工程预算的关键。只有在编制施工图预算之前，对工程全貌和设计意图有了比较全面、详尽地了解后，才能结合定额项目的划分原则，正确地划分各分部分项的工程项目，才能按照工程量计算规则正确地计算工程量及工程费用。

2) 收集各种编制依据及材料。

主要包括：市政工程建设项目的审批文件及设计文件、施工图纸、初步设计概算书、施工组织设计（施工方案）、招投标文件和工程承包合同、标准定型图集等。其中，施工图纸是编制预算的主要依据，经批准的初步设计概算书，是工程投资的最高限价，不得任意突破。

同时还须执行的预算文件有：经有关部门批准颁发执行的市政工程预算定额、单位估价表、机械台班费用定额、设备材料预算价格、间接费定额及有关费用规定的文件，国务院颁发的有关专用定额和地区规定的其他各类建设费用取费标准，市政工程预算编制办法及动态管理办法。

3) 熟悉施工组织设计和现场情况。这对提高编制预算质量是十分重要的。

4) 学习并掌握工程定额内容及有关规定。预算定额、单位估价表及有关文件规定是编制施工图预算的重要依据。预算人员掌握所使用定额的内容及使用方法，弄清楚定额项目的划分及各项目所包括的内容、适用范围、计量单位、工程量计算规则和允许调整换算项目的条件、方法等，掌握各地区费用内容和取费标准调整情况，以便正确地应用。

5) 确定工程项目的计算工程量。确定工程项目的计算工程量是编制施工图预算的重要基础数据，工程量计算的准确与否将直接影响到工程造价的准确性。它还是施工企业编制施工作业计划，合理安排施工进度，调配劳动力、材料和机械设备，加强成本核算的重要依据。为了准确地计算工程量，应遵循以下原则。

① 计算口径要一致。在划分项目时一定要熟悉定额中该项目所包括的工程内容，保证施工图的分项工程口径与定额中相应分项工程的口径相一致。

② 计量单位要一致。即施工图纸分项工程工程量的计量单位，必须与定额相应项目的计算单位一致，不能随意改变。

③ 严格执行定额中的工程量计算规则。

④ 计算必须要准确。在计算工程量中，计算底稿要整洁，数字要清楚，项目部位要注明，计算精度要一致。工程量的数据通常精确到小数点后两位，钢材、木材和使用贵重材料的项目可精确到小数点后三位。

⑤ 计算时要做到不重不漏。在计算工程量时，为了快速准确不重不漏，通常应遵循一定的顺序进行。例如按一定的方向计算工程量：先横后竖、先左后右、先上后下的计算；按图纸编号顺序计算；按图纸上注明的不同类别的构件、配件的编号进行计算。

6) 汇总工程量套用定额子目，编制工程预算书。将工程量计算底稿中的预算项目和数量按定额分部顺序填入工程预算表中，套用相应的定额子目，计算工程直接费，按预算费用程序表和有关费用定额计取间接费、利润和税金，将工程直接费、间接费、利润和税金汇总后，求出该项工程的工程造价及单位造价指标。

7) 编制工料分析表。根据工程量和定额编制工料分析表，计算出用工、用料数量。

8) 审核、编写说明、装订、签章及审批、市政工程施工图预算书计算完毕后，为确保其准确性，经有关人员审核后编写说明和预算书封面，装订成册，经有关部门复审后送建设单位签证、盖章，送有关部门审批后才能确定其合法性。

(3) 施工图预算的编制方法

施工图预算的编制，是将批准的施工图纸、设计文件，按照省、市建设主管部门工程预算编制办法的规定，分部分项地把各工程项目的工程量计算出来，套用相应的现行定额，累计其全部直接费。然后计算其他直接费、间接费、计划利润、税金与不可预计费等，最后综合确定单位工程造价和其他经济技术指标等。

施工图预算的编制方法主要分为单价法和实物法。

1) 单价法

单价法是编制施工图预算时广泛采用的方法，是用事先编制好的分项工程的单位估价表（或综合单价表）来编制施工图预算的方法。用单价法编制施工图预算，可以采用工料单价法，也可以采用综合单价法。

① 工料单价法

工料单价法的概念及计算程序参见本书七、（一）中利润及税金的计算中的相关内容。本节主要介绍工料单价法编制施工图预算的步骤，其步骤如图 7-2 所示。

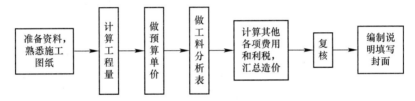

图 7-2 工料单价法编制施工图预算的步骤

A. 准备资料，熟悉施工的图纸。资料包括施工图纸、施工组织设计施工方案，现行市政工程预算定额、费用定额，统一的工程量计算规则和工程所在地区的人工、材料、机械台班、预算价格和调价文件等。只有对施工图有全面、详细的了解，才能全面地、准确地计算出工程量，从而合理地编制出施工图预算造价。

B. 计算工程量：工程量的计算在整个预算过程中是最重要、最繁重的一个环节。它直接影响预算造价的准确性。在工程量计算上必须做到尽可能的准确，以确保预算质量。

C. 套用预算定额单价：工程量计算完毕并且核对无误后，用所得到的分部分项工程量套用单位估价表中相应的定额基价，相乘后相加汇总，即能求出单位工程的直接费。

D. 编制工料分析表。根据分项工程的实物工程量和相应定额中的项目所列的用工工日和材料数量，计算出各分部分项工程所需的人工和材料数量，相加汇总得出该单位工程所需的各类人工和材料的数量。

E. 计算其他各项费用、利润和税金，汇总造价。按照建筑安装单位工程造价构成的规定费用项目、费率和计费基础，分别计算出其他直接费、现场经费、间接费、计划利润和税金，汇总得出单位工程造价。

$$单价工程造价 = 直接工程费 + 间接费 + 利润 + 税金$$

F. 复核、编写施工图预算的编制说明。

单位工程预算编制后，有关人员对单位工程预算进行复核，以便及时地发现差错，提高预算质量。在复核时应对工程量计算公式和结果、套用定额基价、各项费用的取费费率、各项费用的计算基础和计算结果、材料和人工预算价格及其价格调整等方面是否正确进行全面的复核。

单价法是目前国内市政工程编制施工图预算的主要方法，具有计算简单、工作量较小、编制速度较快、便于工程造价管理部门集中统一管理的优点。但是由于采用事先编制好的统一的单位估价表，它的价格水平只能反映定额编制年份的价格水平。在市场经济价格波动较大的情况下，单价法的计算结果往往会偏离实际价格水平，虽然可采用调价，但是调价系数和指数从测定到颁布又比较滞后，并且计算也较烦琐。

② 综合单价法

综合单价法的概念及计算程序参见七、（一）中利润及税金的计算中的相关内容。本节主要介绍综合单价法编制施工图预算的步骤。

综合单价法编制施工图预算的具体步骤如下。

A. 收集、熟悉基础资料并了解现场。

B. 计算工程量。

工程量不仅是编制预算的原始数据，而且是一项工作量大、要求细致的工作。编制市政工程施工图预算，大部分时间是用在看图和计算工程量上，工程量计算的精确度和快慢直接影响到预算编制的质量和速度。

在计算工程量时，必须严格按照图纸所注尺寸计算，不得任意加大或缩小、任意增加或减小。分项工程的计量单位应严格参照预算定额中所规定的计量单位。工程项目列出后，根据施工图纸按照工程量计算规则和计算顺序分别列出简单明了的分项工程计算式，并且遵循一定的计算顺序依次地进行计算，尽量做到准确无误。

应按一定的顺序计算工程量：例如按先横后直、从上到下、从左到右等顺序计算工程量。

C. 套用定额。工程量计算完毕，经整理汇总，即可套用定额，以确定分部分项工程的定额人工、材料和机械台班消耗量，进而获得分部分项的综合单价。定额的套用应当根据有关要求、定额说明、工程量计算规则及工程施工组织设计。特别要注意的是工程施工组织设计和定额的套用有着密切的关系，直接影响工程造价，例如土方开挖分为人工、机械开挖两种方式，它们所占的比例如何；道路工程的混凝土半成品运输距离与道路的长度、施工组织设置的搅拌地点有关；桥梁工程的预制构件安装方法；顶管工程的管道顶进方式分为人工和机械等，它们都与定额的套用相关联。所以在套用定额前，除了要熟悉图纸、定额规定和工程招标文件以外，还应当熟悉工程施工组织设计。

是直接套用定额还是要进行换算调整，通常有以下几种情况。

（A）直接套用：直接采用定额项目的人工、材料和机械台班消耗量，不作任何调整和换算。

（B）定额换算：若分部分项的工作内容与定额项目的工作内容不完全一致，按照定额规定对部分工人、材料或机械台班的定额消耗量进行调整。

（C）定额合并：若工程量清单所包括的工作内容是几个定额项目工作内容之和，就必须将几个相关的定额项目进行合并。

（D）定额补充：随着建设工程中新技术、新材料和新工艺的不断推广应用，实际上有些分部分项工程在定额中没有相同或相近的项目可以套用，此时就需要编制补充定额。

D. 确定人工、材料、机械价格及各项费用取费标准，计算综合单价和总造价。

E. 校核、修改，编写施工图预算的编制说明。

用单价法编制预算的优点是简化了预算编制工作，减少了预算文件。由于有分项工程单价标准，因此工程价格可以进行对比，选用结构构件可进行经济技术分析，同时建设单位和施工单位在签订合同，进行工程决算时也有了依据和标准。

2）实物法

① 用实物法编制施工图预算的方法是：先用计算出的各分项工程的实物工程量，分别套取预算定额，并且按类相加，求出单位工作所需的各种人工、材料和施工机械台班的消耗量；然后分别乘以当时当地各种人工、材料、施工机械台班的实际单价，求得人工费、材料费和施工机械使用费，再汇总求和。对于措施费、间接费、利润和税金等费用的计算方法均与单价法相同。

用实物法编制施工图预算的主要计算公式如下：

单位工程预算直接工程费
=[Σ(工程量×材料预算定额单位用量×当时当地材料预算价格)
　+Σ(工程量×人工预算定额单位用量×当时当地人工工资单价)
　+Σ(工程量×施工机械台班预算定额单位用量×当时当地机械台班单价)]

该方法适用于量价分离编制预算或工、料、机因时因地发生价格变动的情况。

实物法和单价在编制步骤上的最大区别在于中间步骤，也就是计算人工费、材料费和施工机械使用费这三种费用之和的方法不同。采用实物法时，在计算工程量后，不直接套用预算定额单价,而是将量价分离,先套用相应预算人工、材料和机械台班的实际单价,得出单位工程的人工费、材料费和机械使用费。

实物法编制预算所用工、料、机的单价都是当时当地的实际价格,编得的施工预算较为准确地反映了实际的水平,适合市场经济特点。但是因该法所用工、料、机消耗需统计得到,所用实际价格需做收集调查,工作量较大,计算烦琐,不便于进行分项经济分析和核算工作,但是用计算机和相应预算软件来计算就比较方便了。所以,实物法是与市场经济体制相适应的编制施工图预算的好方法。

② 编制步骤如图 7-3 所示。

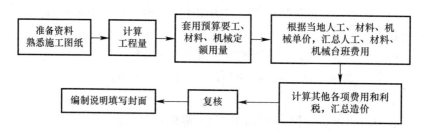

图 7-3 实物法编制施工图预算的步骤

具体步骤如下:

A. 熟悉市政工程预算定额和有关文件资料,熟悉施工图纸和施工组织设计,了解现场。

B. 计算工程量。

C. 套用预算定额计算各分项人工、材料和机械台班消耗数量。

在套用预算定额时,应注意分项工程名称、规格、计量单位和工程内容与定额所列内容是否完全一致。若预算定额没有需套用的分项工程,则应编制补充预算定额。工、料、机分析既是编制单位进行劳动力计划和材料机需用计划及开展经济核算的基础,还是进行量算对比的依据。

D. 进行工料机分析。其程序是:首先将预算中各分项工程量分别乘以该分项工程预算定额中的人工、材料和机械台班用量,即可得到相应的各分项工程需要的人工、材料及机械台班总量,计算公式如下:

各分项工程各种材料消耗量 = 该分项工程工程量 × 定额中各种材料消耗定额

各分项工程各种机械台班消耗量 = 该分项工程工程量 × 定额中各种机械台班消耗定额

各分项工程各种人工消耗量 = 该分项工程工程量 × 定额中各种人工时间定额

然后把各分部工程所需的人工、各种材料和各种机械分别进行汇总,得出该分部工程的各种人工、材料和各种机械的数量,最后将各分部工程进行再汇总即可得到该单位工程的各种人工、材料和机械台班的总消耗量。

E. 计算工程费用。

计算直接费要按照当地、当时的各种人工、材料和机械台班的市场单价分别乘以相应的人工、材料和机械台班的消耗量,并且汇总得出单位工程的人工费、材料费和机械费。计算其他各项费用,汇总成为市政工程预算总造价。市政工程施工费用由直接费、间接费、利润和税金组成。

F. 复核。单位工程施工图预算编制完成后,由本人或本单位有关人员对预算进行检查核对。复核人员应根据有关图纸、相关资料及工程量计算底稿进行复核,复核完毕应予以签章。

G. 编制说明,填写封面。编制说明可以补充预算表格中没有表达但是又必须说明的问题。通常编制说明装订在封面的下一页,主要内容包括:

（A）工程概况;

（B）编制预算的主要依据;

（C）补充定额的编制和编制依据;

（D）对图纸不明确处的处理方法;

（E）建设方提供的产品的预算处理及材料价格的计取等。

## （三）市政工程工程量清单计价

### 1. 工程量清单概述

工程量清单是载明建设工程分部分项工程项目、措施项目、其他项目的名称和相应数量以及规费、税金项目等内容的明细清单。工程量清单计价采用综合单价计价方式。综合单价是指完成规定计量单位的分项分部工程量清单或措施清单项目所需的人工费、材料费、机械使用费、企业管理费及利润,并且考虑一定范围内的风险费用。

招标工程量清单是招标人依据国家标准、招标文件、设计文件以及施工现场实际情况编制的,随招标文件发布供投标报价的工程量清单,包括其说明和表格。

已标价工程量清单是构成合同文件组成部分的投标文件中已标明价格,经算术性错误修正（如有）且承包人已确认的工程量清单,包括其说明和表格。

工程量清单计价方法,是建设工程招标投标中,招标人按照国家统一的工程量计算规则提供工程数量,由投标人依据工程量清单自主报价,并且按照经济评审,合理低价中标的工程造价计价方式。工程量清单计价是指投标人完成由招标人提供的工程量清单所需的全部费用,包括分部分项工程费、措施项目费、其他项目费和规费、税金。

市政工程工程量清单计价,由招标人按照《建设工程工程量清单计价规范》GB 50500—2013 及《市政工程工程量计算规范》统一的项目编码、项目名称、计量单位和工程量计算规则进行编制,包括分部分项工程量清单、措施项目清单和其他项目清单。

### 2. 工程量清单计价的特点

（1）满足竞争的需要。招投标过程本身就是竞争的过程,报价过高,中不了标;但是过低企业又会面临亏损。这就要求投标单位的管理水平和技术水平要有一定的实力,才能形成企业整体的竞争实力。

（2）竞争条件平等。由招标单位编制好工程量清单,使各投标单位的起点是一致的。相同的工程量,由企业根据自身实力来填写不同的报价。

（3）有利于工程款的拨付和工程造价的最终确定。在工程量清单报价基础上的中标价是承发包双方签订合同价款的依据,单价是拨付工程款的依据。在工程实施过程中,建设单位根据完成的实际工程量，可以进行进度款的支付。工程竣工后，根据设计变更、工程洽商等计算出增加或减少的工程量乘以相应的单价，可以很容易地确定工程的最终造价。

（4）有利于实现风险的合理分担。采用工程量清单计价方式，投标单位对自身发生的成本和单价等负责，但是由于工程量的变更或工程量清单编制过程中的计算错误等则由建设单位来承担风险。

（5）有利于建设单位对投资的控制。工程量清单中各分项的工程量及其变化一目了然，若需进行变更，能立刻知道对工程造价的影响，建设单位可根据投资情况决定是否变更或提出最恰当的解决方法。

### 3. 工程量清单计价与定额计价的差别

1) 编制工程量的单位不同

定额计价的工程量编制方法是建设工程的工程量分别由招标单位和投标单位按照施工图纸计算。工程量清单计价编制工程量的方法是由招标单位统一计算或委托有工程造价咨询资质的单位计算。

2) 编制工程量清单的时间不同

定额计价方法是在发出招标文件后，由招标人与投标人同时编制或投标人编制好后由招标人进行审核。工程量清单计价方法必须在发出招标文件之前编制，因为工程量清单是招标文件的重要组成部分，各投标单位要根据统一的工程量清单再结合自身的管理水平、技术水平和施工经验等进行填报单价。

3) 表现形式不同

定额计价方法通常是总价形式。工程量清单报价法采用综合单价的形式。综合单价包括人工费、材料费、机械使用费、管理费、利润和风险费，采用工程量清单计价方法，单价相对固定，工程量发生变化不是很大时，单价通常不调整。

4) 编制依据不同

定额计价的方法依据是图纸、当地现行预算定额、现行的调差文件、价格信息和取费标准。工程量清单报价依据的是招标文件中的工程量清单和有关要求、现场施工情况、合理的施工方法及按照当地建设行政主管部门制订的工程量清单计价办法。

5) 费用的组成不同

定额计价方法由直接工程费、措施费、间接费、利润和税金组成。工程量清单计价法则由分部分项工程费、措施项目费、其他项目费、规费和税金组成。

6) 合同价款的调整方式不同

定额计价方法合同价款的调整方式包括变更签证和政策性调整等，工程量清单计价方式主要是索赔。

7) 投标计算口径不同

定额计价法招标，各投标单位各自计算工程量，计算出的工程量均不一致。工程量清单计价法招标，各投标单位都根据统一的工程量清单报价，达到了招标人计算口径的统一。

8) 项目编码不同

定额计价法，在全国各省市采用不同的定额子目。工程量清单计价法则是全国实行统一的十二位阿拉伯数字编码。阿拉伯数字从一到九为统一编码，其中一、二位为专业《计算规范》代码，三、四位为专业工程顺序码，五、六位为分部工程顺序码，七、八、九位为分项工程项目顺序码，十、十一、十二位为清单项目名称顺序码。前九位编码不能变动，后三位编码由清单编制人根据项目设置的清单项目编制。

**4. 工程量清单计价有关规定**

（1）使用国有资金投资的建设工程发承包，必须采用工程量清单计价；工程量清单应采用综合单价计价。

（2）措施项目中的安全文明施工费必须按国家或省级、行业建设主管部门的规定计算，不得作为竞争性费用。

（3）实行工程量清单计价的招标投标的建设工程项目，其招标标底、投标报价的编制、合同价款确定与调整、工程结算应按《建设工程工程量清单计价规范》GB 50500—2013执行。

（4）《建设工程工程量清单计价规范》GB 50500—2013规定，建设工程发承包及实施阶段的工程造价应由分部分项工程费、措施项目费、其他项目费、规费和税金组成。

1）分部分项工程量清单应采用综合单价法计价。综合单价是完成一个规定计量单位的分部分项工程量清单项目或措施清单项目所需的人工费、材料费、施工机具使用费和企业管理费与利润，以及一定范围内的风险费用。

2）招标文件中的工程量清单标明的工程量是投标人投标报价的共同基础，竣工结算的工程量按发、承包双方在合同中约定应予计量且实际完成的工程量确定。

3）措施项目清单计价，可以计算工程量的措施项目，应按分部分项工程量清单的方式采用综合单价计价；其余的措施项目可以"项"为单位的方式计价，应包括除规费、税金外的全部费用。

4）措施项目清单中的安全文明施工费应按照国家或省级、行业建设主管部门的规定计价，不得作为竞争性费用。

5）规费和税金应按国家或省级、行业建设主管部门的规定计算，不得作为竞争性费用。

（5）风险费用隐含于已标价工程量清单综合单价中，用于化解发承包双方在工程合同中约定内容和范围内的市场价格波动的风险费用。

**5. 市政工程工程量清单计价与应用**

（1）工程投标阶段

1）招标人提供的工程量清单计价中必须明确清单项目的设置情况，除明确说明各个清单项目的名称，还应阐释各个清单项目的特征和工程内容，以保证清单项目设置的特征描述和工程内容没有遗漏，也没有重叠。

2）招标人提供的工程量清单中必须列出各个清单项目的工程数量，这也是工程量清单招标与定额招标之间的一个重大区别。工程量清单报价为投标人提供一个平等竞争的条件，相同的工程量，由企业根据自身的实力来填报不同的单价，使得投标人的竞争完全属于价格的竞争，其投标报价应反映出企业自身的技术能力和管理能力。

3) 工程量清单的表格格式是附属于项目设置和工程量计算的,为投标报价提供一个合适的计价平台,投标人可根据表格之间的逻辑联系和从属关系,在其指导下完成分部组合计价的过程。

4) 工程量清单编制依据:

① 《建设工程工程量清单计价规范》GB 50500—2013 和《市政工程工程量计算规范》GB 50857—2013;

② 国家或省级、行业建设主管部门颁发的计价依据和办法;

③ 建设工程设计文件及相关资料;

④ 与建设工程有关的标准、规范、技术资料;

⑤ 招标文件及其补充文件、通知、答疑文件;

⑥ 施工现场情况、工程特点及常规施工方案;

⑦ 其他有关资料。

5) 投标人经复核认为招标人公布的招标控制价未按照工程量清单编制依据的规定编制的,应在招标控制价公布后 5 天内,向招投标监督机构或(和)工程造价管理机构投诉。

6) 招标工程以投标截止日前 28 天,非招标工程以合同签订前 28 天为基准日,其后国家的法律、法规、规章和政策发生变化影响工程造价的,应按省级或行业建设主管部门或其授权的工程造价管理机构发布的规定调整合同价款。

(2) 工程实施阶段

1) 分部分项工程量费应依据双方确认的工程量、合同约定的综合单价计算;如发生调整的,以发、承包双方确认调整的综合单价计算。

2) 施工中进行工程计量,当发现招标工程量清单中出现缺项、工程量偏差,或因工程变更引起工程量的增减,应按承包人在履行合同义务过程中完成的工程量计算。

3) 施工中出现施工图纸(含设计变更)与工程量清单项目特征描述不符,且该变化引起工程造价增减变化的,应按照实际施工的项目特征,按照规范相关条款的规定重新确定相应工程量清单项目的综合单价,并调整合同价款。

4) 因工程量清单漏项或非承包人原因的工程变更,造成增加新的工程量清单项目,其对应的综合单价按下列方法确定:

① 合同中已有适用的综合单价,按合同中已有的综合单价确定;

② 合同中有类似的综合单价,参照类似的综合单价确定;

③ 合同中没有适用或类似的综合单价,由承包人提出综合单价,经发包人确认后执行。

5) 分部分项工程量清单缺项、非承包人原因的工程变更,引起措施项目发生变化,造成施工组织设计或施工方案变更,原措施费中已有的措施项目,按原有措施费的组价方法调整;原措施费中没有的措施项目,由承包人根据措施项目变更情况,提出适当的措施费变更,经发包人确认后调整。

6) 非承包人原因引起的工程量增减,该项工程量变化在合同约定幅度以内的,应执行原有的综合单价;该项工程量变化在合同约定幅度以外的,其综合单价及措施费应予以调整。

7) 施工期内市场价格波动超出一定幅度时，应按合同约定调整工程价款；合同没有约定或约定不明确的，应按省级或行业建设主管部门或其授权的工程造价管理机构的规定调整。

8) 因不可抗力事件导致的费用，发、承包双方应按以下原则分担并调整工程价款：

① 工程本身的损害、因工程损害导致第三方人员伤亡和财产损失以及运至施工现场用于施工的材料和待安装的设备的损害，由发包人承担；

② 发包人、承包人人员伤亡由其所在单位负责，并承担相应费用；

③ 承包人的施工机具设备的损坏及停工损失，由承包人承担；

④ 停工期间，承包人应发包人要求留在施工现场的必要的管理人员及保卫人员的费用，由发包人承担；

⑤ 工程所需清理、修复费用，由发包人承担；

⑥ 工程价款调整报告应由受益方在合同约定时间内向合同的另一方提出，经对方确认后调整合同价款。受益方未在合同约定时间内提出工程价款调整报告的，视为不涉及合同价款的调整。收到工程价款调整报告的一方应在合同约定时间内确认或提出协商意见，否则视为工程价款调整报告已经确认。

9) 其他项目费用调整应按下列规定计算：

① 计日工应按发包人实际签证确认的事项计算；

② 暂估价中的材料单价应按发、承包双方最终确认价在综合单价中调整；专业工程暂估价应按中标价或发包人、承包人与分包人最终确认价计算；

③ 总承包服务费应依据合同约定金额计算，如发生调整的，以发、承包双方确认调整的金额计算；

④ 索赔费用应依据发、承包双方确认的索赔事项和金额计算；

⑤ 现场签证费用应依据发、承包双方签证资料确认的金额计算。

10) 工程量计量

① 工程量应依据《市政工程工程量计算规范》GB 50587—2013 和当地主管部门规定的计算规则计算。

② 工程量必须以承包人完成合同范围内应予计量的工程量确定。

(3) 合同价款调整

下列事项（但不限于）发生，发承包双方应当按照合同约定调整合同价款：

① 法律法规变化；

② 工程变更；

③ 工程特征不符；

④ 工程量清单缺项；

⑤ 工程量偏差；

⑥ 计日工；

⑦ 物价变化；

⑧ 暂估价；

⑨ 不可抗力；

⑩ 提前竣工（赶工补偿）；

⑪ 误期赔偿；

⑫ 索赔；

⑬ 现场签证；

⑭ 暂列金额；

⑮ 发承包双方约定的其他调整事项。

(4) 竣工结算

1) 工程完工后发、承包双方必须在合同约定时间内办理工程竣工结算。工程竣工结算由承包人或受其委托具有相应资质的工程造价咨询人编制，并应由发包人组织核对。

2) 竣工结算办理完毕，发包人应将竣工结算书报送工程所在地工程造价管理机构备案。竣工结算书作为工程竣工验收备案、交付使用的必备文件。

3) 竣工结算办理完毕，发包人应根据确认的竣工结算书在合同约定时间内向承包人支付工程竣工结算价款。

# 八、市政工程相关的管理规定和标准

## （一）施工现场安全生产的管理规定

### 1. 施工作业人员安全生产权利和义务

我国法律赋予劳动者安全生产的权利与义务，《中华人民共和国安全生产法》（下称《安全生产法》）对生产经营单位从业人员的安全生产权利与义务作出了明确规定，从合同订立、施工过程至发生安全生产事故形成了完整的法律保护体系。

（1）订立劳动合同阶段的安全生产权利

生产经营单位与从业人员订立的劳动合同，应当载明有关保障从业人员劳动安全、防止职业危害的事项，以及依法为从业人员办理工伤社会保险的事项。

生产经营单位不得以任何形式与从业人员订立协议，免除或者减轻其对从业人员因生产安全事故伤亡依法应承担的责任。

（2）施工作业人员安全生产的权利

1）知情权。施工作业人员有权了解其作业场所和工作岗位存在的危险因素、防范措施及事故应急措施。

从业人员有权知道哪里有危险，有权接受防范危险的培训，有权接受事故应急处理的培训。从另一个角度来看，施工企业理应承担相应的义务，应在危险位置设置安全警示标志，配置必要的安全设施和安全防护用具，将容易出现的事故及时通知从业人员，并对从业人员进行各种安全生产方面的培训。

2）建议权。施工作业人员有权对本单位的安全生产工作提出建议。

3）批评权和检举、控告权。施工作业人员有权对本单位安全生产工作中存在的问题提出批评、检举、控告。

4）拒绝权。施工作业人员有权拒绝违章指挥和强令冒险作业。

5）紧急避险权。施工作业人员发现直接危及人身安全的紧急情况时，有权停止作业或者在采取可能的应急措施后撤离作业场所。

针对生产过程中，建筑施工中从业人员面临危及生命安全的风险性很大，如基坑施工时土方坍塌、塔吊倾斜、施工现场发生火灾等，在这种情况下，必然造成经济损失，同时作业人员面临失去生命的危险。《安全生产法》的规定体现了人的生命重于一切的原则。

6）施工作业人员有依法向本单位提出要求赔偿的权利。

7）施工作业人员有获得符合国家标准或者行业标准劳动防护用品的权利。

8）施工作业人员有获得安全生产教育和培训的权利。

(3) 施工作业人员安全生产的义务

权利和义务之间是对立统一的辩证关系。从业人员在享有安全生产权利的同时必须履行相应的义务,才能保障安全生产有序进行。从业人员有以下三种安全生产义务:

1) 自律遵规的义务。施工作业人员在作业过程中,应当严格遵守本单位的安全生产规章制度和操作规程,服从管理,正确佩戴和使用劳动防护用品。

2) 接受培训、学习安全生产知识的义务。施工作业人员应当接受安全生产教育和培训,掌握本职工作所需的安全生产知识,提高安全生产技能,增强事故预防和应急处理能力。

3) 危险报告义务。施工作业人员发现事故隐患或者其他不安全因素时,应当立即向现场安全生产管理人员或者本单位负责人报告,防止生产安全事故的发生。

(4) 发生安全生产事故后的安全生产权利

因生产安全事故受到损害的从业人员,除依法享有工伤社会保险外,依照有关民事法律尚有获得赔偿的权利的,有权向本单位提出赔偿要求。

该条规定了事故发生后对从业人员权利的保护,陈述了两个方面的内容,一是受工伤的从业人员可以依法享有工伤社会保险,保障受工伤人员的基本生活条件;二是从业人员可依法向施工企业请求赔偿。

## 2. 危险性较大的分部分项工程安全管理的规定

《危险性较大的分部分项工程安全管理办法》是为加强对危险性较大的分部分项工程安全管理,明确专项方案编制内容,规范专家论证程序,确保专项方案实施,积极防范和遏制建筑施工生产安全事故的发生,依据《建设工程安全生产管理条例》及相关安全生产法律法规制订。此办法适用于房屋建筑和市政基础设施工程的新建、改建、扩建、装修和拆除等建筑安全生产活动及安全管理。

危险性较大的分部分项工程是指建筑工程在施工过程中存在的,可能导致作业人员群死群伤或造成重大不良社会影响的分部分项工程。

我国建设工程安全生产法规、标准对危险性较大分部、分项工程专项施工方案的编制作了明确规定,相关法规、标准见表8-1。

相关法规、标准一览表　　　　　表8-1

| 序号 | 专项施工方案项目 | 相关法规、标准、文件规定 |
| --- | --- | --- |
| 1 | 基坑支护 | 《建设工程安全生产管理条例》国务院令第93号<br>《危险性较大的分部分项工程安全管理办法》建质〔2009〕87号 |
| 2 | 降水工程 | 《建设工程安全生产管理条例》国务院令第393号<br>《危险性较大的分部分项工程安全管理办法》建质〔2009〕87号<br>《建筑施工安全检查标准》JGJ 59—2011<br>《建筑与市政降水工程技术规范》JGJ/T 111—1998 |
| 3 | 土方开挖 | 《建设工程安全生产管理条例》国务院令第393号<br>《危险性较大的分部分项工程安全管理办法》建质〔2009〕87号 |

续表

| 序号 | 专项施工方案项目 | 相关法规、标准、文件规定 |
|---|---|---|
| 4 | 监测 | 《建筑工程预防坍塌事故若干规定》建质〔2003〕82号<br>《基坑工程施工监测规程》GB 50497—2009 |
| 5 | 临时用电 | 《建设工程安全生产管理条例》国务院令第393号<br>《建筑施工安全检查标准》JGJ 59—2011<br>《施工现场临时用电安全技术规范》JGJ 46—2009 |
| 6 | 脚手架工程 | 《建设工程安全生产管理条例》国务院令第393号<br>《建筑施工附着式升降脚手架管理暂行规定》建建〔2000〕230号<br>《危险性较大的分部分项工程安全管理办法》建质〔2009〕87号<br>《建筑工程预防高处坠落事故若干规定》<br>《建筑施工安全检查标准》JGJ 59—2011<br>《建筑施工扣件式钢管脚手架安全技术规范》JDJ 130—2011<br>《悬挑式脚手架安全技术规范》DG/TJ 08—2002—2006 |
| 7 | 卸料平台 | 《危险性较大工程安全专项施工方案编制与专家论证审查办法》<br>《建筑工程预防高处坠落事故若干规定》建质〔2003〕82号 |
| 8 | 高处作业（含防护棚） | 《建筑工程预防高处坠落事故若干规定》建质〔2003〕82号 |
| 9 | 垂直运输机械 | 《建设工程安全生产管理条例》国务院令第393号<br>《建筑施工安全检查标准》JGJ 59—2011<br>《危险性较大的分部分项工程安全管理办法》建质〔2009〕87号<br>《建筑工程预防高处坠落事故若干规定》建质〔2003〕82号<br>龙门架及井架物料提升机安全技术规范》JGJ 88—2010<br>《塔式起重机械操作使用规程》JG/T 100—1992<br>《建筑机械使用安全技术规程》JGJ 33—2012 |
| 10 | 模板工程 | 《建设工程安全生产管理条例》国务院令第393号<br>《危险性较大的分部分项工程安全管理办法》建质〔2009〕87号<br>《建筑工程预防坍塌事故若干规定》建质〔2003〕82号<br>《建筑施工安全检查标准》JGJ 59—2011<br>《钢管扣件水平模板的支撑系统安全技术规程》DG/TJ 08—016—2004 |
| 11 | 起重吊装工程 | 《建设工程安全生产管理条例》国务院令第393号<br>《危险性较大的分部分项工程安全管理办法》建质〔2009〕87号<br>《建筑施工安全检查标准》JGJ 59—2011 |
| 12 | 活动房 | 《建筑工程预防坍塌事故若干规定》建质〔2003〕82号<br>《临时性建（构）筑物应用技术规程》DGJ 08—114—2005 |
| 13 | 文明施工 | 《建筑施工现场环境与卫生标准》JGJ 146—2004<br>《建筑工程扬尘污染防治规范》DGJ 08—121—2006 |
| 14 | 应急救援预案 | 《建设工程安全生产管理条例》国务院令第393号<br>《建设工程重大质量安全事故应急预案》建质〔2004〕75号 |
| 15 | 安保计划 | 《建设项目工程总承包管理规范》GB/T 50358—2005<br>《建设工程项目管理规范》GB/T 50326—2006<br>《施工现场安全生产保证计划》DGJ 08—903—2003 |
| 16 | 工程拆除 | 《建筑拆除工程安全技术规范》JGJ 147—2004<br>《建筑物构筑物拆除技术规程》DGJ 08—70—2006<br>《爆破安全规程》GB 6722—2011 |

（1）危险性较大的分部分项工程范围

1）基坑支护、降水工程

开挖深度超过 3m（含 3m）或虽未超过 3m 但地质条件和周边环境复杂的基坑（槽）支护、降水工程。

2）土方开挖工程

开挖深度超过 3m（含 3m）的基坑（槽）的土方开挖工程。

3）模板工程及支撑体系

① 各类工具式模板工程：包括大模板、滑模、爬模、飞模等工程。

② 混凝土模板支撑工程：搭设高度 5m 及以上；搭设跨度 10m 及以上；施工总荷载 $10kN/m^2$ 及以上；集中线荷载 15kN/m 及以上；高度大于支撑水平投影宽度且相对独立无联系构件的混凝土模板支撑工程。

③ 承重支撑体系：用于钢结构安装等满堂支撑体系。

4）起重吊装及安装拆卸工程

① 采用非常规起重设备、方法，且单件起吊重量在 10kN 及以上的起重吊装工程。

② 采用起重机械进行安装的工程。

③ 起重机械设备自身的安装、拆卸。

5）脚手架工程

① 搭设高度 24m 及以上的落地式钢管脚手架工程。

② 附着式整体和分片提升脚手架工程。

③ 悬挑式脚手架工程。

④ 吊篮脚手架工程。

⑤ 自制卸料平台、移动操作平台工程。

⑥ 新型及异型脚手架工程。

6）拆除、爆破工程

① 建筑物、构筑物拆除工程。

② 采用爆破拆除的工程。

7）其他

① 建筑幕墙安装工程。

② 钢结构、网架和索膜结构安装工程。

③ 人工挖扩孔桩工程。

④ 地下暗挖、顶管及水下作业工程。

⑤ 预应力工程。

⑥ 采用新技术、新工艺、新材料、新设备及尚无相关技术标准的危险性较大的分部分项工程。

（2）施工单位应当在危险性较大的分部分项工程施工前编制专项方案；对于超过一定规模的危险性较大的分部分项工程，施工单位应当组织专家对专项方案进行论证。超过一定规模的危险性较大的分部分项工程包括：

1) 深基坑工程

① 开挖深度超过 5m（含 5m）的基坑（槽）的土方开挖、支护、降水工程。

② 开挖深度虽未超过 5m，但地质条件、周围环境和地下管线复杂，或影响毗邻建筑（构筑）物安全的基坑（槽）的土方开挖、支护、降水工程。

2) 模板工程及支撑体系

① 工具式模板工程：包括滑模、爬模、飞模工程。

② 混凝土模板支撑工程：搭设高度 8m 及以上；搭设跨度 18m 及以上，施工总荷载 $15kN/m^2$ 及以上；集中线荷载 20kN/m 及以上。

③ 承重支撑体系：用于钢结构安装等满堂支撑体系，承受单点集中荷载 700kg 以上。

3) 起重吊装及安装拆卸工程

① 采用非常规起重设备、方法，且单件起吊重量在 100kN 及以上的起重吊装工程。

② 起重量 300kN 及以上的起重设备安装工程；高度 200m 及以上内爬起重设备的拆除工程。

4) 脚手架工程

① 搭设高度 50m 及以上落地式钢管脚手架工程。

② 提升高度 150m 及以上附着式整体和分片提升脚手架工程。

③ 架体高度 20m 及以上悬挑式脚手架工程。

5) 拆除、爆破工程

① 采用爆破拆除的工程。

② 码头、桥梁、高架、烟囱、水塔或拆除中容易引起有毒有害气（液）体或粉尘扩散、易燃易爆事故发生的特殊建、构筑物的拆除工程。

③ 可能影响行人、交通、电力设施、通信设施或其他建、构筑物安全的拆除工程。

④ 文物保护建筑、优秀历史建筑或历史文化风貌区控制范围的拆除工程。

6) 其他

① 施工高度 50m 及以上的建筑幕墙安装工程。

② 跨度大于 36m 及以上的钢结构安装工程；跨度大于 60m 及以上的网架和索膜结构安装工程。

③ 开挖深度超过 16m 的人工挖孔桩工程。

④ 地下暗挖工程、顶管工程、水下作业工程。

⑤ 采用新技术、新工艺、新材料、新设备及尚无相关技术标准的危险性较大的分部分项工程。

(3) 工程实行施工总承包的，专项方案应当由施工总承包单位组织编制，专业工程实行分包的，其专项方案可由专业承包单位组织编制。

专项方案的内容如下：

① 工程概况：分部分项工程概况、施工平面布置、施工要求和技术保证条件。

② 编制依据：相关法律、法规、规范性文件、标准、规范及图纸标准图集、施工组织设计等。

③ 施工计划：包括施工进度计划、材料与设备计划。

④ 施工工艺技术：技术参数、工艺流程、施工方法、检查验收等。
⑤ 施工安全保证措施：组织保障、技术措施、应急预案、监测监控等。
⑥ 劳动力计划：专职安全生产管理人员、特种作业人员等。
⑦ 计算书及相关图纸。

（4）专项方案应当由施工单位技术部门组织本单位施工技术，安全、质量等部门的专业技术人员进行审核，经审核合格的，由施工单位技术负责人签字。实行施工总承包的，专项方案应当由总承包单位技术负责人及相关专业承包单位技术负责人签字。

（5）超过一定规模的危险性较大的分部分项工程专项方案应当由施工单位组织召开专家论证会。实行施工总承包的，由施工总承包单位组织召开专家论证会。

（6）专项方案经论证后，专家组应当提交论证报告，对论证的内容提出明确的意见，并在论证报告上签字。

（7）施工单位应当根据论证报告修改完善专项方案，需做重大修改的，应重新组织专家进行论证，并经施工单位技术负责人、项目总监理工程师、建设单位项目负责人签字后，方可组织实施。

（8）施工单位应当严格按照专项方案组织施工，不得擅自修改、调整方案。

（9）专项方案实施前，编制人员或项目技术负责人应当向现场管理人员和作业人员进行安全技术交底。

（10）施工单位技术负责人应当定期巡查专项方案实施情况。

对于按规定需要验收的危险性较大的分部分项工程，施工单位、监理单位应当组织有关人员进行验收。验收合格的，经施工单位项目技术负责人及项目总监理工程师签字后，方可进入下一道工序。

### 3. 安全技术措施的规定

安全技术措施是指运用工程技术手段消除不安全因素，实现生产工艺和机械设备等生产条件本质安全的措施。《建设工程安全生产管理条例》等法规对安全技术措施有具体规定。

在施工生产过程中存在着一些不安全因素，危害着劳动者的身体健康和生命安全，同时也会造成生产被动或发生各种事故。为了预防或消除对劳动者健康的有害影响和各类事故的发生，改善劳动条件，而采取各种技术措施和组织措施，这些措施的综合叫安全技术措施。

实现这些措施还应具备一定的手段，如预防性试验、检测技术等。预防性试验是及早发现机械强度不足，灵敏度不够，防爆性能不良，电气绝缘不好等潜在危险的有效方法。检测技术是识别不安全因素，改造环境，防患于未然的科学手段。

（1）建筑施工企业在编制施工组织设计时，应当根据建筑工程的特点制订相应的安全技术措施；对专业性较强的工程项目，应当编制专项安全施工方案，并采取安全技术措施。

（2）施工组织设计中应有安全技术、保障措施和施工现场临时用电方案。

（3）项目部应根据工程特点、施工方法、施工程序、安全法规和标准的要求，采取可靠的技术措施，消除安全隐患，保证施工安全。

（4）对结构复杂、施工难度大、专业性强的项目，必须制订单位工程或分部分项工程的安全施工措施。

（5）对高空作业、井下作业、水上作业、水下作业、深基础开挖、爆破作业、脚手架上作业、有害有毒作业、特种机械作业等专业性强的施工作业，以及从事电气、压力容器、起重机、金属焊接、井下瓦斯检验、机动车和船舶驾驶等特殊工种的作业，应制订专项安全技术方案和保障措施。

（6）安全技术措施应包括：防火、防毒、防爆、防洪、防尘、防雷击、防触电、防坍塌、防物体打击、防机械伤害、防溜车、防高空坠落、防交通事故、防寒、防暑、防疫、防环境污染等方面的预防、监督和应急措施。

**4. 安全技术交底的规定**

（1）生产经营单位应当对从业人员进行安全生产教育和培训，保证从业人员具备必要的安全生产知识，熟悉有关的安全生产规章制度和安全操作规程，掌握本岗位的安全操作技能。

（2）生产经营单位采用新工艺、新技术、新材料或者使用新设备，必须了解、掌握其安全技术特性，采取有效的安全防护措施，并对从业人员进行专门的安全生产教育和培训。

（3）建设工程施工前，施工单位负责项目管理的技术人员应当对有关安全施工的技术要求向施工作业班组、作业人员作出详细说明，并由双方签字确认。

（4）建筑施工企业应明确安全技术交底分级的原则、内容、方法及确认手续。

（5）建筑施工企业应根据施工组织设计和专项安全施工方案（措施）编制和审批权限的设置，组织相关编制人员参与安全技术交底、验收和检查，并明确其他参与交底，验收和检查的人员。

（6）安全技术交底的实施，应符合下列规定：

1）单位工程开工前，项目部的技术负责人必须将工程概况、施工方法、施工工艺、施工程序、安全技术措施，向承担施工的作业队负责人、工长、班组长和相关人员进行交底。

2）结构复杂的分部分项工程施工前，项目部的技术负责人应有针对性地进行全面、详细的安全技术交底。

3）项目部应保存双方签字确认的安全技术交底记录。

# （二）市政工程施工的相关管理规定

## 1. 占用或挖掘城市道路施工的规定

（1）未经市政工程行政主管部门和公安交通管理部门批准，任何单位或者个人不得占用或者挖掘城市道路。

（2）因特殊情况需要临时占用城市道路的，必须经市政工程行政主管部门和公安交通管理部门批准，方可按照规定占用。

（3）经批准临时占用城市道路的，不得损坏城市道路；占用期满后，应当及时清理占用现场，恢复城市道路原状；损坏城市道路的，应当修复或者给予赔偿。

（4）因工程建设需要挖掘城市道路的，应当持城市规划部门批准签发的文件和有关设计文件，到市政工程行政主管部门和公安交通管理部门办理审批手续，方可按照规定挖掘。

（5）新建、扩建、改建的城市道路交付使用后5年内、大修的城市道路竣工后3年内不得挖掘；因特殊情况需要挖掘的，须经县级以上城市人民政府批准。

（6）埋设在城市道路下的管线发生故障需要紧急抢修的，可以先行破路抢修，并同时通知市政工程行政主管部门和公安交通管理部门，在24小时内按照规定补办批准手续。

（7）经批准挖掘城市道路的，应当在施工现场设置明显标志和安全围护设施；竣工后，应当及时清理现场，通知市政工程行政主管部门检查验收。

（8）经批准占用或者挖掘城市道路的，应当按照批准的位置、面积、期限占用或者挖掘。需要移动位置、扩大面积、延长时间的，应当提前办理变更审批手续。

（9）占用或者挖掘由市政工程行政主管部门管理的城市道路的，应当向市政工程行政主管部门交纳城市道路占用或者城市道路挖掘修复费。

## 2. 保护城市绿地、树木花草和绿化设施的规定

（1）任何单位和个人都不得擅自改变城市绿化规划用地性质或者破坏绿化规划用地的地形、地貌、水体和植被。

（2）任何单位和个人都不得擅自占用城市绿化用地；占用的城市绿化用地，应当限期归还。

（3）因建设或者其他特殊需要临时占用城市绿化用地须经城市人民政府城市绿化行政主管部门同意，并按照有关规定办理临时用地手续。

（4）任何单位和个人都不得损坏城市树木花草和绿化设施。砍伐城市树木，必须经城市人民政府城市绿化行政主管部门批准，并按照国家有关规定补植树木或者采取其他补救措施。

（5）为保证管线的安全使用需要修剪树木时，必须经城市人民政府城市绿化行政主管部门批准，按照兼顾管线安全使用和树木正常生长的原则进行修剪。因不可抗力致使树木倾斜危及管线安全时，管线管理单位可以先行修剪，扶正或者砍伐树木，但是应当及时报告城市人民政府城市绿化行政主管部门和绿地管理单位。

（6）严禁砍伐或者迁移古树名木。因特殊需要迁移古树名木，必须经市人民政府城市绿化行政主管部门审查同意，并报同级或者上级人民政府批准。

## 3. 房屋建筑和市政基础设施工程质量监督的规定

《建设工程质量管理条例》明确规定，国家实行建设工程质量监督管理制度。政府实行建设工程质量监督的主要目的是保证建设工程使用安全和环境质量，主要依据是法律、法规和强制性标准，主要方式是政府认可的第三方强制监督，主要内容是地基基础、主体

结构、环境质量和与此相关的工程建设各方主体的质量行为，主要手段是施工许可制度和竣工验收备案制度。

各级政府有关主管部门应当加强对有关建设工程质量的法律、法规和强制性标准执行情况的监督检查；同时，规定政府有关主管部门履行监督检查职责时，有权采取下列措施：

1）要求被检查的单位提供有关工程质量的文件和资料；
2）进入被检查的施工现场进行检查；
3）发现有影响工程质量的问题时，责令改正。

由于建设工程质量监督具有专业性强、周期长、程序繁杂等特点，政府部门通常不宜亲自进行日常检查工作。这就需要通过委托由政府认可的第三方，即建设工程质量监督机构，来依法代行工程质量监督职能，并对委托的政府部门负责。政府部门主要对建设工程质量监督机构进行业务指导和管理，不进行具体工程质量监督。

建设工程质量监督机构是经省级以上建设行政主管部门或有关专业部门考核认定的独立法人。建设工程质量监督机构及其负责人、质量监督工程师和助理质量监督工程师，均应具备国家规定的基本条件。其中，从事施工图设计文件审查的建设工程质量监督机构，还应当具备国家规定的其他条件。

（1）工程质量监督管理的内容。

1）执行法律法规和工程建设强制性标准的情况；
2）抽查涉及工程主体结构安全和主要使用功能的工程实体质量；
3）抽查工程质量责任主体和质量检测等单位的工程质量行为；
4）抽查主要建筑材料、建筑构配件的质量；
5）对工程竣工验收进行监督；
6）组织或者参与工程质量事故的调查处理；
7）定期对本地区工程质量状况进行统计分析；
8）依法对违法违规行为实施处罚。

（2）工程项目实施质量监督的程序

1）受理建设单位办理质量监督手续；
2）制订工作计划并组织实施；
3）对工程实体质量、工程质量责任主体和质量检测等单位的工程质量行为进行抽查、抽测；
4）监督工程竣工验收，重点对验收的组织形式、程序等是否符合有关规定进行监督；
5）形成工程质量监督报告；
6）建立工程质量监督档案。

（3）建设工程质量监督机构的主要任务

1）根据政府主管部门的委托，受理建设工程项目质量监督。
2）制订质量监督工作方案。具体包括：
① 确定负责该项工程的质量监督工程师和助理质量监督工程师；
② 根据有关法律、法规和工程建设强制性标准，针对工程特点，明确监督的具体内

容、监督方式;

③ 在方案中对地基基础、主体结构和其他涉及结构安全的重要部位和关键工序,作出实施监督的详细计划安排;

④ 建设工程质量监督机构应将质量监督工作方案通知建设、勘察、设计、施工、监理单位。

3) 检查施工现场工程建设各方主体的质量行为。主要包括:

① 核查施工现场工程建设各方主体及有关人员的资质或资格;

② 检查勘察、设计、施工、监理单位的质量保证体系和质量责任制落实情况;

③ 检查有关质量文件、技术资料是否齐全并符合规定。

4) 检查建设工程的实体质量。主要包括:

① 按照质量监督工作方案,对建设工程地基基础、主体结构和其他涉及结构安全的关键部位进行现场实地抽查;

② 对用于工程的主要建筑材料、构配件的质量进行抽查;

③ 对地基基础分部工程、主体结构分部工程和其他涉及结构安全的分部工程的质量验收进行监督。

5) 监督工程竣工验收。主要包括:

① 监督建设单位组织的工程竣工验收的组织形式、验收程序以及在验收过程中提供的有关资料和形成的质量评定文件是否符合有关规定;

② 实体质量是否存有严重缺陷;

③ 工程质量的检验评定是否符合国家验收标准。

6) 工程竣工验收后 5 日内,应向委托部门报送建设工程质量监督报告。建设工程质量监督报告应包括:

① 对地基基础和主体结构质量检查的结论;

② 工程竣工验收的程序、内容和质量检验评定是否符合有关规定;

③ 历次抽查该工程发现的质量问题和处理情况等内容。

7) 对预制建筑构件和商品混凝土的质量进行监督。

8) 政府主管部门委托的工程质量监督管理的其他工作。建设工程质量监督机构在进行监督工作中发现有违反建设工程质量管理规定行为和影响工程质量的问题时,有权采取责令改正、局部暂停施工等强制性措施,直至问题得到改正。需要给予行政处罚的,报告委托部门批准后实施。

## 4. 实施工程建设强制性标准监督的规定

国家标准、行业标准分为强制性标准和推荐性标准。保障人体健康,人身、财产安全的标准和法律、行政法规规定强制执行的标准是强制性标准,其他标准是推荐性标准,国家鼓励企业自愿采用。与上述规定相对应,工程建设标准也分为强制性标准和推荐性标准。

根据《工程建设国家标准管理办法》第 3 条的规定,下列工程建设国家标准属于强制性标准:

1）工程建设勘察、规划、设计、施工（包括安装）及验收等通用的综合标准和重要的通用的质量标准；

2）工程建设通用的有关安全、卫生和环境保护的标准；

3）工程建设通用的术语、符号、代号、量与单位、建筑模数和制图方法标准；

4）工程建设重要的通用的试验、检验和评定方法等标准；

5）工程建设重要的通用的信息技术标准；

6）国家需要控制的其他工程建设通用的标准。工程建设强制性标准包括强制性标准和标准中的强制性条文。国家工程建设标准强制性条文由国务院建设行政主管部门会同国务院有关行政主管部门确定。

（1）强制性标准监督检查的内容包括：

1）有关工程技术人员是否熟悉、掌握强制性标准；

2）工程项目的规划，勘察、设计、施工、验收等是否符合强制性标准的规定；

3）工程项目采用的材料、设备是否符合强制性标准的规定；

4）工程项目的安全、质量是否符合强制性标准的规定；

5）工程中采用的导则、指南、手册、计算机软件的内容是否符合强制性标准的规定。

（2）监督检查可以采取重点检查、抽查和专项检查的方式。

（3）施工单位违反工程建设强制性标准的，责令改正，处工程合同价款2%以上4%以下的罚款，造成建设工程质量不符合规定的质量标准的，负责返工、修理，并赔偿因此造成的损失；情节严重的，责令停业整顿，降低资质等级或者吊销资质证书。

（4）违反工程建设强制性标准造成工程质量、安全隐患或者工程事故的，按照《建设工程质量管理条例》有关规定，对事故责任单位和责任人进行处罚。

## （三）市政工程施工组织设计

住房城乡建设部发布了国家标准《市政工程施工组织设计规范》，GB/T 50609—2013，自2014年2月1日起实施。

**1. 基本规定**

（1）概念

1）市政工程施工组织设计是以市政工程项目为编制对象并用以指导施工的技术、经济和管理的综合性文件。明确了市政工程不再单独编写施工质量管理规（计）划等文件，而全部纳入施工组织设计。

2）施工方案是以市政工程各专业工程的分部（分项）工程为主要对象单独编制的施工组织与技术方案，用以具体指导其施工过程。

3）危险性较大的分部（分项）工程是指在市政工程施工过程中存在的、可能导致作业人员群死群伤或造成重大不良社会影响的分部（分项）工程。

4）交通组织措施，统称交通导行方案，是指市政工程施工作业期间，为保障施工及周边路网交通有序，减少施工作业对交通的影响而制订的措施。

(2) 基本规定

市政工程应编制施工组织设计，其中施工方案为主要内容。市政工程施工组织设计的编制应符合施工合同有关工程进度、质量、安全、环境保护及文明施工等方面的要求。施工方案应经济技术指标合理，并具有先进性和可实施性，符合节能、节地、节水、节材和环境保护的绿色施工要求。

## 2. 编制基本要求

（1）应在工程项目施工前，由项目负责人主持编制。鉴于市政工程的施工特点，可根据需要分阶段编制。

（2）编制依据应包括与工程建设有关的法律、法规、规章和规范性文件；国家现行标准和技术经济指标；工程施工合同文件；工程设计文件；地域条件和工程特点，工程施工范围内及周边的现场条件，气象、工程地质和水文地质等自然条件；工程资源配置情况，包括企业的生产能力、机具设备状况、经济技术水平等。

（3）内容应包括工程概况、施工总体部署、施工现场平面布置、施工准备、施工技术方案、主要保证措施等基本内容。

（4）分部（分项）工程应单独编制施工方案，内容应包括工程概况、施工准备、施工现场平面布置、施工总体部署与阶段、节点施工进度安排、施工方案（法）及主要（安全、质量、文明施工和环境保护）保证措施、应急预案等基本内容。

（5）危险性较大的分部（分项）工程的安全专项施工方案主要内容应符合国家或地方主管部门的有关规定，且宜单独成册。

## 3. 审批程序

（1）施工组织设计应经总承包单位技术负责人审批，并应加盖企业公章方可实施。

（2）单独编制的施工方案应由项目负责人审批，重点、难点分部（分项）工程施工方案应由总承包单位技术负责人审批。

（3）由专业承包单位施工的分部（分项）工程，应由专业承包单位的技术负责人审批，并应由总承包单位项目技术负责人核准备案。

（4）危险性较大的分部（分项）工程安全专项施工方案应根据国家或当地建设主管部门有关规定审批，对超过一定规模的危险性较大的分部（分项）工程安全施工方案，应组织专家进行论证。

## 4. 管理与存档

（1）当施工作业过程发生施工环境改变、工程设计变和施工资源配置调整重大变化时，施工组织设计应及时进行修改或补充；经修改或补充的施工组织设计应按审批权限重新履行审批程序；具备条件的施工企业可采用信息化手段对施工组织设计进行动态管理。

（2）施工作业过程中，应对施工组织设计的执行情况进行检查、分析并应适时调整。

（3）工程竣工验收后，施工组织设计应归档，并应符合国家现行标准《建设工程文件归档整理规范》GB/T 50328—2001 和《建设电子文件与电子档案管理规范》CJJ/T 117—2007 的规定。

## （四）建筑与市政工程施工质量验收标准和规范

### 1. 《建筑工程施工质量验收统一标准》GB 50300—2013

（1）建筑工程施工质量验收合格应符合规定

1）符合工程勘察、设计文件规定。

2）符合本标准和相关专业验收规范的规定。

（2）建筑工程施工质量验收的基本要求

1）工程质量的验收均应在施工单位自检合格的基础上进行。

2）参加工程施工质量验收的各方人员应具备规定相应的资格。

3）检验批的质量应按主控项目和一般项目验收。

4）对涉及结构安全、节能、环境保护和主要使用功能的重要分部工程应在验收前进行抽样检测。

5）隐蔽工程在隐蔽前应由施工单位通知有关单位进行验收，并应形成验收文件，验收合格后方可继续施工。

6）对涉及结构安全、节能、环境保护和主要使用功能的试块、试件及材料应在进场时或施工中按规定进行见证取样。

7）工程的观感质量应由验收人员现场检查，并应共同确认。

（3）建筑工程质量验收的划分

1）建筑工程质量验收应划分为单位（子单位）工程、分部（子分部）工程、分项工程和检验批。施工前，应有施工单位制订分项工程和验验批的划分方案，由监理工程师审核。

2）检验批可根据施工质量控制和专业验收需要按工程量、楼层、施工段、变形缝等进行划分，是工程施工质量验收的最小单元，是单位工程验收的基础。

3）分项工程是由一个或若干检验批组成，应按主要工种、材料、施工工艺、设备类别等进行划分。在构成分项工程的所有检验批质量都验收合格条件下，分项工程自然应该是合格的。

4）分部工程的划分应按下列原则确定：

① 分部工程的划分可按专业性质、工程部位确定。

② 对于建筑规模较大的单位工程，可将其能形成独立使用功能的部分为一个子单位工程。

单位工程（子单位工程）是由分部工程构成的，构成单位（子单位）工程的各分部工程验收合格，则该单位（子单位）工程自然是合格的，但由于这是最终质量的验收，还应对其使用功能的重要项目进行检查，才能最后加以验收。

（4）建筑工程质量验收的判定

1）检验批的质量应符合下列规定：

① 主控项目质量经抽样检验均应合格。一般项目的质量检验可根据检验项目的特点在下列抽样方案中选取：当采用计数抽样时，一般项目的合格点率应符合有关专业验收规范的规定，且不存在严重缺陷。对于计数抽样一般项目，正常检验的一次、二次抽样可按表 8-2、表 8-3 判断。

一般项目正常检验一次抽样判定　　　　　　　　　　　　表 8-2

| 样本容量 | 合格判定数 | 不合格判定数 |
| --- | --- | --- |
| 5 | 1 | 1 |
| 8 | 2 | 3 |
| 13 | 3 | 4 |
| 20 | 5 | 6 |
| 32 | 7 | 8 |
| 50 | 10 | 11 |
| 80 | 14 | 15 |
| 125 | 21 | 22 |

一般项目正常检验二次抽样判定　　　　　　　　　　　　表 8-3

| 抽样次数 | 样本容量 | 合格判定数 | 不合格判定数 |
| --- | --- | --- | --- |
| (1) | 3 | 0 | 2 |
| (2) | 6 | 1 | 2 |
| (1) | 5 | 0 | 3 |
| (2) | 10 | 3 | 4 |
| (1) | 8 | 1 | 3 |
| (2) | 16 | 4 | 5 |
| (1) | 13 | 2 | 5 |
| (2) | 26 | 6 | 7 |
| (1) | 20 | 3 | 6 |
| (2) | 40 | 9 | 10 |
| (1) | 32 | 5 | 9 |
| (2) | 64 | 12 | 13 |
| (1) | 50 | 7 | 11 |
| (2) | 100 | 18 | 19 |
| (1) | 80 | 11 | 16 |
| (2) | 160 | 26 | 27 |

注：(1)、(2)抽样次数；(2)对应样板容量为第二次抽样。

② 具有完整的施工操作依据、质量检查记录。

主控项目是对工程安全、节能、环境保护和主要使用功能起决定性作用的检验项目，因此主控项目抽样检验必须全部合格，即具有质量否决权的意义。如果达不到规定的质量要求，就应该拒绝验收。

一般项目是除主控项目以外的其他项目，即对工程安全、节能、环境保护和主要使用功能不具备决定性影响的检验项目。

对检验批的抽样方案可根据检验项目的特点进行选择。计量、计数检验可分为全数检验和抽样检验两类。对于重要且易于检查的项目，可采用简易快速的非破损检验方法时，宜选用全数检验。本标准在计量、计数抽样时引入了概率统计学的方法，提高抽样检验的理论水平，作为可采用的抽样方案之一。

对抽样数量的规定依据国家标准《计数抽样检验程序第1部分：按接收质量限（AQL）检索的逐批检验抽样计划》GB/T 2828.1—2003，给出了检验批验收时的最小抽样数量（见表8-4），其目的是要保证验收检验具有一定的抽样量，并符合统计学原理，使抽样更具代表性。

检验批最小抽样数量表　　　　　　　　　　　表8-4

| 检验批容量 | 2～15 | 16～25 | 26～50 | 51～90 | 91～150 | 151～280 | 281～500 | 501～1200 | 1201～3200 | 3201～10000 |
|---|---|---|---|---|---|---|---|---|---|---|
| 最小抽样数量 | 2 | 3 | 5 | 6 | 8 | 13 | 20 | 32 | 50 | 80 |

鉴于目前各专业验收规范在确定抽样数量时仍普遍采用基于经验的方法，本标准仍允许采用"经实践证明有效的抽样方案"。检验批中明显不合格的个体主要可通过肉眼观察或简单的测试确定，这些个体的检验指标往往与其他个体存在较大差异，纳入检验批后会增大验收结果的离散性，影响整体质量水平的统计。同时为避免对明显不合格个体的人为忽略情况，规定对明显不合格的个体可不纳入检验批，但必须进行处理，使其符合规定。还有最小抽样数量有时不是最佳的抽样数量，因此本标准规定抽样数量尚应符合有关专业验收规范的规定。

2）分项工程质量验收合格应符合下列规定：

① 所含的检验批质量均应合格。

② 所含的检验批的质量验收记录应完整。

3）分部（子分部）工程质量验收合格应符合下列规定：

① 所含分项工程的质量均应验收合格。

② 质量控制资料应完整。

③ 有关安全、节能、环境保护和主要使用功能的抽样检验结果应符合相应规定。

④ 观感质量应符合要求。

有关使用功能的检验（检测），涉及安全、节能、环境保护和主要使用功能的分部（子分部）工程应进行有关见证取样检验或抽样检验。

观感质量检查内容应由有经验的检查人员以观察、触摸或简单量测，给出"好"、"一般"、"差"等质量评定结果。对于"差"的项目和部位应进行返修处理，在达到质量要求后再进行检查验收。

4）单位（子单位）工程质量验收合格应符合下列规定：

① 所含分部（子分部）工程的质量均应验收合格。

② 质量控制资料应完整。

③ 所含分部工程有关安全、节能、环境保护和主要使用功能的检验资料应完整。

④ 主要功能项目的抽查结果应符合相关专业质量验收规范的规定。

⑤ 观感质量验收应符合要求。

主要功能项目抽查的主要目的是综合、全面检验所有前期施工质量的总效果——视其是否能够满足使用功能的要求。这种要求多体现在建筑使用和设备安装后所形成的功能的检查，多是复核性的抽查。

关于功能检验，由于在分部（子分部）工程的层次上只是对专业范围内的检查，在单位工程验收中，除了要综合此前的所有检验外，还要检验建筑工程的使用功能。在专业质量验收规范中已提出了主要功能项目的抽查方式方法。通常可由施工单位进行事先检测，并形成检测报告，再由监理单位在竣工验收时组织检查。

（5）适当调整抽样复验、试验数量的条件

1）相同施工单位在同一工程项目中施工多个单位工程，使用的材料、构配件、设备等同城属于同一批次，如果按每一个单位工程分别进行复验、试验势必会造成重复，且必要性不大，因此规定可适当调整抽样复检、试验数量，具体要求可根据相关专业验收规范的规定执行。

2）施工现场加工的成品、半成品、构配件等符合条件时，可适当调整抽样复验、试验数量。但对施工安装后的工程质量应按分部工程的要求进行检测试验，不能减少抽样数量，如结构物混凝土强度检测、钢筋保护层厚度检测等。

3）在实际工程中，同一专业内或不同专业之间对同一对象有重复检验的情况，并需分别填写验收资料；例如混凝土结构隐蔽工程检验批和钢筋工程检验批等。因此规定可避免对同一对象的重复检验，可重复利用检验成果。

4）调整抽样复验、试验数量或重复利用已有检验成果应有具体的实施方案，实施方案应符合各专业验收规范的规定，并事先报监理单位认可。

（6）工程质量验收程序和组织

1）检验批及分项工程验收

检验批及分项工程验收应由监理工程师（建设单位项目技术负责人）组织施工单位项目专业质量（技术）负责人等进行验收。

2）专项验收

有"四新"技术的推广应用工程项目，当国家、行业、地方标准没有具体验收要求的分项工程及检验批，可由建设单位组织制订专项验收要求，专项验收要求应符合设计意图，包括分项工程及检验批的划分、抽样方案、验收方法、判定指标等内容，监理、设计、施工等单位可参与制订。为保证工程质量，重要的专项验收要求应在实施前组织专家论证。

3）分部工程验收

分部工程验收应由总监理工程师（建设单位项目负责人）组织施工单位项目负责人和技术、质量负责人等进行验收；地基与基础、主体结构分部工程的勘察、设计单位工程项目负责人和施工单位技术、质量部门负责人也应参加相关分部工程验收。

4）竣工预验收

竣工预验收单位工程完成后，施工单位应首先依据验收规范、设计图纸等组织有关人员进行自检，对检查结果进行评定并进行必要的整改。单位工程有分包单位施工时，分包单位对所承包的工程项目应按本标准规定的程序检验，总包单位应派人参加。分包工程完成后,应将工程有关资料交总包单位。

监理单位应根据《建设工程监理规范》GB/T 50319—2013的要求对工程进行竣工预验收。符合规定后由施工单位向建设单位提交工程竣工报告和完整的质量控制资料,申请建设单位组织竣工验收。

5) 竣工验收

竣工验收单位工程质量验收应由建设单位项目负责人组织,勘察、设计、施工、监理单位的项目负责人及施工单位项目技术、质量负责人和监理单位的总监理工程师应参加验收。

在一个单位工程中,对满足生产要求或具备使用条件,施工单位已自行检验,监理单位已预验收的子单位工程,建设单位可组织进行验收。由几个施工单位负责施工的单位工程,当其中的子单位工程已按设计要求完成,并经自行检验,也可按规定的程序组织正式验收,办理交工手续。在整个单位工程验收时,已验收的子单位工程验收资料应作为单位工程验收的附件。

6) 工程质量控制资料

工程质量控制资料检验遇有因遗漏检验或资料丢失而导致部分施工验收资料不全,使工程无法正常验收时,可采取实体检测或抽样试验的方法确定工程质量状况,并应委托有资质的检测机构完成,检验报告可用于施工质量验收。

7) 竣工综合验收结论

综合验收结论应由参加验收的各方共同商定,建设单位填写,并应对工程质量是否符合设计和规范的要求给出明确结论,并对工程的总体质量水平做出评价。

当参加验收各方对工程质量验收意见不一致时,可请当地建设行政主管部门或工程质量监督机构协调处理。

8) 备案

单位工程质量验收合格后。建设单位应在规定时间内将工程竣工验收报告和有关文件,报建设行政管理部门备案。

(7) 非正常验收

1) 非正常验收的形式

受到原材料、施工条件、设备状态、气候变化、人员操作等因素的影响,工程的质量情况实际上都处于波动变化的状态。加上抽样检验难以避免的偶然性,在检查验收时,往往会发生不符合规范标准质量要求的情况。如果是一般项目的缺陷数量和程度在限定范围内,则仍可验收。但如超过一定限度,或主控项目不符合规范要求,则就发生了验收的障碍,亦即非正常验收的问题。

基于以上考虑,在保证最终质量的前提下,给出了非正常验收的四种形式:返工更换验收;检测鉴定验收;设计复核验收;加固处理验收。四处情况都不能满足要求的情况下拒绝验收。

① 返工更换验收:经返工重做或更换器具、设备的检验批,应重新进行验收。

② 检测鉴定验收:经返工更换重新验收仍不合格,经有资质的检测单位检测鉴定,能够达到设计要求的检验批,应予以验收。

③ 设计复核验收：经有资质的检测单位的检测鉴定达不到设计要求，但经原设计单位核算，认为能够满足结构安全和使用功能的检验批，可予以验收。

④ 加固处理验收：经返修加固处理的分项、分部工程，虽改变外形尺寸，但仍能满足安全使用要求，可按技术处理方案和协商文件进行验收。加固处理的方法很多，如加大截面、增加配筋、施加预应力、增加新的传力途径等。但是无论哪种方法，多会改变原有结构的尺寸和形状，留下与设计状态不符的永久性缺陷；甚至会影响建筑物的观感质量和使用功能。

2）拒绝验收：通过返修或加固处理仍不能满足安全使用要求的分部（子分部）工程、单位（子单位）工程，严禁验收。

## 2. 城镇道路工程施工质量验收

（1）城镇道路工程施工质量验收应在施工单位自检基础上，按照检验批、分项工程、分部工程（子分部工程）、单位工程（子单位工程）依次进行。

（2）城镇道路工程质量验收程序和组织，应符合《建筑工程施工质量验收统一标准》GB 50300—2013 或《城镇道路工程施工与质量验收规范》CJJ1-2008 规定。

（3）城镇道路工程施工质量验收项目划分应按《城镇道路工程施工与质量验收规范》CJJ1-2008 规定，并应在施工前确定。

（4）城镇道路工程施工质量检验应符合《城镇道路工程施工与质量验收规范》CJJ1-2008 规定。

（5）工程质量验收合格应符合《建筑工程施工质量验收统一标准》GB 50300—2013 和《城镇道路工程施工质量检验标准》CJJ1-2008 的规定，且应符合工程勘察、设计文件的要求，应符合合同约定。

## 3. 城市桥梁工程施工质量验收

（1）城市桥梁工程施工质量验收应在施工单位自检基础上，按照检验批、分项工程、分部工程（子分部工程）、单位工程（子单位工程）依序进行。

（2）城市桥梁工程质量验收程序和组织，应按《建筑工程施工质量验收统一标准》GB 50300—2013 规定进行。

（3）城市桥梁工程施工质量验收项目划分应按《城市桥梁工程施工质量检验标准》CJJ2-2008 规定，并应在工程开工前确定。

（4）城市桥梁工程施工质量检验应符合《城市桥梁工程施工与质量验收规范》CJJ2-2008 规定。

（5）工程质量验收合格应符合《建筑工程施工质量验收统一标准》GB 50300—2013 和《城市桥梁工程施工质量检验标准》CJJ2-2008 的规定，且应符合工程勘察、设计文件的要求，应符合合同约定。

## 4. 给水排水构筑物工程施工质量验收

（1）给水排水构筑物工程施工质量验收应在施工单位自检基础上，按照检验批、分项工程、分部工程（子分部工程）、单位工程（子单位工程）依次进行。

（2）给水排水构筑物工程施工质量验收程序和组织，应符合《建筑工程施工质量验收统一标准》GB 50300—2013 或《给水排水构筑物工程施工及质量验收规范》GB 50141—2008 规定。

（3）给水排水构筑物工程施工质量验收项目划分应按《给水排水构筑物工程施工及质量验收规范》GB 50141—2008 规定，并应在施工前确定。

（4）给水排水构筑物工程质量检验应符合《给水排水构筑物工程施工及质量验收规范》GB 50141—2008 规定。

（5）工程质量验收合格应符合《建筑工程施工质量验收统一标准》GB 50300—2013 和《给水排水构筑物工程施工及质量验收规范》GB 50141—2008 的规定，且应符合工程勘察、设计文件的要求，应符合合同约定。

### 5. 给水排水管道工程施工质量验收

（1）给水排水管道工程施工质量验收应在施工单位自检基础上，按照检验批、分项工程、分部工程（子分部工程）、单位工程（子单位工程）依次进行。

（2）给水排水管道工程施工质量验收程序和组织，应符合《建筑工程施工质量验收统一标准》GB 50300—2013 或《给水排水管道工程施工及质量验收规范》GB 50268—2008 规定。

（3）给水排水管道工程施工质量验收项目划分应按《给水排水管道工程施工及质量验收规范》GB 50268—2008 规定，并应在施工前确定。

（4）给水排水管道工程施工质量检验应符合《给水排水管道工程施工及质量验收规范》GB 50268—2008 规定。

（5）工程质量验收合格应符合《建筑工程施工质量验收统一标准》GB 50300—2013 和《给水排水管道工程施工及质量验规收规范》GB 50268—2008 的规定，且应符合工程勘察、设计文件的要求，应符合合同约定。

### 6. 城市供热管网工程施工质量验收

（1）城市供热管网工程施工质量验收应在施工单位自检基础上，按照检验批、分项工程、分部工程（子分部工程）、单位工程（子单位工程）依次进行。

（2）城市供热管网工程施工质量验收程序和组织，应符合《建筑工程施工质量验收统一标准》GB 50300—2013 或《城市供热管网工程施工及质量验收规范》CJJ28-2014 规定。

（3）城市供热管网工程施工质量验收项目划分应按《城市供热管网工程施工及质量验收规范》CJJ28-2014 规定，并应在施工前确定。

（4）城市供热管网工程施工质量检验应符合《城市供热管网工程施工及质量验收规范》CJJ28-2014 规定。

（5）工程质量验收合格应符合《建筑工程施工质量验收统一标准》GB 50300—2013 和《城市供热管网工程施工及质量验收规范》CJJ28-2014 的规定，且应符合工程勘察、设计文件的要求，应符合合同约定。

### 7. 城市燃气输配工程施工质量验收

（1）城市燃气输配工程施工质量验收应在施工单位自检基础上，按照检验批、分项工程、分部工程（子分部工程）、单位工程（子单位工程）依次进行。

（2）城市燃气输配工程施工质量验收程序和组织，应符合《建筑工程施工质量验收统一标准》GB 50300—2013 或《城市燃气输配工程施工及质量验收规范》CJJ33-2005 规定。

（3）城市燃气输配工程施工质量验收项目划分应按《城市燃气输配工程施工及质量验收规范》CJJ33-2005 规定，并应在施工前确定。

（4）城市燃气输配工程施工质量检验应符合《城市燃气输配工程施工及质量验收规范》CJJ33-2005 规定。

（5）工程质量验收合格应符合《建筑工程施工质量验收统一标准》GB 50300—2013 和《城市燃气输配工程施工及质量验收规范》CJJ33-2005 的规定，且应符合工程勘察、设计文件的要求，应符合合同约定。

# 九、市政公用工程相关标准强制性条文

参阅《给水排水构筑物工程施工及验收规范》GB 50141—2008、《给水排水管道工程施工及验收规范》GB 50268—2008、《城镇道路工程施工及验收规范》CJJ 1—2008、《城市桥梁工程施工与验收规范》CJJ2—2008、《城镇供热管网工程施工及验收规范》CJJ 28—2014、《城镇燃气输配工程及验收规范》CJJ 33—2005、《生活垃圾卫生填埋场防渗系统工程技术规范》CJJ 113—2007、《园林绿化工程施工及验收规范》CJJ 82—2012。

# 十、工程技术资料与信息管理

## （一）施 工 日 志

**1. 施工日志的作用**

施工日志是市政工程项目整个施工阶段所有相关施工活动（包括施工组织、管理、技术质量、文明施工等）和现场实际实施情况的综合性记录，是施工项目部管理人员处理现场施工问题的备忘录，是施工现场实施过程的日记，是总结施工管理经验的基本素材，是工程实施养护维修的重要依据。施工日志应由项目负责人或指派专人逐日记载，在工程竣工后由施工单位归档保存。

**2. 施工日志的编制要求和内容**

（1）编制要求

1）施工日志按单位工程填写，从开工到验收、移交，逐日如实记录，不得中断、遗漏。

2）施工日志要真实，主要事项应详实、全面。如：养护应包括养护部位、养护方法、养护次数、养护结果等。焊接应包括焊接部位、焊接方式（电弧焊、电渣压力焊、搭接双面焊、搭接单面焊等）、焊接电流、焊条（剂）牌号及规格、焊接人员、焊接数量、检查结果、检查人员等。

3）管理人员交接班时，应交接施工日志和现场情况。

（2）编制内容

1）施工日期、天气情况。

2）施工部位、施工队组。

3）施工准备工作情况。

4）施工资源（人、机械、材料）调配情况。

5）原材料检验、施工检验情况。

6）主要分部、分项工程施工的起止日期，进度情况。

7）施工中的特殊情况（停电、停水、停工等）记录。如：停水、停电一定要记录清楚起止时间，停水、停电时正在进行什么工作，是否造成损失。

8）质量、安全、设备事故（或未遂事故）发生的原因，处理意见和采用的处理方法的记录。

9）设计单位在现场解决问题的记录（若设计变更，还必须办理变更手续）。

10）变更施工方法，或在紧急情况下采取的特殊措施和施工方法的记录。

11）进行技术交底、技术复核和隐蔽工程验收等的摘要记载。

12）监理工程师发布的指令、通知，以及有关领导或上级部门对施工项目所作的指示、决定和建议。

13）建设单位方的指令、通知，以及建设主管部门的检查与指示。

14）有关会议的情况。

15）其他记录。

## （二）工程技术资料

### 1. 工程技术资料的管理

（1）市政工程技术资料是指在施工过程中，施工单位执行工程建设标准（特别是强制性）和国家、地方有关规定而填写、收集、整理的文字记录、图纸、表格、音像材料等必须归档保存的文件。

（2）市政工程技术资料应按工程所在地区的建设主管部门或建设单位规定的统一表式填写。

（3）工程技术资料由施工单位负责编制，实行总承包的工程项目，由总承包单位负责汇集、整理各分包单位编制的有关工程技术资料。各分包单位应将本单位所负责的工程技术资料及时整理、汇总、立卷后移交给总包单位。

（4）工程技术资料应随工程进度及时整理，认真填写，字迹清楚，项目齐全，记录准确，完整真实。

（5）工程技术资料中，应由各岗位责任人签认的，必须由本人签字，不得盖图章或由他人代签。工程竣工及文件组卷成册后，必须由单位技术负责人和法人代表或法人委托人签字并加盖单位公章。

（6）工程竣工验收前，应由建设单位提请当地的城建档案管理机构对工程技术资料进行预验收，验收不合格不得组织工程竣工验收。

（7）不得任意涂改、伪造、随意抽撤损毁或丢失文件资料，不得弄虚作假，玩忽职守而造成文件不符合真实情况。

### 2. 工程技术资料的内容与质量要求

（1）工程技术资料的内容

1）施工管理资料

施工管理资料包括：监督部门抽查（检查）记录及相应的整改报告，分包单位资质报审表，专业承包单位资质证书及相关专业人员岗位证书等。

2）施工技术文件

施工技术文件包括：施工图会审，设计交底，设计变更通知单，工程洽商记录，施工组织设计、专项施工方案等及其审批记录，施工组织设计、分部分项技术交底等。

3）物资资料、试验部分

物资资料、试验部分包括：原材料、成品、半成品、构配件、设备出厂合格证书、出厂检验报告及复验报告等。

① 水泥、钢材（钢筋、钢板、型钢）、沥青、涂料、焊接材料、砌块（砖、料石、预制块等）、砂、石、混凝土外加剂与掺和料、防水材料及粘接材料、防腐及保温材料、石灰等。

② 水泥、石灰、粉煤灰类混合料、沥青混合料、预拌混凝土等。

③ 管材、管件、设备、配件，预应力混凝土张拉材料，支座、变形装置、止水带等。

④ 混凝土预制构件、钢结构构件、地下管线的各类井室的井圈、井盖、踏步等。

4）施工检（试）验报告

施工检（试）验报告包括：见证取样记录，压实度（密度）、强度试验资料，水泥混凝土抗压、抗折强度，抗渗、抗冻性能试验资料，钢筋焊、连接检（试）验资料，钢结构、钢管道、金属容器等及其他设备焊接检（试）验资料，桩基础检测资料。

5）施工记录

施工记录包括：地基与基槽验收，桩基施工。构件、设备安装与调试，预应力张拉，沉井，混凝土浇筑，管道、箱涵顶推进，构筑物沉降，施工监测和测温。

6）测量复核

测量复核包括：交桩复核、施工测量和工序测量复核。

7）预检记录

预检记录包括：模板、构件安装、设备安装、管道安装等。

8）工程质量检验资料

工程质量检验资料包括：检验批检查验收记录，隐蔽工程检查验收记录，分部分项工程检查验收记录，单位工程竣工验收记录等。

9）功能性试验记录

功能性试验记录包括：道路弯沉试验，无压管道严密性试验，桥梁荷载试验，水池满水试验，消化池气密性试验，压力管道的强度、严密性和通球试验等。

10）质量事故报告及处理记录。

11）竣工测量和竣工图。

12）竣工验收资料。

(2) 工程技术资料的质量要求

1）归档的工程资料应为原件。

2）工程资料的内容及其深度必须符合国家有关工程勘察、设计、施工、监理等方面的技术标准和规程。

3）工程资料的内容必须真实、准确，与工程实际相符合。

4）工程资料应采用耐久性强的书写材料，如碳素墨水、蓝黑墨水，不得使用易褪色的书写材料，如：圆珠笔、复写纸、铅笔、红色墨水、纯蓝墨水等。

5）工程资料应字迹清楚，图样清晰，图表整洁，签字盖章手续完备。

6）工程资料中文字材料幅面尺寸规格宜为 A4 幅面（297mm×210mm）。图纸宜采用国家标准图幅。

7）工程资料的纸张应采用能够长期保存的韧力大、耐久性强的纸张。图纸一般采用蓝晒图，竣工图应是新蓝图。计算机出图必须清晰，不得使用计算机出图的复印件。

8) 所有竣工图均应加盖竣工图章。

9) 利用施工图改绘竣工图时必须标明变更修改依据；凡施工图结构、工艺、平面布置等有重大改变，或变更部分超过图面的 1/3，应当重新绘制竣工图。

10) 竣工图纸统一折叠成 A4 幅面（297mm×210mm），图标栏露在外面。

### 3. 工程技术资料的组卷方法

（1）建设工程若由多个单位工程组成时，工程技术资料应按单位工程组卷，也可根据工程具体情况选择专业或子单位工程组卷。

（2）组卷应符合如下要求：

1) 施工资料管理过程形成为分项记录应与相应施工资料一起组卷；

2) 竣工图应按设计单位提供的专业施工图序列等组卷；

3) 竣工验收资料应按单位工程、专业等组卷；

4) 案卷不宜过厚，一般不超过 40mm；案卷内不应有重份文件；不同载体的文件一般应分别组卷。

（3）卷内文件排列顺序一般为封面、目录、文件材料、备考表及封底。

1) 组卷封面应具有工程名称、开竣工日期、编制单位、卷册编号、单位技术负责人和法人代表或法人委托人签字并加盖单位公章。

2) 文件材料部分排列应按规定的顺序进行，符合相关要求。

## （三）信 息 管 理

### 1. 信息管理的概念

信息是数据经过加工处理后对客观世界产生影响的数据，是各种管理工作的基础和依据。信息数据包括数值数据和非数值数据，如语言、文字、图表等，是用来反映客观世界而记录下来，可以鉴别的符号，是语言、文字、图像等有意义的组合，这种组合具体地对事物进行了描述。

信息管理是指对信息的收集、加工整理、储存、传递与应用等一系列工作的总称。信息管理的目的就是通过有组织的信息流通，使决策者能及时、准确地获得相应的信息。为此，就要做到：

（1）了解和掌握信息来源，对信息进行分类。

（2）掌握和正确运用信息管理的手段，如计算机。

（3）掌握信息流程的不同环节，建立信息管理系统。

### 2. 项目信息管理的基本要求和内容

（1）基本要求

1) 严格的时效性

每项信息都与发生的时间有关，过时的信息其价值就会随之消失。因此，能适时地提供信息，对指导工程施工十分有利，也才能取得最佳的经济效益。

2) 必要的精度

要使信息具有必要的精度,需要对原始数据进行认真的审查和必要的校核,避免分类和计算的错误。即使是加工整理过的资料,也要进行细致的审核,确保信息的真实可靠性。

3) 合理的成本

各种资料的收集和处理所需要的成本直接和信息收集的多少有关,信息要求的精度越高、越完整,则需要的成本越高。

4) 针对性和实用性

根据实际需要,提供针对性强、实用及适用的信息,尽量避免提供那种普通的、并不重要的、需要决策者花费很大的时间和精力而又得不到帮助的信息。使信息管理系统发挥应有的作用。

(2) 基本内容

1) 建立信息的代码系统

在信息管理过程中,大量的信息随时产生,如报表、数字、文字、声像等,单用文字来描述其特征已经不能满足现代管理的要求。因此,必须赋予信息一组能反映其主要特征的代码,用以表征信息的实体或属性,以便于利用计算机管理。

2) 明确信息流程

信息流程反映了施工项目管理上各有关单位及岗位人员之间的关系。保持畅通的信息流程,使信息能及时、全面、准确地提供给相关单位、岗位及人员,将给施工项目管理工作带来很大的方便和好处。

为了保证施工项目管理工作的顺利进行,必须使信息在施工管理的上下级之间、有关单位之间、有关部门之间及外部环境之间流动,这称为"信息流",信息流是信息流动的渠道。

3) 制订施工项目管理中的信息收集制度

施工项目管理中的信息收集,是指收集项目实施过程中的各种原始信息,原始资料的全面性和可靠性是决定施工项目信息管理工作质量好坏的重要基础。因此,必须建立一套健全、完善的信息收集制度。一般而言,信息收集制度中应包括信息来源、信息内容、标准、时间要求、传递途径、反馈的范围、工作职责、工作程序等内容。

4) 施工项目管理中的信息处理

在工程项目施工过程中,所发生并经过收集和整理的信息、资料,内容和数量相当多。而在施工项目管理的过程中,可能随时需要其中的某些资料,为了便于管理和使用,必须对所收集的信息和资料进行处理。

信息处理要求做到及时、准确、适用、经济。它的内容一般包括信息的收集、加工、传输、存储、检索和输出。信息处理有三种处理方式,即手工处理方式、机械处理方式和计算机处理方式。

## 3. 项目管理软件及主要模块

(1) 项目管理软件

项目管理软件就是通过计算机来运作的项目管理系统。它是现代管理方法和现代计算机技术相结合的产物。它最重要的作用就是通过制订计划,并对计划进行跟踪监测、控制调整从而保证项目目标的实现。

使用项目管理软件进行计算机辅助施工项目管理,不仅可以通过快速的多方案比选制订出经济合理的施工计划,而且能迅速有效地对施工过程中产生的大量信息进行系统的存储和处理,并及时反映在计划的调整上。同时,计算机还可以自动生成直观形象的报表、图像、Web 网页和电子邮件等有关材料,使项目的管理人员之间的交流和沟通更加方便、有效,避免由于信息的延误而造成的工程损失,项目的实施过程就会始终处于有效的控制之下。

(2) 项目管理软件的主要模块

计算机的项目管理软件种类繁多,其功能及用法上也存在较大的差异,但通常都包括四个主要模块(又称子系统),即网络处理模块、资源安排与优化模块、成本管理模块和报告生成及输出模块。

1) 网络处理模块

网络处理模块是项目管理软件的主要组成部分,它以网络计划技术为载体,有如下功能:

① 计算项目的总工期,标示出关键线路和关键工作。

② 表达各工作之间的逻辑关系。

③ 进行各工作的时间参数计算,如最早可能开始时间(ES)、最早可能完成时间(EF)、最迟必须开始时间(LS)、最迟必须完成时间(LF)、总时差(TF)、自由时差(FF)等。

④ 进度跟踪、更新网络。它所提供的"前锋线"功能,可让项目管理人员一目了然地看出工作进展的超前或落后;通过"拉直前锋线",可以看出工作的超前或落后对后续工作和项目总工期的影响。

⑤ 国内所编制的项目管理软件一般可以同时处理单代号网络图和双代号图络图,有的还能提供自动生成"流水网络"的功能。

2) 资源安排与优化模块

资源安排与优化模块不仅可以分析各项工作所需的资源及资源的利用率,还可以按工作需用资源的时间和强度进行安排,从而使得资源的使用更加合理。这些资源可以是人力和机具设备,也可以是材料和资金。

资源安排与优化模块有以下功能:

① 每项工作可以分配多种资源,每种资源进行工作的时间可以相互独立,并且资源的投入可以随时间变化而发生变化。

② 允许资源进行加班使用。

③ 允许指定工作的优先级,这样,当资源的使用发生冲突(即对资源的要求超出资源的供给)时,项目管理软件可以根据各工作的优先次序对资源的使用进行优化安排。

资源安排与优化的原则是"向关键工作要时间,向非关键工作要资源"。具体来说,就是通过调整非关键工作上的资源投入,来确保关键工作上的资源需要,以保证关键工作的按期或提前完成,从而使得整个工程按期或提前完成。

3）成本管理模块

成本管理模块有以下功能：

① 能够进行成本和进度的同步计算和控制。

② 成本不仅可以与工作有关，也可以与项目实施中的重大事件及概要工作（如几项工作共同的管理费）关联。

③ 可以处理与时间有关而与资源无关的成本（指那些无论工作开展与否都要承担的费用），例如项目上的管理费、机械设备租赁费等。

④ 与时间相关的成本可以根据需要表示为与时间成非线性关系。

⑤ 可以根据计划进度或实际进度绘制出各种成本曲线和全部或分期的现金流量图。

⑥ 可以记录实际成本支出和实际收入。

⑦ 可以分析各种成本偏差，如计划成本支出与当前进度预算成本的偏差，当前进度预算成本与当前实际成本支出的偏差等。

⑧ 可以方便地进行有关成本信息的分类、汇总和查询。

⑨ 能够处理多种货币单位，并能根据实际需要进行换算。

4）报告生成及输出模块

报告生成及输出模块有如下功能：

① 能够根据需要输出全部或局部的网络图（包括时标网络图），并能生成指导班组施工的横道图。

② 能够输出各种资源报告和资源投入曲线。

③ 能够输出各种成本报告和成本曲线。

④ 允许用户自定义输出报告的内容和格式，以满足项目管理的特定需求。

⑤ 提供预览功能，在正式报告/图形输出之前允许用户进行修改标题、图签、输出比例，添加有关文字说明等工作。

## 4. 项目管理软件的应用

（1）应用的准备工作

1）确定计划目标

可能的目标一般有：时间目标（工期目标），时间—资源目标，时间—成本目标，质量目标，安全目标等几种，具体选择哪一种目标，应视具体情况根据实际需要确定。

2）进行调查研究

① 调查研究的主要内容有：项目有关的设计图纸、设计数据等资料；工程合同及施工预算资料；现场水文、地质、气象等自然条件资料（如地下水位的高低、河流水位、地质地貌资料、潮汐资料、雨季的降雨量、持续时间、冬季平均气温等）；与工程项目有关的规定和要求（如工程验收制度，文明施工规定，地方建设部门所做的其他有关规定等）；施工现场周围环境、交通状况等资料；资源需求和供应情况；资金需求和供应情况；项目施工的工期要求；主要施工过程的施工方案（包括所采用的施工方法和施工机械，流水阶段的划分，施工顺序等内容）；现行的施工定额；施工预算；与其他专业承包商的有关协议或合同；有关的统计资料、历史资料及经验；其他有关的技术经济资料。

② 调查研究采用的主要方法有：实际观察、测量与询问；会议调查；查阅资料；计算机检索；信息传递；分析预测。

③ 准备网络计划的基本参数。主要有：进行工作的划分；确定工作之间的逻辑关系；计算各工作的工程量；确定劳动量和机械台班数量；确定资源使用情况和持续时间；确定工作固定成本、资源固定成本、可变成本。

(2) 应用的基本步骤

1) 输入项目的基本信息

项目的基本信息应包括项目的名称、项目的开工日期与完工日期、计划排定的时间单位（如小时、天、周、月、季等）、项目采用的工作日历等内容。

2) 输入工作的基本信息和工作之间的逻辑关系

工作的基本信息应包括工作名称、工作代码、工作的持续时间、工作的时间限制（开工时间或完工时间的限制）、工作的特性（如分阶段、可否中断）等。

工作之间的逻辑关系既可以通过数据表进行输入，以表格形式表示；也可以在图（横道图、网络图）上借助鼠标的拖放来指定，图上输入直观，方便且不易出错，宜作为逻辑关系的主要输入方式。

利用项目管理软件对资源（劳动力、材料、设备等）进行管理时，就需要建立资源库，包括资源名称、资源的最大限量、资源的使用时间等内容，并输入完成工作所需要的资源信息。

在利用项目管理软件进行成本控制时，应在资源库中输入资源费率（人工工日单价或台班费等），资源的每次使用成本（如大型机械的进出场费等），并在工作上输入工作的计划成本。

3) 计划的调整与存储

利用项目管理软件所提供的有关图表以及排序、筛选、统计等功能，项目计划人员可以查看和了解自己所需要的各类信息，如项目总工期、总成本、项目实施的实际进度情况、资源的使用情况等，如发现与计划的预期不一致，例如工期拖延、成本超出预算范围、资源的使用超出计划范围或资源供应不均衡等，就可以对工作计划进行必要的修正或调整，使之满足要求。

计划调整完成后，就形成了一个新的实施计划，应当存储为原始计划，以便新计划在执行过程中同实际发生的情况进行对比分析。

4) 公布并实施项目计划

可以通过打印报告、图表等书面形式，也可以利用电子邮件、web 网页等电子形式将制订好的计划予以公布并执行，应确保所有的项目管理人员都能及时地获得所需要的信息。

5) 管理和跟踪项目

计划实施开始后，应定期对计划的执行情况进行跟踪检查，收集、汇总实际的施工进度、资源消耗和成本数据，并输入到项目管理软件中。需要输入的数据一般有：检查日期、工作的实际开工和完工日期、实际完成的工程量、已经工作的天数、工作的完成率、工作实际发生的费用等。

在实际的进度、资源、成本等信息输入计算机后，就可以利用项目管理软件对计划进行统计、对比和更新。检查项目的进度是否满足工期要求，实际成本是否在计划成本以内，资源消耗是否超出预算定额。由此，可以发现存在和潜在的问题和隐患，及时修正或调整项目计划，确保项目目标的实现。

项目计划的跟踪、检查、更新、调整和实施这个过程应不断地反复进行，直至项目竣工验收、交接、结算完成为止。

# 十一、计算机和相关资料信息管理软件的应用知识

## （一）office 应用知识

### 1. Office 简介

Office 是一个庞大的办公软件和工具软件的集合体，它是日常工作的重要工具，也是日常生活中电脑作业不可缺少的得力助手。

MS Office 2007 包括如下应用软件：Word 2007、Excel 2007、Access 2007、PowerPoint 2007、FrontPage 2007、InfoPath 2007、Outlook 2007。使用 Office，可以帮助我们更好地完成日常办公和公司业务。

### 2. Office 2007 组件

尽管现在的 Office 组件越来越趋向于集成化，但在 Office 中各个组件仍有着比较明确的分工。

一般说来，Word 主要用来进行文本的输入、编辑、排版、打印等工作；Excel 主要用来进行有繁重计算任务的预算、财务、数据汇总等工作；PowerPoint 主要用来制作演示文稿和幻灯片及投影片等；Access 是一个桌面数据库系统及数据库应用程序；Outlook 是一个桌面信息管理的应用程序；FrontPage 主要用来制作和发布因特网的 Web 页面。

（1）Microsoft Word 文字处理

Microsoft Word 系列程序的主要功能是用于文件的编辑，包括了一般书面式文件的编写、画面排版、甚至于应用在网页的编辑上，微软提出了自动化文件的设计概念，可以引导使用者不论在本机或网络环境，都可以完成普通或复杂的文件编写及报表版面安排的工作。

（2）Microsoft Excel 电子表格

Mcrosoft Excel 系列程序的主要功能在于各种商用试算报表的统计、图表、数据分析等，在各种计算、格式表示上，都有相当强悍的功能。在数据分析的进阶操作设计上，也支持了类似数据库的数据来源查询功能。将它与 Microsoft Word 之间作相互的搭配，还有许多好用的功能及用途。

（3）Microsoft Access 数据库管理系统

Microsoft Access 系列程序的主要功能是用于数据的储存及管理，也是数据电子化环境的核心角色。甚至配合动态服务网页（Active Service Page）的功能加上如电子签章等认证安全机制，也可以发展为电子商务系统的前端数据库。

（4）Microsoft Office Outlook

它是 Office 个人信息管理和通信程序。Outlook 2007 允许用户在同一个地方对于电子邮件、日历、联系人以及其他个人和团队信息进行管理。Outlook 2007 中的主要改进，比如新的存储模式、消息自动分组、垃圾邮件处理和增强的阅读视图。

（5）Microsoft Office PowerPoint

它是 Office 演示文稿图形制作程序。通过用户界面方面的改进和"Smart Tag"（智能标记）的支持，PowerPoint 2007 使演示文稿的查看和创建变得更加容易。

## 3. Office 基本操作

（1）启动中文 Office 组件

主要有如下两种方法：

1）从"开始"菜单上启动 Office

先单击屏幕左下角的"开始"按钮，指针指向"所有程序"项，然后指向并点击其子菜单上的"Microsoft Word"。另外，点击"开始"菜单上"文档"子菜单上最近创建的文档或硬盘上其他文件夹中的某个文档都可以直接启动其相应组件并打开该文档。

2）直接从桌面上启动 Office 组件

直接点击 Office 组件在桌面上的快捷图标，也可以启动相应组件，不过在此之前需要手工为每个 Office 组件创建其快捷图标。

（2）新建和保存 Office 文档

1）新建 Office 文档及步骤

① 点击桌面上的"Microsoft Word"，标题栏上自动创建一个名为"文档 1"的新文档。

② 若想创建其他文档，则在右侧的"新建文档"窗格中进行。例如，可以新建空白文档、模板或者使用通用模板来创建一个新文档等，如图 11-1 所示。

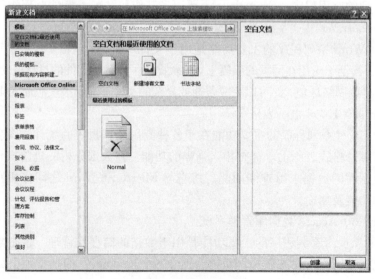

图 11-1　新建文档对话框

2）保存 Office 文档及步骤

当输入或编辑文档的工作告一段落时，可及时地把输入的数据或修改的内容保存起来。具体操作如下：

① 单击"文件"菜单，选择"保存"命令，若是已命名文档，保存工作结束；若是新建的未命名文档，则会出现"另存为"对话框，如图 11-2 所示。

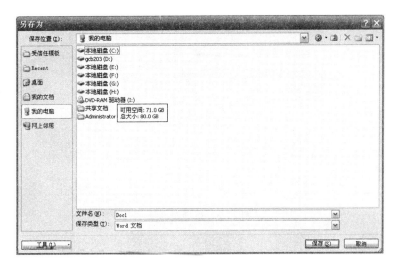

图 11-2　保存对话框

② 若想保存在默认文件夹中，则直接在该对话框下部的"文件名"下拉列表框中输入文件名，然后单击"保存"按钮。若是对已命名的文件进行修改或继续输入文字，则在工作告一段落时可直接单击"常用"工具栏上的"保存"按钮来保存新输入的文字。

③ 若要在不同位置或以不同格式保存文档，即把当前编辑的文档另外保存，可在"文件"菜单上打开"另存为"对话框，并在"文件名"框中，输入文件的新名称，再单击"保存"即可。

④ Word 2007 提供了把该类文档保存成其他文件类型的功能。具体操作是：单击"保存类型"下拉列表右边的下拉箭头并选择需要的文档类型，如保存为 Word 的以前几种版本或 RTF 格式等。

为避免由于突然断电或其他致命故障致使数据丢失，可使用自动保存功能。方法是：

A. 单击"office 按钮"中的"选项"命令，出现"选项"对话框。

B. 单击该对话框中的"保存"选项卡（图 11-3）。

C. 选定"自动保存时间间隔"复选框并在其右侧的文本框中选择具体时间间隔（单击文本框右侧的上、下小箭头就可改变数字），本例选择的保存时间间隔为 10 分钟。

⑤ 启动以 word 后更改 Word 缺省工作文件夹的操作步骤为：

A. 打开"office 按钮"中的"选项"命令，选择"保存"选项卡，如图 11-3 所示。

B. 修改"默认文件位置"中的"浏览"选项，出现浏览对话框（图 11-4）。

C. 若要选择将已有的文件夹作为缺省工作文件夹，在文件夹列表中定位并单击所需

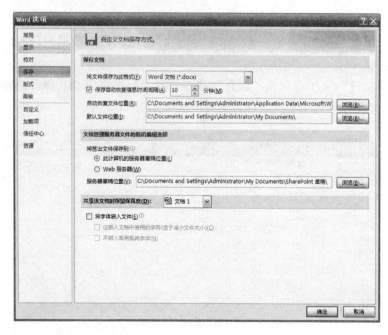

图 11-3　选项对话框

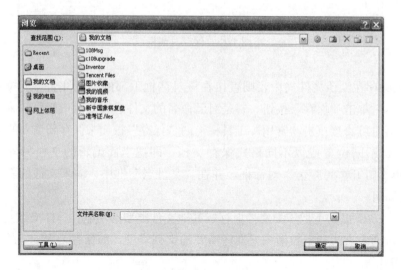

图 11-4 修改位置对话框

文件夹。若要创建一个新的文件夹并将其作为缺省工作文件夹，单击"新建文件夹"，然后在"名称"框中键入新文件夹的名称。

D. 选中要设置的文件夹，单击"确定"按钮，回到"文件位置"选项卡。"文件类型"框中的"文档"位置已经为修改后的文件夹了，此时再单击"确定"按钮即可完成。

(3) 打开和关闭 Office 文档

1) 打开 Office 文档

在 Office 中，最近操作的文档一般会保存在"文件"菜单中（默认为 4 个）。因此，如要打开最近操作过的文档，可直接单击"文件"菜单中的文档名称。否则，可单击常用工具栏中的"打开"按钮或选择"文件"菜单中的"打开"命令，然后通过"打开"对话框选择要打开的文档如图 11-5 所示。

图 11-5 打开对话框

显然，用这种方法打开文档时，要知道文档的名字及所在的驱动器和文件夹。

在位于"打开"对话框中间区域的文件和文件夹列表中双击某个文档名称可打开该文档，若双击文件夹，则可打开该文件夹的下一级列表。通过单击"查找范围"下拉列表框，可以选择其他文件夹。

2）关闭 Office 文档有两种操作方法：

① 选择"文件"菜单中的"关闭"命令。

② 若是只打开一个文档，则直接点击菜单栏最右端的"关闭"按钮；若想同时关闭多个打开的文档，则连续单击标题栏最右端的"关闭"按钮。

（4）摘要信息的建立

文档摘要包括标题、主题、作者、关键词与备注等内容，这些信息是日后查找文档的检索条件，创建文档后，最好填写相关项目。

操作方法：

1）单击"文件"菜单中的"属性"命令。

2）从文档属性对话框中选择"摘要"选项卡。

（5）打印预览

Office 提供的"打印预览"命令可以在打印前预览正文分部、分页、页眉、页脚、页面设置等信息，可用于节省打印校对工作，减少纸张浪费，提高打印效率。可以用打印预览工具按钮或"文件"菜单中的"打印预览"命令，实现此操作。

## 4. Office 通用的编辑操作

（1）复制和剪切文本

1）利用剪贴板复制剪切数据

"剪贴板"是复制或剪切数据的最基本的工具。不管使用哪一个软件，都通过使用

"编辑"菜单中的"复制"或"剪切"命令,将数据存入剪贴板,再通过"粘贴"命令完成操作。如果要从"Office 剪贴板"粘贴,先单击插入点,然后单击要粘贴的项目,将粘贴存储在"Office 剪贴板"中的所选项目。如果不选择"Office 剪贴板",而单击"粘贴"按钮或按快捷键 Ctrl+V,则只粘贴最后一次放入剪贴板中的内容。如果要打开关闭的"剪贴板"任务窗格,可单击"编辑"菜单中的"Office 剪贴板"。

2)拖拉式编辑法

拖拉式编辑法的用途,其实也是剪切或复制数据,只不过不需要剪贴板。选中对象直接拖动,即为移动,按 Ctrl 键再拖动即为复制。

(2)撤销误操作

在常用工具栏上,单击"撤销"按钮,可取消对文档的最后一次操作。多次单击"撤销"按钮,依次从后向前取消多次操作。单击"撤销"按钮右边的下箭头,将显示最近执行的可撤销操作的列表,可选定其中某次操作,一次性恢复此操作后的所有操作。撤销某操作的同时,也撤销了列表中所有位于它上面的操作。

(3)恢复操作

单击"恢复"右边的下箭头,也可一次性恢复最后被取消的多次操作。如果不能重复上一项操作,"恢复"命令将变为"无法恢复"。

(4)查找和替换

如果文本内容很长,人工要查找其中的某个或某些相同字句是非常麻烦的,而且容易遗漏。使用 Word 却很容易实现,Word 可以查找和替换文字、格式、段落标记、分页符和其他项目,也可以使用通配符和代码来扩展搜索。

1)查找文本

① 单击"编辑"菜单上的"查找"命令,打开"查找和替换"对话框中的"查找"选项卡(图 11-6)。在"查找内容"框内键入要查找的文本。

图 11-6 查找和替换对话框

② 若要一次选中指定单词或词组的所有内容,选中"突出显示所有在该范围找到的项目"复选框,然后通过在"突出显示所有在该范围找到的项目"列表中单击来选择要在其中进行搜索的文档部分。

③ 单击"查找下一处"或"查找全部"继续。按 Esc 键可取消正在执行的搜索。

2)替换文字

① 单击"编辑"菜单中的"替换"命令,打开"查找和替换"对话框中(图 11-6)

的"替换"对话框。

② 在"查找内容"框内输入要搜索的文字,在"替换为"框内输入替换文字。

③ 单击"查找下一处"、"替换"或者"全部替换"按钮继续。同样按 Esc 键可取消正在执行的搜索。

利用替换功能可以删除找到的文本。方法是在"替换为"一栏中不输入任何内容,替换时会以空字符代替找到的文本,等于做了删除操作。

3)使用通配符搜索

可使用通配符简化文本或文档的搜索。例如,使用通配符"?"来查找任意单个字符(查找"cat"和"cut"可搜索"c?t")。用星号"*"通配符搜索任意一个字符(使用"S*d"将找到"sad"和"started"等单词)。

① 单击"编辑"菜单中的"查找"或"替换"命令。

② 果看不到"使用通配符"复选框,单击"高级"按钮。

③ 选中"使用通配符"复选框,这时只查找与指定文本精确匹配的文本。

④ 在"查找内容"框中输入通配符,执行下列操作之一:

A. 从列表中选择通配符,单击"特殊字符"按钮,再单击所需通配符,在"查找内容"框内键入要查找的其他文字。

B. 在"查找内容"框中直接键入通配符。

C. 如要查找被定义为通配符的字符"*"和"?",在该字符前键入反斜杠"\",例如,要查找问号,可键入"\?"。

⑤ 如果要替换该项,在"替换为"框内键入替换内容。

⑥ 单击"查找下一处"、"替换"或者"全部替换"按钮。Esc 键可取消。

## (二) AutoCAD 应用知识

AutoCAD 是由美国 Autodesk 公司开发的通用计算机辅助设计(Computer Aided Design,CAD)软件,具有易于掌握、使用方便、体系结构开放等优点,能够绘制二维图形、标注尺寸、渲染图形以及打印输出图纸。

### 1. AutoCAD 的基本功能

(1) AutoCAD 的界面组成

中文版 AutoCAD 的界面主要由菜单栏、工具栏、绘图窗口、文本窗口与命令行、状态行等元素组成如图 11-7 所示。

1)标题栏

标题栏位于应用程序窗口的最上面,显示当前正在运行的程序名及文件名等信息。

2)菜单栏与快捷菜单

菜单栏由"文件"、"编辑"、"视图"等菜单组成,几乎包括了 AutoCAD 中全部的功能和命令。快捷菜单又称为上下文相关菜单,在绘图区域、工具栏、状态行、模型与布局选项卡以及一些对话框上右击时,将弹出一个快捷菜单,该菜单中的命令与 AutoCAD

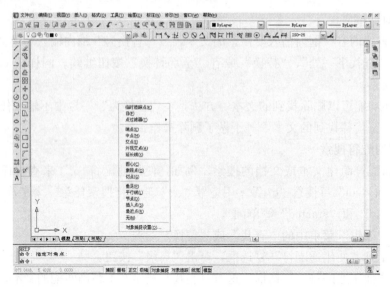

图 11-7 CAD 界面

当前状态相关。

3）工具栏

工具栏是应用程序调用命令的另一种方式，它包含许多由图标表示的命令按钮。如果要显示当前隐藏的工具栏，可在任意工具栏上右击，此时将弹出一个快捷菜单，通过选择命令可以显示或关闭相应的工具栏。

4）绘图窗口

绘图窗口是用户绘图的工作区域。绘图窗口的下方有"模型"和"布局"选项卡，单击其标签可以在模型空间或图纸空间之间来回切换。

5）命令行与文本窗口

"命令行"窗口位于绘图窗口的底部，用于接收用户输入的命令，并显示 AutoCAD 提示信息。

6）状态行

状态行用来显示 AutoCAD 当前的状态，如当前光标的坐标、命令和按钮的说明等。在绘图窗口中移动光标时，状态行的"坐标"区将动态地显示当前坐标值。坐标显示取决于所选择的模式和程序中运行的命令，共有"相对"、"绝对"和"无"3 种模式。状态行中还包括如"捕捉"、"栅格"、"正交"、"极轴"、"对象捕捉"、"对象追踪"、"线宽"、"模型"8 个功能按钮。

(2) 绘制与编辑图形

"绘图"菜单中包含有丰富的绘图命令，使用它们可以绘制直线、构造线、多段线、圆、矩形、多边形、椭圆等基本图形，也可以对其进行填充。如果再借助于"修改"菜单中的修改命令，便可以绘制出各种各样的图形。

(3) 标注图形尺寸

尺寸标注是向图形中添加测量注释的过程，是整个绘图过程中不可缺少的一步。AutoCAD 的"标注"菜单中包含了一套完整的尺寸标注和编辑命令，使用它们可以在图形的各个方向上创建各种类型的标注，也可以方便、快速地以一定格式创建符合行业或项目标准的标注。

(4) 输出与打印图形

AutoCAD 不仅允许将所绘图形以不同样式通过绘图仪或打印机输出，还能够将不同格式的图形导入 AutoCAD 或将 AutoCAD 图形以其他格式输出。因此，当图形绘制完成之后可以使用多种方法将其输出。

(5) 图形文件管理

在 AutoCAD 中，图形文件管理包括创建新的图形文件、打开已有的图形文件、关闭图形文件以及保存图形文件等操作。

1) 创建新图形文件

选择"文件"|"新建"命令（NEW），或在"标准"工具栏中单击"新建"按钮，可以创建新图形文件，此时将打开"选择样板"对话框。在"选择样板"对话框中，可以在"名称"列表框中选中某一样板文件，这时在其右面的"预览"框中将显示出该样板的预览图像。单击"打开"按钮，可以以选中的样板文件为样板创建新图形，此时会显示图形文件的布局。

2) 打开图形文件

选择"文件"|"打开"命令（OPEN），或在"标准"工具栏中单击"打开"按钮，可以打开已有的图形文件，此时将打开"选择文件"对话框。选择需要打开的图形文件，在右面的"预览"框中将显示出该图形的预览图像。默认情况下，打开的图形文件的格式为 .dwg。

3) 保存图形文件

在 AutoCAD 中，可以使用多种方式将所绘图形以文件形式存入磁盘。例如，可以选择"文件"|"保存"命令（QSAVE），或在"标准"工具栏中单击"保存"按钮，以当前使用的文件名保存图形；也可以选择"文件"|"另存为"命令（SAVEAS），将当前图形以新的名称保存。在第一次保存创建的图形时，系统将打开"图形另存为"对话框。默认情况下，文件以"AutoCAD2004 图形（*.dwg）"格式保存，也可以在"文件类型"下拉列表框中选择其他格式，如 AutoCAD2000/LT2000 图形（*.dwg）、AutoCAD 图形标准（*.dws）等格式。

4) 关闭图形文件

选择"文件"|"关闭"命令（CLOSE），或在绘图窗口中单击"关闭"按钮，可以关闭当前图形文件。如果当前图形没有存盘，系统将弹出 AutoCAD 警告对话框，询问是否保存文件。此时，单击"是（Y）"按钮或直接按 Enter 键，可以保存当前图形文件并将其关闭；单击"否（N）"按钮，可以关闭当前图形文件但不存盘；单击"取消"按钮，取消关闭当前图形文件操作，即不保存也不关闭。如果当前所编辑的图形文件没有命名，那么单击"是（Y）"按钮后，AutoCAD 会打开"图形另存为"对话框，要求用户确定图形文件存放的位置和名称。

(6) 使用命令

在 AutoCAD 中，菜单命令、工具按钮、命令大都是相互对应的。可以选择某一菜单命令，或单击某个工具按钮。可以说，命令是 AutoCAD 绘制与编辑图形的核心。

1）使用鼠标操作执行命令

在绘图窗口，光标通常显示为"十"字线形式。当光标移至菜单选项、工具或对话框内时，它会变成一个箭头。无论光标是"十"字线形式还是箭头形式，当单击或者按动鼠标键时，都会执行相应的命令或动作。

在 AutoCAD 中，鼠标键是按照下述规则定义的：

拾取键：通常指鼠标左键，用于指定屏幕上的点，也可以用来选择 Windows 对象、AutoCAD 对象、工具栏按钮和菜单命令等。

回车键：指鼠标右键，相当于 Enter 键，用于结束当前使用的命令，此时系统将根据当前绘图状态而弹出不同的快捷菜单。

弹出菜单：当使用 Shift 键和鼠标右键的组合时，系统将弹出一个快捷菜单，用于设置捕捉点的方法。对于 3 键鼠标，弹出按钮通常是鼠标的中间按钮。

2）使用命令行

在 AutoCAD 中，默认情况下"命令行"是一个可固定的窗口，可以在当前命令行提示下输入命令、对象参数等内容。对大多数命令，"命令行"中可以显示执行完的两条命令提示（也叫命令历史），而对于一些输出命令，例如 TIME、LIST 命令，需要在放大的"命令行"或"AutoCAD 文本窗口"中才能完全显示。在"命令行"窗口中右击，AutoCAD 将显示一个快捷菜单。通过它可以选择最近使用过的 6 个命令、复制选定的文字或全部命令历史记录、粘贴文字，以及打开"选项"对话框。

## 2. 绘制简单二维图形对象

在 AutoCAD 中，使用"绘图"菜单中的命令，可以绘制点、直线、圆、圆弧和多边形等简单二维图形。

（1）绘图方法

1）绘图菜单

绘图菜单是绘制图形最基本、最常用的方法，其中包含了 AutoCAD 的大部分绘图命令。选择该菜单中的命令或子命令，可绘制出相应的二维图形。

2）绘图工具栏

"绘图"工具栏中的每个工具按钮都与"绘图"菜单中的绘图命令相对应，是图形化的绘图命令。

3）屏幕菜单

"屏幕菜单"是 AutoCAD 的另一种菜单形式。选择其中的"工具 1"和"工具 2"子菜单，可以使用绘图相关工具。"工具 1"和"工具 2"子菜单中的每个命令分别与 AutoCAD 的绘图命令相对应。默认情况下，系统不显示"屏幕菜单"，但可以通过选择"工具"|"选项"命令，打开"选项"对话框，在"显示"选项卡的"窗口元素"选项组中选中"显示屏幕菜单"复选框将其显示。

4）绘图命令

使用绘图命令也可以绘制图形，在命令提示行中输入绘图命令，按 Enter 键，并根据命令行的提示信息进行绘图操作。这种方法快捷、准确性高，但要求掌握绘图命令及其选择项的具体用法。

（2）绘制点对象

在 AutoCAD 中，点对象有单点、多点、定数等分和定距等分 4 种。

选择"绘图"｜"点"｜"单点"命令，可以在绘图窗口中一次指定一个点。

选择"绘图"｜"点"｜"多点"命令，可以在绘图窗口中一次指定多个点，最后可按 Esc 键结束。

选择"绘图"｜"点"｜"定数等分"命令，可以在指定的对象上绘制等分点或者在等分点处插入块。

选择"绘图"｜"点"｜"定距等分"命令，可以在指定的对象上按指定的长度绘制点或者插入块。

（3）绘制直线

"直线"是各种绘图中最常用、最简单的一类图形对象，只要指定了起点和终点即可绘制一条直线。在 AutoCAD 中，可以用二维坐标 ($x$, $y$) 或三维坐标 ($x$, $y$, $z$) 来指定端点，也可以混合使用二维坐标和三维坐标。如果输入二维坐标，AutoCAD 将会用当前的高度作为 $Z$ 轴坐标值，默认值为 0。选择"绘图"｜"直线"命令（LINE），或在"绘图"工具栏中单击"直线"按钮，可以绘制直线。

（4）绘制射线

射线为一端固定，另一端无限延伸的直线。选择"绘图"｜"射线"命令（RAY），指定射线的起点和通过点即可绘制一条射线。指定射线的起点后，可在"指定通过点"提示下指定多个通过点，绘制以起点为端点的多条射线，按 Esc 键或 Enter 键退出。

（5）绘制构造线

构造线为两端可以无限延伸的直线，没有起点和终点，可以放置在三维空间的任何地方，主要用于绘制辅助线。选择"绘图"｜"构造线"命令（XLINE），或在"绘图"工具栏中单击"构造线"按钮，都可绘制构造线。

（6）绘制矩形

在 AutoCAD 中，可以使用"矩形"命令绘制矩形。选择"绘图"｜"矩形"命令（RECTANGLE），或在"绘图"工具栏中单击"矩形"按钮，即可绘制出倒角矩形、圆角矩形、有厚度的矩形等多种矩形。

（7）绘制正多边形

在 AutoCAD 中，可以使用"正多边形"命令绘制正多边形。选择"绘图"｜"正多边形"命令（POLYGON），或在"绘图"工具栏中单击"正多边形"按钮，可以绘制边数为 3～1024 的正多边形。

（8）绘制圆

选择"绘图"｜"圆"命令中的子命令，或单击"绘图"工具栏中的"圆"按钮即可绘制圆。在 AutoCAD 中，可以使用 6 种方法绘制圆：指定圆心和半径、指定圆心和直径、指定两点、指定 3 点、指定两个相切对象和半径、指定 3 个相切对象。

(9) 绘制圆弧

选择"绘图"|"圆弧"命令中的子命令，或单击"绘图"工具栏中的"圆弧"按钮，即可绘制圆弧。

(10) 绘制椭圆

选择"绘图"|"椭圆"子菜单中的命令，或单击"绘图"工具栏中的"椭圆"按钮，即可绘制椭圆。可以选择"绘图"|"椭圆"|"中心点"命令，指定椭圆中心、一个轴的端点（主轴）以及另一个轴的半轴长度绘制椭圆；也可以选择"绘图"|"椭圆"|"轴、端点"命令，指定一个轴的两个端点（主轴）和另一个轴的半轴长度绘制椭圆。

(11) 绘制椭圆弧

在 AutoCAD 中，椭圆弧的绘图命令和椭圆的绘图命令都是 ELLIPSE，但命令行的提示不同。选择"绘图"|"椭圆"|"圆弧"命令，或在"绘图"工具栏中单击"椭圆弧"按钮，都可绘制椭圆弧。

## 3. 使用修改命令编辑对象

中文版 AutoCAD 的"修改"菜单中包含了大部分编辑命令，通过选择该菜单中的命令或子命令，可以帮助用户合理地构造和组织图形，保证绘图的准确性，简化绘图操作。

(1) 删除对象

在 AutoCAD 中，可以用"删除"命令，删除选中的对象。选择"修改"|"删除"命令（ERASE），或在"修改"工具栏中单击"删除"按钮，都可以删除图形中选中的对象。当发出"删除"命令后，需要选择要删除的对象，然后按 Enter 键或 Space 键结束对象选择，同时删除已选择的对象。

(2) 复制对象

在 AutoCAD 中，可以使用"复制"命令，创建与原有对象相同的图形。选择"修改"|"复制"命令（COPY），或单击"修改"工具栏中的"复制"按钮，即可复制已有对象的副本，并放置到指定的位置。执行该命令时，首先需要选择对象，然后指定位移的基点和位移矢量（相对于基点的方向和大小）。

## 4. 创建文字

文字对象是 AutoCAD 图形中很重要的图形元素，是制图中不可缺少的组成部分。在一个完整的图样中，通常都包含一些文字注释来标注图样中的一些非图形信息。

(1) 创建文字样式

在 AutoCAD 中，所有文字都有与之相关联的文字样式。在创建文字注释和尺寸标注时，AutoCA 通常使用当前的文字样式。也可以根据具体要求重新设置文字样式或创建新的样式。文字样式包括文字"字体"、"字型"、"高度"、"宽度系数"、"倾斜角"、"反向"、"倒置"以及"垂直"等参数。

选择"格式"|"文字样式"命令，打开"文字样式"对话框。利用该对话框可以修改或创建文字样式，并设置文字的当前样式。

(2) 创建单行文字

在 AutoCAD 中,"文字"工具栏可以创建和编辑文字。对于单行文字来说,每一行都是一个文字对象,选择"绘图"|"文字"|"单行文字"命令(DTEXT),或在"文字"工具栏中单击"单行文字"按钮,可以创建单行文字对象。

(3) 编辑单行文字

单行文字可进行单独编辑。编辑单行文字包括编辑文字的内容、对正方式及缩放比例,可以选择"修改"|"对象"|"文字"子菜单中的命令进行设置。

(4) 创建多行文字

"多行文字"又称为段落文字,是一种更易于管理的文字对象,可以由两行以上的文字组成,而且各行文字都是作为一个整体处理。选择"绘图"|"文字"|"多行文字"命令(MTEXT),或在"绘图"工具栏中单击"多行文字"按钮,然后在绘图窗口中指定一个用来放置多行文字的矩形区域,将打开"文字格式"工具栏和文字输入窗口。利用它们可以设置多行文字的样式、字体及大小等属性。

(5) 编辑多行文字

要编辑创建的多行文字,可选择"修改"|"对象"|"文字"|"编辑"命令(DDEDIT),并单击创建的多行文字,打开多行文字编辑窗口,然后参照多行文字的设置方法,修改并编辑文字。也可以在绘图窗口中双击输入的多行文字,或在输入的多行文字上右击,从弹出的快捷菜单中选择"重复编辑多行文字"命令或"编辑多行文字"命令,打开多行文字编辑窗口。

## 5. 标注尺寸与编辑标注对象

(1) 线性标注

用户选择"标注"|"线性"命令(DIMLINEAR),或在"标注"工具栏中单击"线性"按钮,可创建用于标注用户坐标系 XY 平面中的两个点之间的距离测量值,并通过指定点或选择一个对象来实现。

(2) 对齐标注

选择"标注"|"对齐"命令(DIMALIGNED),或在"标注"工具栏中单击"对齐"按钮,可以对对象进行对齐标注。

(3) 弧长标注

选择"标注"|"弧长"命令(DIMARC),或在"标注"工具栏中单击"弧长"按钮,可以标注圆弧线段或多段线圆弧线段部分的弧长。

(4) 基线标注

选择"标注"|"基线"命令(DIMBASELINE),或在"标注"工具栏中单击"基线"按钮,可以创建一系列由相同的标注原点测量出来的标注。

与连续标注一样,在进行基线标注之前也必须先创建(或选择)一个线性、坐标或角度标注作为基准标注,然后执行 DIMBASELINE 命令,此时命令行提示如下信息。

指定第二条尺寸界线原点或[放弃(U)/选择(S)]<选择>:

在该提示下,可以直接确定下一个尺寸的第二条尺寸界线的起始点。AutoCAD 将按基线标注方式标注出尺寸,直到按下 Enter 键结束命令为止。

(5) 连续标注

选择"标注"|"连续"命令(DIMCONTINUE),或在"标注"工具栏中单击"连续"按钮,可以创建一系列端对端放置的标注,每个连续标注都从前一个标注的第二个尺寸界线处开始。在进行连续标注之前,必须先创建(或选择)一个线性、坐标或角度标注作为基准标注,以确定连续标注所需要的前一尺寸标注的尺寸线,然后执行 DIMCONTINUE 命令,此时命令行提示如下。

指定第二条尺寸界线原点或[放弃(U)/选择(S)]<选择>:在该提示下,当确定了下一个尺寸的第二条尺寸界线原点后,AutoCAD 按连续标注方式标注出尺寸,即把上一个或所选标注的第二条尺寸界线作为新尺寸标注的第一条尺寸界线标注尺寸。当标注完成后,按 Enter 键即可结束该命令。

(6) 半径标注

选择"标注"|"半径"命令(DIMRADIUS),或在"标注"工具栏中单击"半径"按钮,可以标注圆和圆弧的半径。执行该命令,并选择要标注半径的圆弧或圆,此时命令行提示如下信息。

指定尺寸线位置或[多行文字(M)/文字(T)/角度(A)]:

当指定了尺寸线的位置后,系统将按实际测量值标注出圆或圆弧的半径。也可以利用"多行文字(M)"、"文字(T)"或"角度(A)"选项,确定尺寸文字或尺寸文字的旋转角度。其中,当通过"多行文字(M)"和"文字(T)"选项重新确定尺寸文字时,只有给输入的尺寸文字加前缀 R,才能使标出的半径尺寸有半径符号 R,否则没有该符号。

(7) 直径标注

选择"标注"|"直径"命令(DIMDIAMETER),或在"标注"工具栏中单击"直径标注"按钮,可以标注圆和圆弧的直径。直径标注的方法与半径标注的方法相同。当选择了需要标注直径的圆或圆弧后,直接确定尺寸线的位置,系统将按实际测量值标注出圆或圆弧的直径。并且,当通过"多行文字(M)"和"文字(T)"选项重新确定尺寸文字时,需要在尺寸文字前加前缀%%C,才能使标出的直径尺寸有直径符号 Φ。

(8) 圆心标记

选择"标注"|"圆心标记"命令(DIMCENTER),或在"标注"工具栏中单击"圆心标记"按钮,即可标注圆和圆弧的圆心。此时只需要选择待标注其圆心的圆弧或圆即可。圆心标记的形式可以由系统变量 DIMCEN 设置。当该变量的值大于 0 时,作圆心标记,且该值是圆心标记线长度的一半;当变量的值小于 0 时,画出中心线,且该值是圆心处小十字线长度的一半。

(9) 角度标注

选择"标注"|"角度"命令(DIMANGULAR),或在"标注"工具栏中单击"角度"按钮,都可以测量圆和圆弧的角度、两条直线间的角度,或者三点间的角度。执行 DIMANGULAR 命令,此时命令行提示如下。

选择圆弧、圆、直线或<指定顶点>:

## 6. 输出、打印

（1）图形的输出

选择"文件"|"输出"命令，打开"输出数据"对话框。可以在"保存于"下拉列表框中设置文件输出的路径，在"文件"文本框中输入文件名称，在"文件类型"下拉列表框中选择文件的输出类型，如图元文件、ACIS、平版印刷、封装 PS、DXX 提取、位图、3D Studio 及块等。

设置了文件的输出路径、名称及文件类型后，单击对话框中的"保存"按钮，将切换到绘图窗口中，可以选择需要以指定格式保存的对象。

（2）在模型空间与图形空间之间切换

模型空间是完成绘图和设计工作的工作空间。使用在模型空间中建立的模型可以完成二维或三维物体的造型，并且可以根据需求用多个二维或三维视图来表示物体，同时配有必要的尺寸标注和注释等来完成所需要的全部绘图工作。在模型空间中，用户可以创建多个不重叠的（平铺）视口以展示图形的不同视图。

（3）创建和管理布局

在 AutoCAD 中，可以创建多种布局，每个布局都代表一张单独的打印输出图纸。创建新布局后就可以在布局中创建浮动视口。视口中的各个视图可以使用不同的打印比例，并能够控制视口中图层的可见性。

1）使用布局向导创建布局

选择"工具"|"向导"|"创建布局"命令，打开"创建布局"向导，可以指定打印设备、确定相应的图纸尺寸和图形的打印方向、选择布局中使用的标题栏或确定视口设置。

2）管理布局

右击"布局"标签，使用弹出的快捷菜单中的命令，可以删除、新建、重命名、移动或复制布局。默认情况下，单击某个布局选项卡时，系统将自动显示"页面设置"对话框，供设置页面布局。

如果以后要修改页面布局，可从快捷菜单中选择"页面设置管理器"命令，通过修改布局的页面设置，将图形按不同比例打印到不同尺寸的图纸中。

3）布局的页面设置

选择"文件"|"页面设置管理器"命令，打开"页面设置管理器"对话框。单击"新建"按钮，打开"新建页面设置"对话框，可以在其中创建新的布局。

（4）打印图形

创建完图形之后，通常要打印到图纸上，也可以生成一份电子图纸，以便从互联网上进行访问。打印的图形可以包含图形的单一视图，或者更为复杂的视图排列。根据不同的需要，可以打印一个或多个视口，或设置选项以决定打印的内容和图像在图纸上的布置。

1）打印预览

在打印输出图形之前可以预览输出结果，以检查设置是否正确。例如，图形是否都在

有效输出区域内等。选择"文件"|"打印预览"命令(PREVIEW),或在"标准"工具栏中单击"打印预览"按钮,可以预览输出结果。AutoCAD将按照当前的页面设置、绘图设备设置及绘图样式表等在屏幕上绘制最终要输出的图纸。

2) 输出图形

在AutoCAD中,可以使用"打印"对话框打印图形。当在绘图窗口中选择一个布局选项卡后,选择"文件"|"打印"命令打开"打印"对话框。

## (三) 常见工程资料管理软件的应用知识

### 1. 工程施工资料管理软件简介

目前建筑工程施工资料管理软件品种很多,虽然各种软件都有一些自身特有的功能和界面,各种软件的操作基本大同小异,主要功能应用包括工程的新建、打开、备份、重新装入和范本修改等。记录表格的操作包括:填写、修改、复制、导入、打印等。

工程施工资料管理软件主要基本功能和应用如下:

(1) 智能评定功能

软件根据现行国标、地标或企业标准对检验批进行登记、自动评定和标记不合格点。

(2) 自动计算功能

软件一般应设置相应的计算表格,自动对输入的数据进行统计、计算。

(3) 验收数据逐级生成

软件按照事先设定的单位工程、分部工程、分项工程以及检验批的划分方案,由各检验批数据自动逐级生成分项工程、分部工程的质量评定表格及相应的验收检查记录。

(4) 填表实例功能

软件应提供各技术质量记录,按照规范、标准要求的填写示范和要求,用户可在示例记录资料的基础上进行编辑形成新工程的资料,大大提高资料、表格的填写效率。

(5) 图形编辑器功能

软件应设置图形编辑器,做到可在资料、记录和表格中绘制工程图形,保证工程资料符合规范要求,保证资料内容完整、准确和有效。

(6) 施工日记

软件具有日记功能,可以记录工程进度、现场质量、安全等管理状况。

(7) 电子档案功能

软件应有电子文件存档工程,将各种电子资料按照一定的要求分类管理、存放,为施工技术资料管理从纸质载体向光盘载体过渡提供解决方案。

### 2. 软件应用-新建工程

建筑工程施工资料管理软件启动后,软件接口分有三个区域:菜单区、功能按钮和表格编制区,如图11-8所示。

十一、计算机和相关资料信息管理软件的应用知识 213

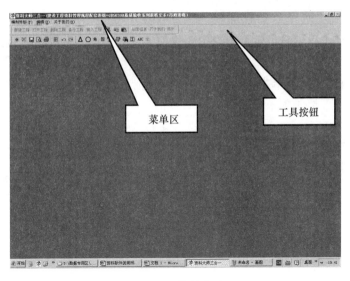

图 11-8　软件启动

菜单中的全部功能都在功能按钮上，功能按钮包括：新建、打开工程、删除工程、备份工程、装入工程、修改模板、关于我们、退出等几个按钮。

新建工程的流程一般为：新建工程→输入基本信息→设置部位信息。

(1) 单击【新建工程】按钮弹出【新建工程】窗口（图 11-9）输入"工程名称"。

(2) 选择模板单击下拉按钮，显示出软件包含的所有模板，根据要填写的资料选择模板。

(3) 选择资料库单击下拉按钮，显示出上一步所选模板对应的所有资料库，根据需要选择要填写的资料库。

(4) 单击【确定】按钮新建工程完毕。

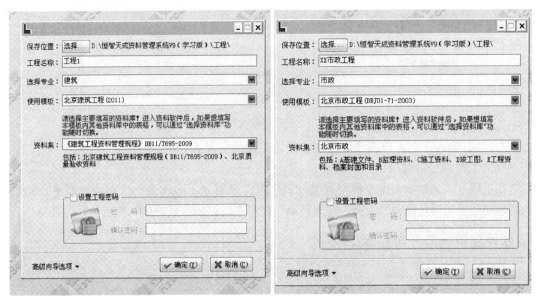

图 11-9　新建工程对话框

(5) 输入基本信息

用户首先在【工程信息设置】窗口中预先把工程信息填写好。在填表的时候软件会自动导入这些信息。

1) 在主界面工具条上单击按钮,弹出【工程信息设置】窗口(图 11-10),直接输入各种参数。

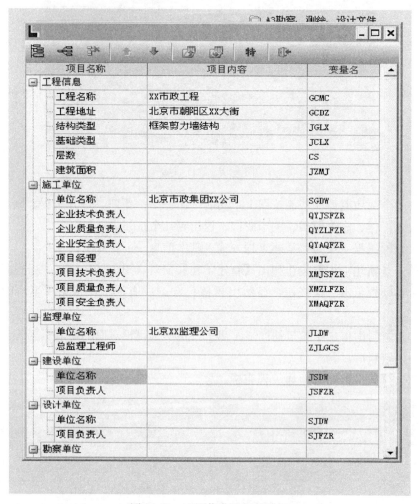

图 11-10 工程信息设置对话框

2) 参数输入完毕,单击【退出】按钮,工程信息设置完成。

(6) 工程部位设置

在工程开工之初应根据工程特点进行工程施工段划分,形成工程检查验收部位。此时,我们就用到了"部位设置"功能。在资料填写过程中,取用设置好的工程部位,方便操作。

## 3. 软件应用—打开与删除工程

(1) 打开工程

此功能用于打开已建立的工程,点击"打开工程",弹出对话框,选择工程名称,可以进行表格建立、修改、添加、删除等,如图 11-11 所示。

十一、计算机和相关资料信息管理软件的应用知识 215

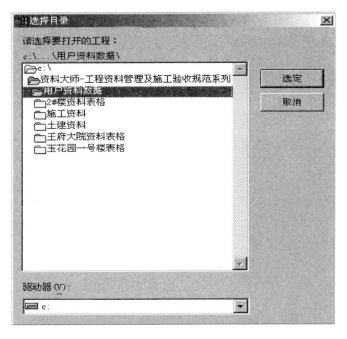

图 11-11　打开工程

（2）删除工程

此功能用于删除已建工程，点击"删除工程"，弹出对话框，选择工程名称，可以把整个工程删除掉，如图 11-12 所示。

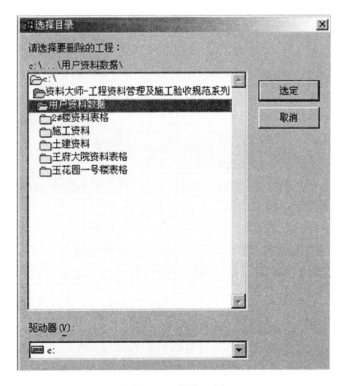

图 11-12　删除工程

(3) 备份工程

建筑工程施工资料管理软件能将建立的工程进行压缩备份,可以把整个资料以压缩的格式存成一个文件,存入到"资料大师-工程资料管理及施工验收规范系列"文件夹中的"资料备份"子文件夹,此功能点击备份工程,弹出对话框,如图 11-13 所示。

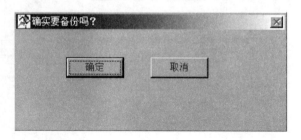

图 11-13

点击 确定 按钮,可以选择需要备份的工程名称,如图 11-14 所示。

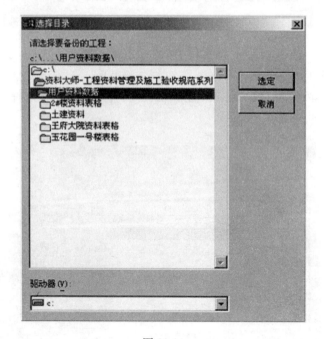

图 11-14

选择工程名称,点击选定,弹出一个对话框,对话框中输入工程名称,系统默认名称是当前工程的名称,可以改为其他名称,如图 11-15 所示,输入完工程名称后,点击 保存 按钮,系统备份完成。

(4) 重新装入工程

此功能用于将备份工程重新装入到计算机,如果已有工程的资料表格由于误操作而被删除,可以将工程的备份资料重新装入,打开工程时恢复到备份时的工程资料。操作如下:

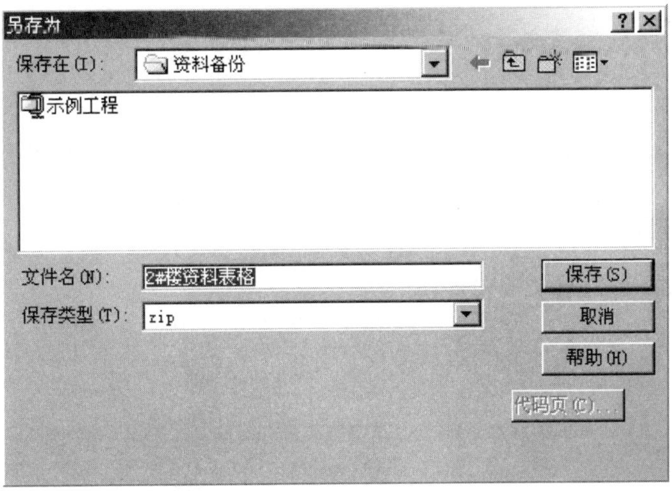

十一、计算机和相关资料信息管理软件的应用知识　217

图 11-15

点击"装入工程",弹出对话框,如图 11-16 所示。

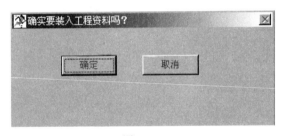

图 11-16

点击"确定"按钮,弹出对话框,选择要重新装入的工程名称,如图 11-17 所示。选择完工程名称后点击"确定"按钮即可备份。

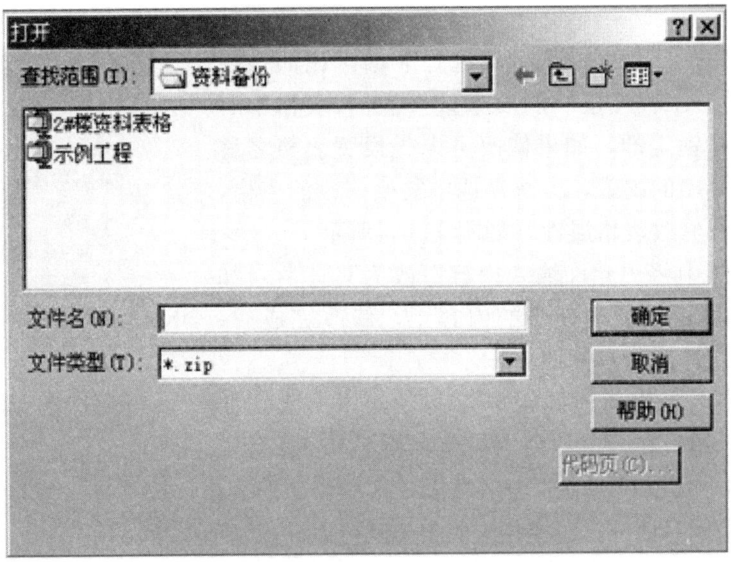

图 11-17

## 4. 软件应用-制表与填表

（1）修改范本

修改表格模板包括两部分内容，第一是修改系统模板，第二是修改填表说明，修改的方法都一样，现以修改系统模板为例进行说明。

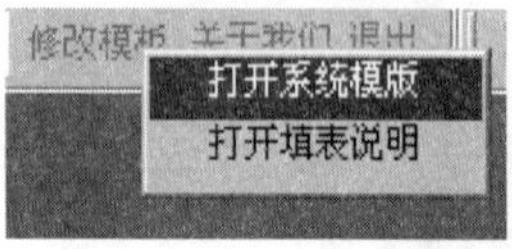

点击"修改模板"，弹出对话框，选择第一项"打开系统模板"如图11-18所示。

图 11-18 对话框

修改系统模板主要分为三部分：修改功能按钮、表格功能选择区和表格修改区，如图11-19所示。

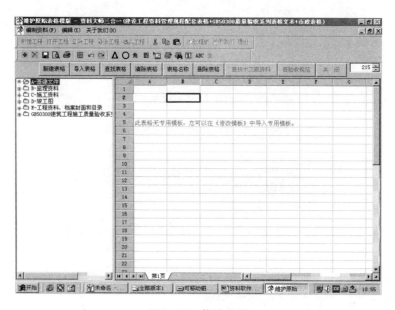

图 11-19 修改表格

修改表格时，打开表格类别，选择表格，比如选择"单位（子单位）工程质量控制质量核查表"，表格中有文字的地方都是锁定的，如果修改可以先设置表格名称属性，再修改其中的内容，方法是选中需要修改的表格，点击右键，选择修改表格属性，如图11-20所示。

在输入控制中将"允许输入内容"改为只读后（如图11-21），就可正常修改表格的内容了，修改完成后，再将单元表格属性改为只读即可。

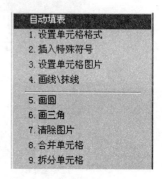

图 11-20 选择表格形式

"新建表格"分为新建同级节点和新建子节点，如图11-22所示。用于在当前类别中新建表和子节点。

"导入表格"可以对当前的表格模板导入一个新的表格，按"导入表格"按钮后，出现如图11-23所示对话框，选择相应的表格就可以导入当前模板。

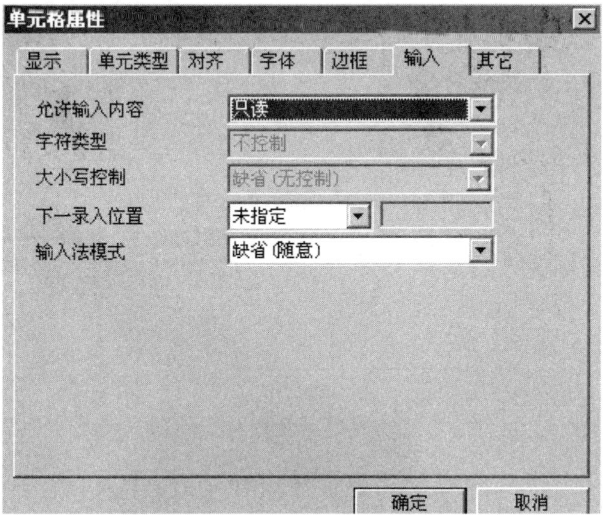

图 11-21

图 11-22

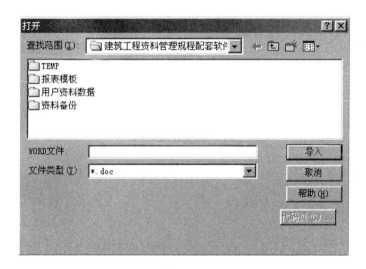

图 11-23

"查找表格"可以按需要的模板表格进行,找到后可以进行编辑。
"清除表格"可在清除当前表格的内容。
"删除表格"把当前的表格模板在此表格类别中删除。
"修改表格名称"对表格模板的名称进行修改。
(2) 填表

新建或打开工程后,进入表格编制窗口,软件显示如图 11-24 所示。

市政工程资料管理规程中所有表格都在表格选择区中,资料类别包括:基建资料、监理资料、施工资料、竣工图以及工程资料、档案封面和目录,包括施工质量验收系列规范标准表格文本类表格。

用户可以根据有➡符号的表格模板自己新建表格,建立的表格为红色的图标📄。示例:

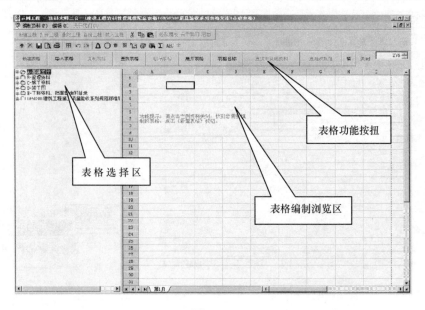

图 11-24

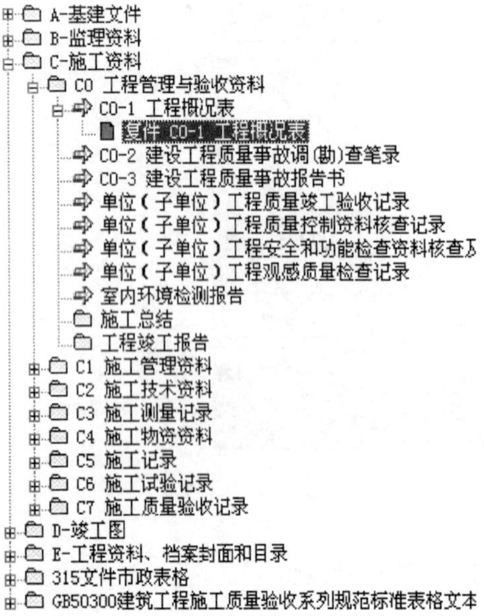

建立 C0-1 工程概况表的表格，首先把光标放在 C0-1 工程概况表的表格上，点击右边表格功能选择区的直接新建表格，表格建立成功，新表格为红的图标■，表格名称为'复制 C0-1 工程概况表'如图 11-25 所示。

（3）自动填表

在表格编制区内单击鼠标右键出现右键菜单，点击自动填表如图 11-26 所示。

自动填表应事先按照要求填入工程施工所涉及的基本名称，主要内容有：项目信息、人员、单位、验收单位、分项工程名称、工程名称等。自动编号主要用在施工资料类表格的编号，可按照工程类别进行选择。

（4）复制表格

1）用户可以把当前编辑好的表格进行复制，生成新的表格，比如我们新建了一个表格进行的编辑录入完毕后，可以点击当前表格，点击"复制表格"，生成一个新的表格，如下图 11-27 所示。

图 11-25

2）删除表格：用户选择新建立的表格按"删除表格"即可。

（5）文件导入

表格新建完成，可把已有表格导入到当前表格，点击"导入表格"出现如图 11-28 所示对话框。选择表格名称，点击"导入"。

十一、计算机和相关资料信息管理软件的应用知识　221

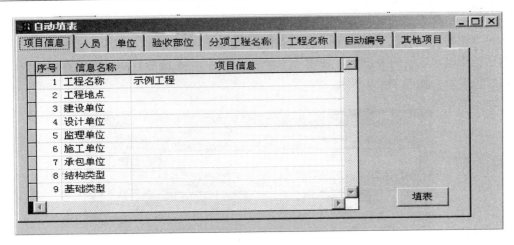

图 11-26

图 11-27

图 11-28

(6) 表格查找

可方便的查找所需要的表格，按"表格查找"，弹出对话框，如图 11-29 所示，在查询对话框中输入表格的关键词，如输入"事故报告书"，系统能自动在库中查询，查询结果以红色表示，如图 11-30 所示。

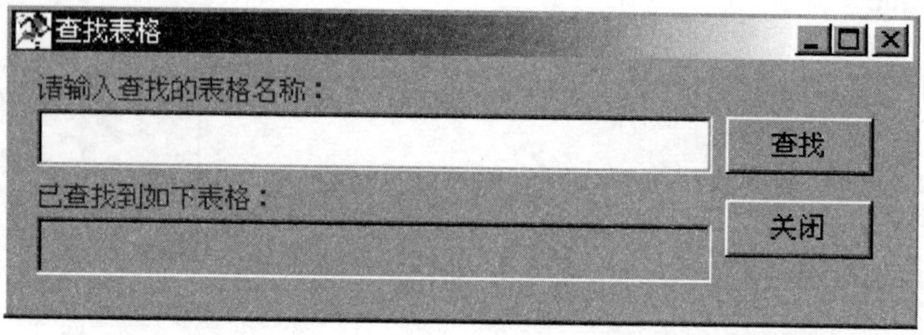

图 11-29

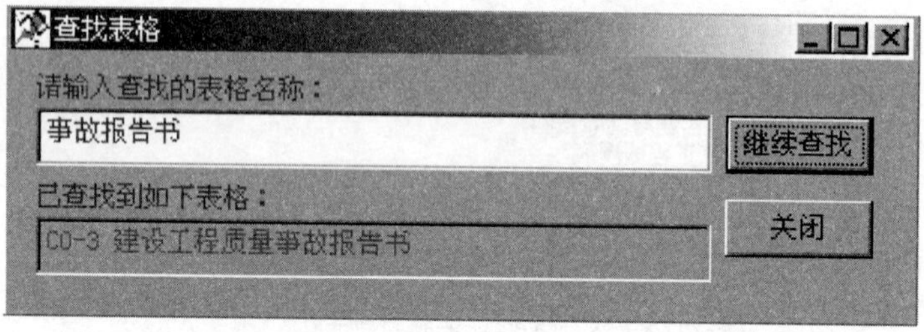

图 11-30

如果出现表格不需要，按"继续查找"，如果是需要的表格，按"关闭"按钮，光标自动停在所需的表格，按"新建表格"和"编辑表格"进行操作。

## 5. 资料表格内容编辑、打印

(1) 进入编辑状态

进入资料编辑状态的方法有 2 个：

方法 1：在左侧窗口的资料名称上双击鼠标左键即可进入【资料编辑】窗口。

方法 2：在右侧窗口的任意位置双击鼠标左键也可以进入【资料编辑】窗口。

(2) 表格的新建与填写

1) 在资料编辑状态后，单击工具栏"增加"，输入验收部位，单击"确定"生成新表格。

2) 日期单元格：单击日期单元格后的"选"按钮，弹出"选择日期"窗口，选择好日期后单击"确定"按钮即可，如图 11-32 所示。

3) 编号

① 在"资料编号"后的单元格下图位置①单击鼠标左键弹出"资料分类编号"窗口。

② 在"资料分类编号"窗口选择"分部编码""子分部编码"单击"确定"按钮表格编号自动填入位置①的单元格内，同时在表格索引区自动建立对应的分部、子分部文件夹对应关系，方便资料管理。

十一、计算机和相关资料信息管理软件的应用知识  223

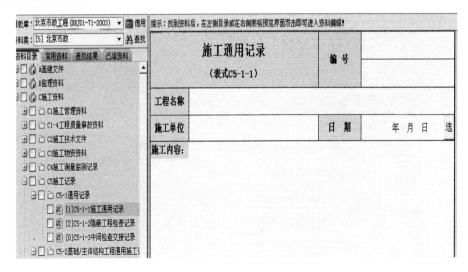

图 11-31　资料编辑对话框

图 11-32　日期单元格对话框

（3）插入图片（图 11-33）

1）单击"编辑区工具条"上的按钮弹出"插入外部图片"窗口。

2）单击"浏览（E）"按钮找到需要的图片，单击"打开"按钮查找图片结束。

3）选择插入图片的位置为"插入单元格内"。

（4）表格的打印

1）正常打印

在资料编辑窗口，可进行打印。单击"打印"按钮，弹出打印窗口（图 11-34），在此设置、查看和修改打印机、打印模式、打印范围参数。参数设置完毕，可以单击"预览"按钮，查看资料打印情况，审核无误后单击"打印"按钮进行打印。

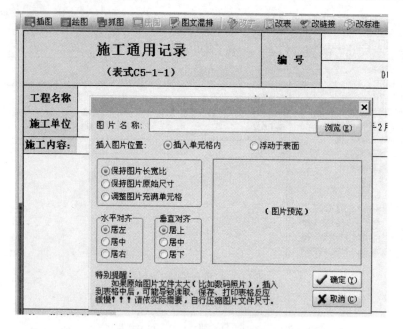

图 11-33 插入图片对话框

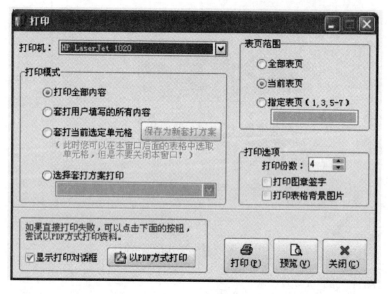

图 11-34 打印对话框

2) 批量打印

软件还有批量打印功能,可以选择不同的打印范围,进行多张打印。

3) 导出后打印

当没有打印机或打印机损坏,需要到其他电脑上去打印或者软件出现未知错误,无法用正常打印方式打印,需要先转换为 PDF 文件,然后打印 PDF 文件。

① 在资料编辑界面,选择要导出的表格。单击鼠标右键,选择"导出为 PDF"命令,

弹出 PDF "输出选项" 窗口。

② 在 "PDF 输出选项" 窗口单击 "确定" 按钮，开始导出 PDF 文件，导出完成后，将自动打开 PDF 文件。

以上是各资料软件基本的操作，在实际应用中，应根据软件特点和实际情况了解更多的操作，方便资料的编制。